完全版 MG
マーティン・ガードナー
数学ゲーム全集

❸

|監訳|岩沢宏和|上原隆平|

ガードナーの
新・数学娯楽

球を詰め込む/4色定理/差分法

MG

The New Martin Gardner Mathematical Library

日本評論社

Sphere Packing, Lewis Carroll, and Reversi:
Martin Gardner's New Mathematical Diversions
by Martin Gardner

Copyright © Mathematical Association of America 2009

All rights Reserved. Authorized translation from the
English language edition published by Rights, Inc.

Japanese translation published by arrangement with The
Mathematical Association of America through The
English Agency (Japan) Ltd.

本書の成り立ちについて
（訳者まえがきに代えて）

　本書は，マーティン・ガードナーの古典的名著の最終改訂版シリーズを本邦ではじめて翻訳した『完全版 マーティン・ガードナー数学ゲーム全集』の第3巻です．シリーズ全巻とも岩沢と上原が協力して翻訳を行っており，本巻は，前半は岩沢，後半は上原が主に訳稿を作ったのちに，共同して全体を仕上げなおした「共訳」です．

　まずは，この全集の成り立ちから紹介しましょう．

　本全集は，Cambridge University Press 社発行の The New Martin Gardner Mathematical Library という全15巻シリーズの全訳です．原シリーズでは，著者マーティン・ガードナーを次のように紹介しています．

　　マーティン・ガードナー（1914–2010）は25年間にわたり「数学ゲーム」というコラムを月刊の科学雑誌『サイエンティフィック・アメリカン』に書いていた．このコラムは何十万人もの読者を，数学という大世界の奥深くに誘ってきた．ガードナーの多大な貢献は，マジック，哲学，擬似科学批判，児童文学といった分野にも及んだ．その著書は60冊を超え，いくつものベストセラーがあり，たいていの著書はいまも書店に並んでいる．1983年から2002年の間には『スケプティカル・インクワイラー』という隔月誌に，定期的な寄稿もしていた．ルイス・キャロルの『アリス』2冊にガードナーが注釈を付けた本は，これまでに100万部以上売れている．

　このガードナーの影響力については，アメリカの高名な数学者ロナルド・グレアムが端的に次のように表現しています．

> マーティンは，何千人もの子供たちを数学者にし，何千人もの
> 数学者たちを子供にした

つまり，ガードナーの魅力あふれる著作は，本物の数学者になって
しまうほど若者たちを魅了し，本物の数学者たちが熱狂するほど中
身が濃かったのです．

　そのガードナーによる名コラム「数学ゲーム」こそが，原シリー
ズのもととなっています．サイエンティフィック・アメリカン誌の
編集者デニス・フラナガンによれば，そのコラムは，同雑誌の成功
に多大な貢献をしました．ガードナーと読者との間には盛んな手紙
のやりとりがあり，その結果，コラムやそれをもとにした本の内容
はますます魅力的なものとなりました．それらのコラムが原シリー
ズに改めて収められる際にも，ガードナー自身の手によって，新た
な文章が加えられ，説明図の追加や改良，文献情報の大幅な拡充が
なされており，内容はいっそう充実したものとなっています．

　本全集は，こうしてできた原シリーズの邦訳です．日本では，「数
学ゲーム」すべてを集めたシリーズはこれまで出版されておらず，
そもそも未訳の部分もありました．今回の全集で，ようやく全貌
を見渡すことができるようになります．また，原シリーズが 2008
年から順次刊行されはじめたのち，ガードナー本人が 2010 年に亡
くなったため，「数学ゲーム」コラムを一堂に収めたシリーズとし
ては，同シリーズが正真正銘の最終改訂版ということになりまし
た．その全訳である本全集のことを「"完全版" マーティン・ガー
ドナー数学ゲーム全集」と称するゆえんです．

　本書は，原シリーズ第 3 巻の全訳です．原著の詳細な書誌情報に
ついては，巻末の「第 3 巻書誌情報」(353 ページ) をご覧ください．
そこにもあるとおり，(ⅰ) もとのコラムは 1959 年 11 月から 1961
年 8 月の間に発表され，(ⅱ) それらをまとめた初版本が 1966 年
に発行され，(ⅲ) 改訂版が 1995 年に発行され，そして (ⅳ) 本書

の原書である最終改訂版は 2009 年に発行されました．このように
何度も改訂を重ねたため，原書の各部分の書かれた時期は異なり
ます．

　各章の本文は，いくらかの改変のあとも見られるものの，基本的
にはもとのコラムのままです．「初版序文」および各章の「追記」
は初版本に付されたものです．各章の「後記」は 1995 年改訂版で
追加されたものです．各章の「付記」は，最終改訂版において追加
されたものであり，各章の「文献情報」は最終改訂版において大幅
に拡充されています．そのため，本文の情報が古い場合にも，追記，
後記，付記のいずれかで情報が補充されたり更新されたりしている
場合がしばしばありますので，ご注意ください．

　翻訳にあたっては，現代の日本の読者にとって読みやすいよう
に，細かい点については，いちいち断らずに原文を改変している場
合があります．一例は，原書本文に書誌情報が埋め込まれている場
合，英語交じりの日本語文となるのをできるだけ避けるため，書誌
情報を脚注に入れていることです．図版もすべて作り直しました．
訳注は，できるだけ煩わしくならないように厳選して付けました．
また，訳者の判断で，各章の文献情報の末尾にいくつかの日本語
文献を追加している場合があります．日本語文献の追加にあたって
は，高島直昭さんにご協力いただきました．一部の章については，
その分野の専門家の草場純さんと岡本吉央さんにご協力いただきま
した．御礼申し上げます．その他のもろもろの点で，本書が読みや
すく仕上がっているとすれば，日本評論社の飯野玲さんの力による
ものです．深く感謝いたします．

　こうして，マーティン・ガードナーの古典的名著の「完全版」が
いま，日本語で読めるようになりました．どうぞお楽しみください．
訳者

初版序文

「数学ジョーク」について，イギリスの数学者ジョン・エデンサー・リトルウッドが（著作『数学雑談』の序文の中で）こう書いている．「良質の数学ジョークは，それ自体としても数学としても，平凡な数学論文1ダースぶんよりもよほどよい」

本書は数学ジョークの本だ．ただし，「ジョーク」の意味を広くとり，楽しみの要素が色濃く伴っている数学をみな「数学ジョーク」とよぶとすれば，である．数学者たちの多くは，そうした遊びの要素も賞味しつつ，もちろん，行きすぎのないよう適度にけじめをつけている．実のところレクリエーション数学がもつ魅惑は，人によってはドラッグの一種になりうる．ウラジーミル・ナボコフがチェスをモチーフに書いた小説の傑作『ディフェンス』の主人公ルージンは，そういう人間の例である．ルージンは，（数学的な遊びの一形態である）チェスが心の中をすっかり占めるに任せてしまい，ついには現実世界から離れ，その不幸な人生ゲームの結末は，チェス問題でいうところのセルフメイト[*1]だった．ルージンは窓から飛び降りたのだ．ナボコフが描くこのチェス名人が一直線に破滅の道を歩んでいったことは，描写されている少年時代の様子ともつじつまが合っている．少年時代のルージンは，数学も含めて勉強の出来は悪かったものの，その一方で「すっかり夢中になっていたのは，『愉快な数学』と題する問題集，数が見せるまったく奇妙な振る舞いや無数の直線がまったく不規則に描かれた様子，いずれにせよ，学校の教科書には載っていないさまざまなことであった」．

教訓は次のとおりだ．数学遊びが好きなら，ぜひそれを楽しんでほしいが，やりすぎは禁物である．休み休みやるべし．遊びは，本

[*1] 〔訳注〕チェス問題におけるセルフメイト問題とは，黒がルールに則ってどう指していっても，最終的に白のキングを詰ませることになるような白の指し手（いわば自滅の手であり，そうした指し手を「セルフメイト」という）を探す問題である．

格的な科学や数学に対する興味へとつなげるべし．そしてともかく，夢中になりすぎないようしっかりと制御しておくべし．

それでもうまく制御しておくことができないというのなら仕方がない．そういう人にはロード・ダンセイニが書いた『チェス・プレイヤーと金融業者ともう一人』という短編小説のオチの部分が何がしかの気休めになるかもしれない．登場人物の金融業の男は，スモッグズという名の友人のことを回想する．スモッグズはチェスにはまって道が逸れていくまでは，金融業で華々しく活躍する道を順調に歩んでいたという．「やつは最初から急にのめり込んだわけじゃなかった．ある男と昼休みによくチェスをやっていたんだが，そのころはオレと同じ会社にいたのさ．そのうち，相手より完全に強くなってしまって……．それからだよ．あるチェスのクラブに加入してチェスの魅力にすっかりとりつかれてしまったんだ．アルコールか何か，いやむしろ，詩や音楽にのめり込むのに似ていたかもしれないな……やつなら立派な金融業者になれたのに．金融業よりチェスのほうがよほど難しいといわれるけれど，チェスは何も生み出しやしない．頭脳のあれほどの無駄遣いは見たことがないよ」

「そういうたぐいの人間がいるのはたしかだな」と看守は同意した．「残念なことだ……」そういって看守は，その金融業の男を，夜の独房に戻して鍵をかけた．

サイエンティフィック・アメリカン誌が 20 回ぶんのコラムの再録を許可してくれたことに改めて感謝する．これまで出版した 2 巻のコラム集と同様，コラムを本書に収めるにあたっては，加筆訂正とともに，読者から送られてきたたくさんの題材をもとに記事を追加した．私は以下の人たちに感謝している．校正作業を手伝ってくれた妻，編集者のニーナ・ボーン，そしてとりわけ，ますます増え続けている読者たち．読者はアメリカ中，世界中にいて，そのありがたい手紙によって，本書に再録した内容は大変豊かになっている．

マーティン・ガードナー

完全版
マーティン・ガードナー
数学ゲーム全集
③

ガードナーの新・数学娯楽
目　次

CONTENTS

本書の成り立ちについて……………………i

初版序文………………………iv

1
2進法 1

2
群論と組みひも 15

3
パズル8題 31

4
ルイス・キャロルのゲームとパズル 50

5
紙切り 72

6
ボードゲーム 87

7
球を詰め込む 109

8
超越数 π 124

9
数学奇術家ビクトル・アイゲン 145

10
4色定理 162

11
アポリナックス氏ニューヨークを訪問 181

12
パズル9題 ································ 195

13
ポリオミノと断層線なし長方形 ········· 216

14
オイラー潰し──大きさ10のグレコ-ラテン方陣 ··········· 233

15
楕円 ···························· 249

16
24枚の色つき正方形と30個の色つきキューブ ·····263

17
H・S・M・コクセター ························· 281

18
ブリジットとその他のゲーム ··············· 302

19
パズルもう9題 ··············· 313

20
差分法 ························ 336

第3巻書誌情報·····················353

事項索引·················356

文献名索引······················362

人名・社名索引······················364

| 1 |

2進法

> フロントガラスとワイパーの間に違反切
> 符が挟んであったので，私は丁寧にそれ
> を2枚，4枚，8枚と切り裂いていった.
> ──ウラジーミル・ナボコフ『ロリータ』

　文明世界全体で現在使われている数体系は10進法であって，10
のべき乗の連なりを基礎にしている．小数点なしに並んだ数字であ
ればつねに，その一番右端の数字は，それに10^0すなわち1が掛け
られることを表している．右から2番めの数字はそれに10^1が掛け
られることを表しており，3番めの数字は10^2が掛けられることを
表しており，以下，同様である．それゆえ，たとえば789が表現す
るのは$(7 \times 10^2) + (8 \times 10^1) + (9 \times 10^0)$という和である．10が基
数として広く用いられている理由は，ほぼ間違いなく，われわれに
は指が10本あるという事実である．数字を表す"digit"という言葉
自体がもともと「指」を表す語であることがそのことを反映してい
る．もしも，ある惑星に人間に似た生物が住んでいて，その指が
12本なら，彼らの算術で用いられる表記は12が基礎になっている
にちがいない.

　数字の位置を利用するあらゆる数体系の中で最も単純なのは2進
法であり，2のべき乗を基礎にしている．原始的な部族の中には数
え方が2進法の例があるし，古代中国の数学者も2進法の体系を

知っていたが，どうやら，ドイツの偉大な数学者ゴットフリート・ヴィルヘルム・フォン・ライプニッツこそがはじめてこの体系を詳細まで解明したといえるようである．ライプニッツにとっては，2進法は形而上学の深い真理を象徴するものであった．ライプニッツは，0 を非存在ないし無の標章と見なし，1 を存在ないし実体の標章と見なした．どちらも創造主にとっては必然的なものである．なぜなら，宇宙が純粋な実体だけから成るとすれば，それは，まったく空っぽの宇宙と区別できなくなってしまうからである．つまり，響きや怒りさえ欠いている[*1]，全体が 0 によって表されるほかない宇宙と区別がつかなくなってしまうのである．2進法体系においては 0 と 1 を適切に配置すればどんな数も表せるわけだが，それと同様に，創造された世界全体の数学的構造が可能となるのは，存在と無との間の根源的な 2 元分割の結果なのだ，とライプニッツは考えていたわけである．

　ライプニッツの時代からごく最近に至るまでずっと，2進法の体系は好奇心の対象の域をほとんど出ることはなく，実用的な価値はなかった．そこに登場したのがコンピュータだ．電線に着目すれば，電流が流れているかいないかであり，スイッチは入か切かであり，磁石の左右は S と N になっているか N と S になっているかであり，1 つのフリップフロップ回路がとりうる状態は 2 つだけである．そうした事情から，2進法形式でコード化されたデータ処理ができるコンピュータを構築すれば，桁違いの速さと正確さとが実現される．「残念なことに……」とトビアス・ダンツィクは著書『数は科学の言葉』の中で書いている．「一度は一神論の決定的証拠として歓迎されていたものが，ロボットのお腹の中に収まることになったのだ」

[*1]　〔訳注〕（シェイクスピアの）マクベスに「[人生は] 響きや怒りに満ちているが／何の意味もありはしない」という有名なセリフがある．

1 2進法 3

　数学レクリエーションの中には，2進法体系と本質的に関わるものがたくさんある．ゲームのニムがそうだし，ハノイの塔やチャイニーズリングのようなメカニカルパズルもそうだし，カードマジックやパズル問題の中にも無数にある．ここでは的を絞って，2進法を使ったいくつもの驚くべき演技が可能なおなじみの「読心術」用カードのセットと，それに深く関連する穴あきカードのセットの話だけをとりあげることにする．

　読心術用カードの作り方を，図1を使って説明する．図の左側は，10進法の0から31に対応する2進数である．2進数の各桁は，2のべき乗を表しており，右端が 2^0（すなわち1）で，左に行くにつれ 2^1（すなわち2），2^2，2^3，……という具合に並んでいる．そうした2のべき乗を10進法で表したものは最上段に示してある．2進数をそれと等しい10進数に翻訳するには，1が書いてある列に記されている2のべき乗の総和をたんに求めればよい．たとえば2進数の10101が表しているのは $16 + 4 + 1$ すなわち10進数の21である．10進数の21を2進法の形に戻すには，逆の手順を踏む．まず21を2で割る．その結果は10余り1である．ここに出てくる余りの1が2進数の右端の桁の数字となる．次に10を2で割る．結果はちょうど5となって余りがないので，次の桁の数字は0である．それから5を2で割って……という手順を踏んでいって最終的には2進数10101ができあがる．最後のステップでは1割る2となって，結果が0余り1なので，左端の桁の数字は1となる．

　この2進数の表をもとに読心術用カードを作るのは簡単で，まず，表にあるすべての1を，それぞれが現れている2進数に対応する10進数に置き換える．すると，図の右側に示してあるようになる．これらの各列に現れる数を，5枚のカードにそれぞれ書き写せば完成である．その5枚のカードを誰かに渡し，その人に0から31のうちの数を1個思い浮かべてもらってから，その数が載っているカードだけ返してもらう．すると，相手が思い浮かべていた数をただちに言い当てることができる．その数を知るには，返してもらった

	2進数					読心術用カードに載せる数				
	16	8	4	2	1					
0					0					
1					1					1
2				1	0				2	
3				1	1				3	3
4			1	0	0			4		
5			1	0	1			5		5
6			1	1	0			6	6	
7			1	1	1			7	7	7
8		1	0	0	0		8			
9		1	0	0	1		9			9
10		1	0	1	0		10		10	
11		1	0	1	1		11		11	11
12		1	1	0	0		12	12		
13		1	1	0	1		13	13		13
14		1	1	1	0		14	14	14	
15		1	1	1	1		15	15	15	15
16	1	0	0	0	0	16				
17	1	0	0	0	1	17				17
18	1	0	0	1	0	18			18	
19	1	0	0	1	1	19			19	19
20	1	0	1	0	0	20		20		
21	1	0	1	0	1	21		21		21
22	1	0	1	1	0	22		22	22	
23	1	0	1	1	1	23		23	23	23
24	1	1	0	0	0	24	24			
25	1	1	0	0	1	25	25			25
26	1	1	0	1	0	26	26		26	
27	1	1	0	1	1	27	27		27	27
28	1	1	1	0	0	28	28	28		
29	1	1	1	0	1	29	29	29		29
30	1	1	1	1	0	30	30	30	30	
31	1	1	1	1	1	31	31	31	31	31

図1 読心術用カードのそれぞれに載せる数は右側に示したとおりであり，それは，左側に示した2進数に基づいている．

カードそれぞれの1番上に書いてある数を全部加えるだけでよい.

　どうしてこれでうまくいくのか. 0から31の1つひとつの数ごとに, どのカードに載っているかの組合せが異なっており, その組合せは, それぞれの数の2進法表記 (載っているカードを1とする) に一致している. カードの1番上に書いてある数の総和を出すときに行なっているのは, 選ばれた数の2進法表記で1が現れる桁すべてについて, それらが表す2のべき乗を加えていくというだけのことである. このトリックの作用が傍からもっと見えにくいようにするには, 5つの異なった色のカードを使えばよい. その場合, 室内の離れたところに立ったまま相手に指示を出し, 相手が思い浮かべた数が載っているカードを, 所定のポケットに入れてもらい, 残りのカードを別のポケットに入れてもらう. その間, 演者はもちろん, どの色のカードをどちらのポケットに入れたかをよく見ておかなければならないし, 2のべき乗のうちのどれがどの色に対応するのかも覚えておかなければならない. 別の演じ方では, (色を塗っていない) 5枚のカードをテーブルの上に1列に並べておく. そして離れたところに立ったまま相手に指示を出し, 相手が思い浮かべた数が載っているカードだけを全部裏返してもらう. 演者はカードを並べるとき, 1番上に書いてある数の大きさの順にしておくので, どのカードが裏返しにされるかを見るだけで, 加えていくべき数を知ることができる.

　2進法をもとにして穴あきカードを順番どおりに並べかえる様子を, 面白い形に仕立てて見せるには, 図2に描いたようなカード一式を使うとよい. これは, ファイルカード*² を32枚使えば簡単に作れる. あける穴は, 鉛筆の直径よりもほんの少しだけ大きくしておく. 最初にどれかカード1枚に穴を5つあけておき, それを型紙にして, ほかのカードに穴をあけていくとよい. 穴をあける専用器

─────────
*2 〔訳注〕ファイルカードとは, 整理などに使うための厚手の紙製カードであり, よくあるのは 3.5 インチ ×5.5 インチ (約9センチ ×14 センチ) のものである.

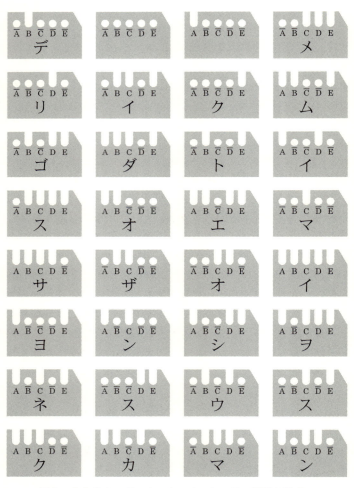

図2 穴あきカードのセット．メッセージの解読や数当てや論理演算を行う．

具が使えずにハサミで穴をあけていく場合にも，カード3枚くらいを1つにまとめて同時に切っていけば短時間で作ることができる．図にあるようにカードのかどを1箇所ずつ落としておけば，カードの向きを適切に保っておくのが容易になる．穴を5つずつ，全部のカードの上方にあけたならば，今度は，いくつかの穴は図にあるようにカードの余白部分まで切り落として一種の「切り込み」にする．これらの切り込みは数字の1に対応し，ほかの穴は0に対応する．こうしてそれぞれのカードは，2進数のどれかと等しくなっている．数は0から31まで揃っているが，図ではカードをランダムに配置してある．これらのカードを使うと，3つの独特の妙技が披露できる．カードを用意するのは面倒かもしれないが，このカードによる実演は，家族の誰もが楽しめるはずだ．

最初の妙技は，カードを素早く並べかえて，数を順番どおりにするものである．カードを好きなように混ぜてから，カードの方向を揃えて机の上に立てて一まとめにして保持する．そして鉛筆をEの穴から全カードに貫通させて，そのまま数センチくらいもちあげる．半分のカードは鉛筆にくっついてきて，残りはそのまま机の上に残るはずだ．鉛筆をよく振って，下に落ちるべきカードをすべて確実に落としてから鉛筆を高く上げれば，カードを半分ずつに選り分けたことになる．もちあげたカードの束を鉛筆から抜きとり，残りのカードの前にもってきて，全体を揃えなおす．Eの穴を用いていま行なったのと同じことを，右のほうの穴から左のほうの穴へという順番で，ほかのすべての穴について繰り返す．5番めの並べかえが終わってからカードをよく見てみれば，驚くべきことに，1番手前を0として2進数がすべて順番どおりに並んでいる．ここで紹介したカードの場合には，順にめくっていくとクリスマスのメッセージが現れてびっくりする，という仕掛けになっている．

2つめの妙技は，これらのカードをコンピュータとして使って，先に見た読心術用のカードにおいて選ばれた数を決定することである．最初は，穴あきカードはどんな順番に並んでいてもよい．Eの

穴に鉛筆を挿入してから，1番上の数が1である読心術カードを指し示して，そこに選んだ数が載っているかを聞く．答えがイエスなら，鉛筆を持ち上げて，それにくっついていくカードをすべて除外する．答えがノーなら，机の上に残るカードをすべて除外する．その結果手元に残るのは16枚のカードの束である．次に，1番上の数が2である読心術カードを指し示して，そこに選んだ数があるかを聞き，鉛筆はDの穴に刺しておいて，先と同じことをする．そうやって，手元に残っていくカードとまだ使っていない穴とを使って，同様のことを続けていく．最後は，穴あきカードが1枚だけ残り，その2進数が示すのが選ばれた数である．演者の好みによっては，すべてのカードに，対応する10進数をあらかじめ記しておいて，2進数を翻訳する手間を省いてもよい．

　3つめの妙技では，これらのカードをある種の論理コンピュータとして用いるが，それと同等の方法を最初に考案したのは，イギリスの経済学者・論理学者ウィリアム・スタンレー・ジェヴォンズである．ジェヴォンズのよぶところの「論理計算盤」では，背面に鉄のピンがいくつかついている平らな木片を何枚も用いていて，それらが専用の棚のうちの1つからもちあげられるようになっていたのだが，穴あきカードのセットはまったく同じ原理で演算を行うし，作るのもずっと簡単である．ジェヴォンズは，複雑な機構をもつ「論理ピアノ」という名の装置も発明したが，これも演算の原理は同じであり，その「ピアノ」に可能な演算ならすべて穴あきカードのセットにも行える．実のところ，カードのセットのほうが行える範囲は広い．「ピアノ」が扱うのは4項だけだったのに対し，カードのセットが扱うのは5項だからである．

　論理演算に用いる5つの項A，B，C，D，Eは5つの穴で表現され，それぞれの穴は，形によって数字の1か0を表す．数字の1（「切り込み」になっている箇所）は，真である項に対応し，数字の0は，偽である項に対応する．それぞれの穴の下に書いてある文字を見れば，その上に線が引いてある場合はその項は偽であり，線が引いて

いない場合はその項は真である，とわかるようにもなっている．それぞれのカードは，各項の真偽についてそのカード独自の組合せになっており，また，32 枚のカードは，可能な真偽の組合せをすべて尽くしているので，このカードセットは，5 つの項に対する「真理値表」とよばれるものと等価である．このカードセットによる演算を説明するには，それを使ってどのようにして 2 値論理の問題を解くのかを示すのが一番である．

　次に紹介するパズルは，チャールズ・テックス・ソーントンが 1953 年にカリフォルニア州ビバリーヒルズに設立したリットン・インダストリーズ社が発行した小冊子[*3]に載っていたものである．

　　サラはやるべきでないならば，ワンダはやりそうである．「サラはやるべきである」と「カミラはやりえない」がともに真である可能性はない．ワンダはやりそうだということであれば，サラはやるべきであってカミラはやりうる．したがって，カミラはやりうる．さて，最後の結論は妥当か（最初の 3 つの命題から最後の結論は論理的に帰結するか）．

　この問題を解くには，穴あきカードの最初の並び方はどうでもよい．出てくる項は 3 つだけなので，ここでは，注目するのは A と B と C の穴だけとしよう．

　　A ＝ サラはやるべきである
　　$\overline{A}$ ＝ サラはやるべきでない
　　B ＝ ワンダはやりそうである
　　$\overline{B}$ ＝ ワンダはやりそうでない
　　C ＝ カミラはやりうる
　　$\overline{C}$ ＝ カミラはやりえない

---

*3　*More Problematical Recreations.*

10

　問題には前提が3つあった．1つめの「サラはやるべきでないならば，ワンダはやりそうである」つまり「$\overline{A}$ ならば B」から，$\overline{A}$ と $\overline{B}$ という組合せは許されないことがわかる．そこで以下のようにする．まず，鉛筆を A の穴に通してもちあげる．鉛筆についてくるカードにはすべて $\overline{A}$ と書いてある．もちあがったカードをひとまとめに保ったまま鉛筆を外して B の穴に入れ直し，ふたたび鉛筆をもちあげる．鉛筆によってもちあげられるのは，$\overline{A}$ と $\overline{B}$ の両方が書いてあるすべてのカードであり，それらは許されないものであったので取り除く．残ったカードをひとまとめ（カードの順番はどうでもよい）にしなおして，2つめの前提に対する手続きに移る．

　2つめの前提は，「サラはやるべきである」と「カミラはやりえない」がともに真ではありえない，というものであった．いい換えれば，$A\overline{C}$ という組合せが許されないということである．鉛筆を A に入れて $\overline{A}$ と書いてあるカードをすべてもちあげる．それらは取り出したかったカードではないので，いったん脇にどけ，残っている A のほうのまとまりに手を加えていく．鉛筆を C の穴に入れて，$\overline{C}$ と書いてあるカードをもちあげる．こうしてもちあげられたカードは，許されない組合せ $A\overline{C}$ になっているものなので，それらは完全に取り除く．そして，それ以外のカードを集めなおす．

　最後の前提によれば，ワンダはやりそうであれば，サラはやるべきであってカミラはやりうる．少し考えるとわかるが，この前提によって除外されるのは，2つの組合せ $\overline{A}B$ と $B\overline{C}$ である．鉛筆を A の穴に入れてもちあげ，もちあがったカードを手にとる．その B の穴に鉛筆を入れてもちあげる．鉛筆についていくカードは1枚もない．これは，前の2つの前提によってすでに $\overline{A}\,\overline{B}$ という組合せは除外されていたということである．すると，いま手にもっていたカードはすべて $\overline{A}B$ という組合せ（許されない組合せ）になっているということなので，これらは完全に取り除いてしまう．この時点で唯一残っている作業は，残りのカードから $B\overline{C}$ を除外することである．B の穴に入れた鉛筆は $\overline{B}$ のカードをもちあげるので，そうやっ

てもちあげたカードをいったん脇に置く．残りのカードのCの穴に鉛筆を入れても，実はカードは1枚ももちあがらないが，それは，B$\overline{\text{C}}$という許されない組合せが，以前の段階ですでに除かれていたということである．

　こうして最後は8枚のカードが残り，それらに現れるA, B, Cの真偽の組合せはどれも，3つの前提すべてと整合的である．それらの組合せは，真理値表のうち，3つの前提によって帰結してくる部分なのである．残ったカードをよく見ると，8枚のいずれにおいてもCが真であることがわかるので，「カミラはやりうる」と結論するのは正しい．ほかの帰結も，同じ前提から引き出すことはできる．たとえば，サラはやるべきだと主張することができる．その一方，ワンダはやりそうであるのかやりそうでないのかという興味深い質問は，少なくともいま利用可能な情報の下では，答えは2つに1つでわからないままの謎である．

　このカードセットを使って演算する別の問題もやってみたい人のために，簡単なものを1つ提示しておこう．郊外の家に，A郎と妻のB美と3人の子供たち，C子とD雄とE介が住んでいる．いまは，冬の夜8時である．

（1）　A郎がテレビを見ているならば，妻も見ている．

（2）　D雄とE介の一方または両方ともテレビを見ている．

（3）　B美とC子の一方だけがテレビを見ている．

（4）　D雄とC子は，両方ともテレビを見ているか，両方ともテレビを見ていないかのどちらかである．

（5）　E介がテレビを見ているならば，A郎とD雄もテレビを見ている．

さて，誰がテレビを見ていて，誰が見ていないか．　〔解答 p. 13〕

追記
(1966)

ニューヨークのエドワード・B・グロスマンからの手紙によれば，市販のカードで，2進数の原理を使って綴じたり並べかえをしたりするのに使えるものは，いまではさまざまなものが，大きな文房具店で入手できる．円形の穴は最初からあいており，切り込みを作るのにちょうどよい穴あけパンチを買うこともできる[*4]．そうしたカードの穴は鉛筆を通すには小さいが，もっと細いものを用いればよく，編み物に使う棒針（ぼうばり），綿棒，クリップを適当に変形したもの，カード製作中に紙をそろえておくのに使う棒などが使えるであろう．

イタリアのパレルモ大学の工学教授ジュゼッペ・アプリレは図3に示す2つの写真を送ってくれた．失敗なく素早くカードを分けることを可能にするために，各カードの下辺部分には，上辺とは穴と切り込みとを逆にしたものが配置してある．ピン（鉛筆の代わり）を通す上側の穴に対応して下側の穴にも

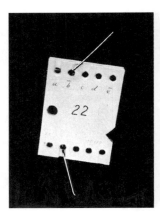 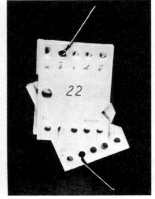

図3 下側に，上側とは穴と切り込みとを逆にして配置することにより，失敗なく並べかえができるようになっている．

[*4] 〔訳注〕現在の日本で手軽に入手できるものでいえば，たとえばルーズリーフの小さいものをもとに加工すれば，簡単に所望のカードを作ることができるであろう．本文の以下の説明も，穴の大きさなど，ルーズリーフをもとにしたカードだと思って読んでも通用する．

ピンを通しておけば，上側に通したピンがカードを取り除くときに残るべきカードが，下側のピンによって適切に固定されるのである．

解答 ● 本文の最後に出題した論理パズルを，穴あきカードを使って解くには以下のようにすればよい．A, B, C, D, E という項を，それぞれ A 郎，B 美，C 子，D 雄，E 介に対応させる．各項は，対応する人物がテレビを見ていれば真であり，そうでなければ偽であるとする．前提 1 は $A\overline{B}$ という組合せのカードをすべて除外し，前提 2 は $\overline{D}\,\overline{E}$ を除外し，前提 3 は BC と $\overline{B}\,\overline{C}$ を除外し，前提 4 は $\overline{C}D$ と $C\overline{D}$ を除外し，前提 5 は $\overline{A}E$ と $\overline{D}E$ を除外する．その結果残るのはたった 1 枚であり，その組合せは $\overline{A}\,\overline{B}CD\overline{E}$ である．したがって結論は，C 子と D 雄がテレビを見ていて，ほかの 3 人は見ていない，ということになる．

後記
(1995)　シンシナティにいるセミプロのマジシャン，ポール・スウィンフォードが考案したサイバーデックというトランプのセットがあり，トランプの各カードの上辺と下辺には穴と切り込みが並んでいる．そのトランプを使えば，頭がくらくらするような手品をたくさん演じることができる．演じ方は，スウィンフォード本人が『サイバーデック』という小冊子（1986 年刊）で説明している．そのトランプも小冊子もマジック専門店で売られている．

　次の言明は，誰が最初に述べたのかは知られていないが，何のことをいっているのかは，少し考えてみればすっかりわかるであろう．

　　世の中には 10 種類の人間がいる——2 進法がわかる人たちとそうでない人たちとである．

文献

"The Logical Abacus." W. Stanley Jevons in *The Principles of Science*, Chapter 6, pp. 104-105. Macmillan, 1874. Reprinted in paperback by Dover, 1958.

"Some Binary Games." R. S. Scorer, P. M. Grundy, and C. A. B. Smith in *Mathematical Gazette* 28 (1944): 96-103.

"Card Sorting and the Binary System." John Milholland in *Mathematics Teacher* 52 (1951): 312-314.

"A Punch-Card Adding Machine Your Pupils Can Build." Larew M. Collister in *Mathematics Teacher* 52 (1959): 471-473.

"Marginal Punch Cards Help in Logical System Design." R. W. Stoffel in *Control Engineering* (April 1963): 89-91.

"How to Count on Your Fingers." Frederik Pohl in *Digits and Dastards*. Ballantine, 1966.

The Cyberdeck. Paul Swinford. Haines House of Cards, 1986.

"Two." Constance Reid in *From Zero to Infinity*, 4th ed., Chapter 2. Mathematical Association of America, 1992. 〔邦訳：『ゼロから無限へ』(コンスタンス・レイド著, 芹沢正三訳. 講談社, 1971 年) の「2 の話」.〕

| 2 |

群論と組みひも

　「群」という概念は，現代の代数学と，物理学に不可欠な道具立てとを統合する際に重大な役割を果たす概念の1つであるが，この群のことをジェイムズ・R・ニューマンは，『不思議の国のアリス』でチェシャ猫が消えたあとに残るにやにや笑いにたとえている．チェシャ猫の体（伝統的に学校で教えれらてきた代数）はすっかり消え，あとに残ったのは抽象的なにやにや笑いだけだというのである．にやにや笑いというのだから，残ったものは何か面白いものなのだろう．ならば，あまり堅苦しく捉えなければ，群の理論（「群論」という）をもっと親しみやすいものにできるかもしれない．

　3人のプログラマー A, B, C が，今晩のビール代を誰が払うかを決めたがっている．もちろん，コインを投げて決めることもできるが，3人が好むのは，網目構造をたどる次のようなゲーム*1 で決める方法である．1枚の紙に，縦に3本の線を引く．プログラマーのうちの1人が紙を受けとり，3本の線の上部に，ほかの2人に見せずにランダムに A, B, C と名前を書き込む（図4左上）．それから紙の上のほうを後ろ側に折り，何と書いたかわからないようにする．

---

*1　〔訳注〕付記にもあるとおり，これは日本でいう「あみだクジ」と（ほとんど）同じものだが，他国では同様のゲームはあまり行われていないようである．そのため，日本の読者からすると，やけに行数を割いてゲームの内容を説明しているように見えるかもしれないが，以下では，そうした説明も特に省略することなく訳出している．

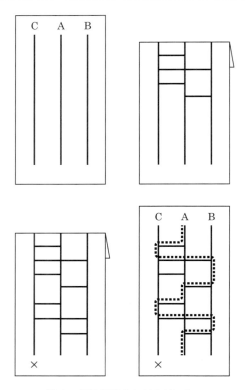

図 4　網目構造をたどるゲーム．

次に，別の 1 人がランダムに何本も水平線（それらを「シャトル」とよぼう）を引き，各シャトルは 3 本の垂直線のうちの 2 本をつなげる（図 4 右上）[*2]．それから 3 人めが何本かシャトルを追加して，さらに垂直線のうちの 1 本のすぐ下のところに×印を 1 つ書き込む（図 4 左下）．

---

*2 〔訳注〕両端の 2 本をつなげる線は真ん中の線にも交差してしまうが，あとの記述を読んでもわかるように，その交差は無視する．

紙の折り返しをもとに戻す．そして A がまず，A と書いてある
垂直線の一番上から出発して下へ向かって経路を指で辿っていく．
その際，シャトルの端（シャトルの中央と交差する場合は何もしない）に
出合ったら向きを変え，シャトルに沿ってその反対の端まで行き，
そこでまた向きを変えて下のほうに向かい，次に出合うシャトルの
端まで進む．こうした方向転換を，一番下に着くまで繰り返す．そ
の経路（図 4 右下で破線で示したもの）の終点は×印ではなかったので，
A は今晩の飲み代を払わなくてよい．そして B と C も同様に自分
の道筋を辿る．B の経路の終点が×印なので，今回は B が勘定を
もつ．垂直線が何本あっても，また，どのようにシャトルが引かれ
ようとも，必ず全員別々の終点に行き着く．よく観察すればわかる
が，このゲームは，単純な群としてよく知られているいわゆる置換
群に基づいたものであり，上で見たのは置換群の次数が 3 の場合に
対応する．では，正確に述べるとしたら，群とは何なのか．それ
は，何らかの元 (げん) $(a, b, c, \cdots)$ からなる集合と，その集合の任意の 2
つの元を結んで別の元を生み出す唯一の 2 項演算子（ここでは $\circ$ で表
す）からなるある抽象的な構造のことである．そうした構造が群で
あるのは，以下の特性を満たす場合である．

（1）　集合の 2 つの元を演算子で結んだとき，その結果もまた同
じ集合の元となる．この性質を満たすことを「閉じている」という．
（2）　演算は結合則 $((a \circ b) \circ c = a \circ (b \circ c))$ を満たす．
（3）　ある元 e（「単位元」とよばれる）があって，任意の元 a につ
いて，$a \circ e = e \circ a$ が成り立つ．
（4）　任意の元 a について，逆元とよばれる元 a' が存在し，
$a \circ a' = a' \circ a = e$ を満たす．

以上の 4 つの特性に加えて交換則 $(a \circ b = b \circ a)$ も満たす場合に
は，その群は可換群ないしアーベル群とよばれる．
　群の例の中で最もなじみ深いのは，整数（正数だけでなく負数もゼロ

も含む）の集合によって，加法に関して与えられる．それは，閉じている（どの整数にどの整数を足しても整数である）．結合則を満たす（2を3に足してから4を加えた結果は，2を足す4の結果に加えた結果と同じである）．そして単位元は0で，正の整数も負の整数も，その逆元は，その整数の符号だけ変えたものである．また，それはアーベル群でもある（2足す3は，3足す2と等しい）．整数は，割り算に関しては群とはならない．たとえば5割る2は$2\frac{1}{2}$であるが，それは整数集合の元ではないからである．

　それでは，上で見た網目構造のゲームの場合には群の構造がどのように示されているのか，次に見てみよう．図5に示してあるのは全部で6つある基本「変換」であって，それらが，この場合の有限群（元の個数が有限個の群）の元である．変換pはAとBの経路を交換し，3つの経路の終点は左からB, A, Cという順になっている．変換q, r, s, tも，それぞれ別の置換を与えている．変換eは実際には何も変えてはいないが，数学者たちは，これもともかく変換とよぶ．空集合を集合とよぶのと同様である．eにはシャトルが1つも書きこまれていないが，eは，「単位元」という性質をもつ（実際には何も変えない）変換なのである．以上の6つの元は，3つの記号の順番を置換するときに可能な6通りの方法にそれぞれ対応している．そしてここで考える群の演算子∘は，1つめの置換のあとに2つめの置換を行うということをたんに表すものであり，要は，シャトルを追加するという演算子である．

　簡単に確かめることができるように，ここに見られる構造には群の性質がすべて備わっている．閉じているという点は，どの2つの元をつなげたとしても，その結果得られる経路の置換が，1つの元によって達成できることからいえる．たとえば$p \circ t = r$であるが，それは，pを施したあとにtを施すことによって得られる経路の終点が，rのみを適用した経路の終点とまったく同じだからである．シャトルを追加する演算が結合則を満たすことは明らかであ

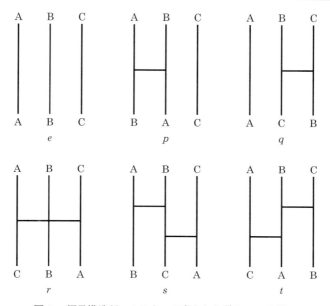

図 5 網目構造ゲームによって表される群の 6 つの元.

る．シャトルを 1 つも足さないのが単位元である．元 p, q, r の逆元はそれぞれ自身であり，s と t は互いに相手の逆元どうしになっている．（元とその逆元とが結合されたとき，その結果は，1 つもシャトルを書き込まないのと同じことである．）この群はアーベル群ではない（たとえば，p のあとに q を施すことは，q のあとに p を施すのと同じ結果にはならない）．

図 6 に示した表は，この群のもつ構造を完全に記述するものである．r のあとに s が続くとどういう結果になるか．それを知りたければまず，表の左にある r と表の上にある s を見つける．そして r の行と s の列が交差しているところを見ると p である．すなわち，r のパターンのシャトルのあとに s のパターンのシャトルが続くのは，経路の終点への影響の点では，p のパターンのシャトルがあるのと同じである．この単純な群は，いろいろなところに現れる．た

	e	p	q	r	s	t
e	e	p	q	r	s	t
p	p	e	s	t	q	r
q	q	t	e	s	r	p
r	r	s	t	e	p	q
s	s	r	p	q	t	e
t	t	q	r	p	e	s

図 6　網目構造ゲームを表す群の元の演算表.

とえば，正3角形の頂点に名前をつけた上で，その正3角形を回転
させたり裏返ししたりしてから平面上のもとの位置に戻す，という
ことを考えてみると，その場合に基本的に可能な変換は6つだけで
ある．そしてそれらの変換は，いま説明した群と同じ構造をもつ．

　網目構造を辿るゲームで2人のプレーヤーが同じ終点に行き着
くことはないということを直感的に見てとるためには，必ずしも
群論に踏み込んでいく必要はない．単純に，3本の線を細いロー
プに見立ててみよう．各シャトルが経路の違いを生み出す効果は，
組みひもを作るときに2本のロープを交差させることと同じであ
る．組みひもであれば，それをどのように組もうがどんなに長かろ
うが，必ず別々の下端が3つあることは明らかである．

　女の子の髪束を組んで三つ編みにしようとしているところを想像
してみよう．3本の細い髪束の位置を次々とどのように入れ換えて
（置換して）いくかは，網目構造の図で記録していくことができる．
だが，その場合には，2つの髪束の位置を入れ換えるときにどちら
を前から通すかについては記録されない．そのような複雑なトポロ
ジー上の要素まで考慮する場合でも，入れ換え方の違いを記述する

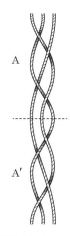

図 7　組みひも A は組みひも A′ の鏡像となっている．

ために群論に頼ることは可能であろうか．答えはイエスであり，傑出したドイツの数学者エミール・アルティン（1962年没）がそのことをはじめて証明した．アルティンの見事な組みひも理論においては，群の元は（無数にある）「組み方」であり，演算は，網目構造のゲームの場合と同様に，1つの組み方の下にもう1つの組み方をつなげることを意味する．この群の場合も，単位元は，どの線もまっすぐに進んでいくもの——すなわち，ひもをまったく組まないときのものである．それぞれの組み方の逆元は，その鏡像である．図7には，ある組み方の下にその逆元が続くようすの一例を示しておいた．群論によれば，元がその逆元と結合された結果は単位元となる．そしてたしかに，たがいに鏡像である組み方どうしを結合すると，単位元と位相的に同値になる．図7のようになっている組みひもの下の部分を強く引けば，3本のひもはどれもぴんとまっすぐになる．（ロープやひもを使った手品で，マジシャンの間でよく知られているものの中には，群論がもつこの興味深い性質に基づいたものがたくさんある．その好例は，本全集第2巻7章参照．）　アルティンの組みひも理論は，あらゆる種類

の組みひもを分類する体系を史上はじめて提示しただけではなかった．同理論は，与えられた2つの組み方がどんなに複雑であっても，それらが位相的に同値か否かを決定できる方法も提供してくれた．

　組みひも理論と関わる独特のゲームが，デンマークの詩人・作家・数学者であるピート・ハインによって考案されている．分厚いボール紙を切って，図8に描いたような形の紋章のようなものを作る．これを飾り板とよぶことにする．飾り板の両面は容易に区別できないといけないので，片面だけに，色を塗るなり，図に書いたような×印を描くなりしておく．上辺には穴を3つあける．そして60センチくらいの長さの柔らかくて丈夫なひも（上下スライド式の窓を吊るのに使うようなひもが最適*3である）を3つの穴それぞれに結びつける．3本のひもの反対の端は，椅子の背もたれのような何か固定したものにつなげておく．

　この飾り板を1回転させるには6通りの方法があって，それぞれ異なった6通りの組みひもができあがることがわかる．水平に保ったまま右回転ないし左回転させる方法と，ひもAとひもBの間を前からないし後ろから回して通す方法と，ひもBとひもCの間を前からないし後ろから回して通す方法である．図8で2番めに示してあるのは，ひもBとひもCの間を前から回して通した結果得られる組みひもである．ここで，次の問いが浮かぶ．この飾り板をひもの間に適当に通していくことによって組まれた組みひもをほどいてもとに戻すことは，飾り板を水平に保ち，×印を正面に向けたままでも可能であろうか．答えはノーである．ところが，飾り板にもう一度回転を施したならば，それが6通りのうちのどれであっても，その結果できあがった組みひもをほどいてもとに戻すことが，

＊3　〔訳注〕そのようなひもは，太さが5〜6ミリくらいが標準的なようである．その太さと，60センチという長さからすると，図で示されている飾り板は，少なくとも10センチ四方くらいの大きさにはなる．訳者の個人的見解としては，日本の大方の読者にとってもその寸法が「最適」かどうかは疑問であり，全体にもう少し小さめにすることをおすすめする．特にひもは，あやとりに使うひもくらいがちょうどよいと思う．

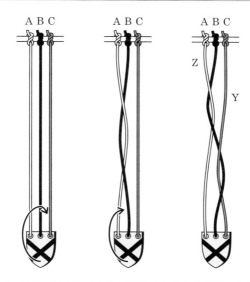

図8 飾り板を左図のように回転させると中央図にある組み方となり,さらに同図のように回転させると右図にある組み方となる.

飾り板を回転させないでも可能になるのだ.

わかりやすくするために,例として,2度めに施すのはひもAとひもBの間を前から回して通す方法とすれば,できあがるのは図8で3番めに示した図のような組みひもである.飾り板を回転させずにこの組みひもをほどくには,まず,ひもCをYのところで少し手前に引き,できたスペースに右から飾り板を入れて左から抜く.飾り板を下ろして3本のひもを下に引いて整え直す.次に,ひもAをZのところで少し手前に引き,できたスペースに左から飾り板を入れて右から抜く.すると,3本のひもはまっすぐになってほどけた状態になる.

次に紹介する驚くべき定理が,ひもが3本以上のときに成立する.偶数回の回転(各回転はどの方向でもよい)によって作られるどん

な組みひもも，飾り板を回転させずにほどくことが必ず可能であり，反対に，奇数回の回転によって作られる組みひもは，飾り板を回転させずにほどくことが決してできない

この定理がピート・ハインと結びつくのは，1930 年代前半にニールス・ボーアの理論物理学研究所で開催された会合がきっかけであった．そのときにハインははじめてこの定理のことを聞いたのだが，それは，ポール・エーレンフェストが量子論の問題との関係でこの定理について論じていたためであった．実際に組みひもを使って，ハインはほかの仲間とともに定理を試してみた．そのときには，ボーア夫人から借りたハサミに数本のひもをつなげ，それを椅子の背もたれにくくりつけて行ったという．のちにハインは，回転する物体とそれをとりまく宇宙とがこの問題の中では対称をなしていることに気づき，そのことから，実際的な意味で対称性をもったモデルを作るにはたんに飾り板をひものどちらの端にもつければよいのだ，ということに気づいた．このモデルを使えば，2 人の間でトポロジーゲームを行うことができる．各プレーヤーは飾り板を 1 つずつ保持し，その 2 つの飾り板の間で 3 本のひもをピンと張っておく．プレーヤーたちは交互に，一方が組みひもを組んだら他方がそれをほどき，その実行にどれくらいの時間がかかるかを測定する．ほどくのにかかった時間が短いほうが勝者である．

偶数と奇数に関する定理はこの 2 人ゲームにも適用される．初心者は回転が 2 回だけの組みひもに限定すべきである．その後，熟達するに従ってもっと大きな偶数の回数の組みひもに進んでいけばよい．ハインはこのゲームをタングロイズとよび，ヨーロッパでは長年にわたって楽しまれている．

回転回数が奇数と偶数でどうしてこのような違いが出るのであろうか．これはなかなかやっかいな問題であり，群論にもっと深く入り込んでいかずに答えることは難しい．ヒントになるのは，ちょうど反対向きの 2 つの回転を合わせれば何も回転させないのと当然同じになるという事実である．また，2 つの回転がほぼ反対どうしで

あって，ただ途中で飾り板の周囲をひもがどう通るかの違いしかない場合であれば，ひもどうしの間に残る絡み合いをほどくには，飾り板の周囲のひもの行き来だけをもと反対に実行すればよいであろう．M・H・A・ニューマンがロンドンの数学雑誌に発表した 1942 年の短い論文によれば，ケンブリッジ大学の著名な物理学者 P・A・M・ディラックは，このゲームを 1 人遊び用にしたものを，「3 次元回転群の基本群が位数 2 の巡回群であるという事実を見てとる」ためのモデルとして長年用いていた．ニューマンはその点に触れたあとで，アルティンの組みひも理論を使って，回転数が奇数のときはひもの絡みをほどくことができないことを証明している．

飾り板を偶数回ランダムな仕方で回転させて組みひもを作り，それをどれくらい素早くほどくことができるか試してみる，というのは，結構夢中になれる遊びである．2 回の回転で作った 3 通りの単純な組みひもの例を図 9 に示しておいた．一番左の組みひもは，

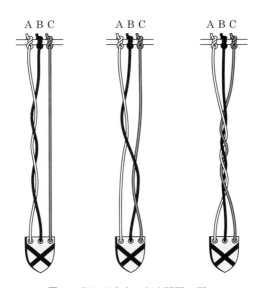

図 9　組みひもをほどく問題 3 問．

飾り板を B と C の間に前のほうから 2 回通して作ったものであり，中央の組みひもは，飾り板を B と C の間に前のほうから通したのちに，A と B の間に後ろのほうから通したものであり，右の組みひもは，飾り板を水平に保ったまま，右ねじの向きに 2 回巻いたものである．読者への課題は，それぞれの組みひもについて，飾り板を回転させずにほどくのに最善の方法を見つけることである．

〔解答 p. 28〕

追記
(1966)

　ピート・ハインが考案したタングロイズのゲームをするための道具を作るには，飾り板を，木かプラスチックの板から切り出したほうが，ボール紙を使うよりももちろん望ましい．ハイン自身は，3 本別々のひもを使うより，長い 1 本のひもを使うことを推奨している．その 1 本のひもは，一方の飾り板の第 1 の穴を出発点（ひもの端をその穴に結んで抜けないようにしておく）として，まず，もう一方の飾り板の第 1 の穴と中央の穴に順番に通し，次に，もとの飾り板の中央の穴と第三の穴に順番に通し，最後にもう一方の飾り板の第 3 の穴に通し，ひもの端をその最後の穴に結びつける．この作り方だと，ひもを結びつけていない穴のところでひもが自由に動くので，3 本別々のひもで作った場合よりも操作がしやすい．ある読者からの手紙によれば，飾り板につける 3 本のひもを伸縮性のあるものにしたところ，その場合もずいぶん操作がしやすくなったそうである．このゲームは，ひもの本数を増やしたものにすることもたしかにできるが，3 本で十分に複雑なようである．

　図 6 にある表を一目見るだけで，その表で記述されている群がアーベル群（可換群）でないことがわかる．アーベル群に対する表は，左上から右下に引いた線を軸にして対称な形をしている．すなわち，その対角線の両側にある 3 角形の領域は，互いに相手の鏡像となっている．

　本文で見た網目構造のゲームを 3 人でなくて 4 人でやる場合に対応する群は，4 文字の置換群である．だが，この群は，正方形の回転と裏返しを表す群とは同一でない．なぜなら，正方形のかどの置換の中には，回転と裏返しでは達成できないものがあるからである．この正方形変換は，4 文字の置換群の「部分群」である．どんな有限群（有限個の元からなる群）も，何らかの置換群か，置換群の部分群である．

　アルティンが書いた組みひも理論に関する 1947 年の論文（文献欄参照）では，任意の組みひもを「正規形」に還元する手法が与えられている．その方法ではまず，第 1 のひもを完全にまっすぐに張る．次に第 2 のひもを，第 1 のひもを巻いている

ところを除いてまっすぐに張る．それから第3のひもを，第1，第2のひもを巻いているところを除いてまっすぐに張る，という具合に残りのひもも順々に張っていく．アルティンが言うには「どんな組みひもも同様の正規形に変形できることがすでに証明されているが，筆者の確信するところでは，生身の人間にそれを実行させようとするならば，必ずや数学は，強い反感を買い，不当な処遇が強いられるであろう」．

　ディラックから送られてきた短い手紙があった．届いたのが少し遅くてもとのコラムで言及するのには間に合わなかったのだが，その手紙によれば，ディラックがひもの問題を最初に考えたのは1929年ごろであり，以来それを何度も使って見てとっていたことがある．それは，ある軸で物体を2度回転させる運動を徐々に変形していくと，もとの位置で終わるいくつかの運動を経たのちに，完全に運動をなくすことができるということであった．ディラックによれば「回転がもつこの性質から帰結することの1つが，素粒子が半整数値の量子スピン角運動量はもちうる一方で，その他の分数値はとりえないという事実である」．

解答
- 組みひもの問題3問の解法は以下のとおりである．
  - （1）　飾り板を，ひもCの後ろで右から左へと通してから，ひもAとBの後ろで左から右へと通す．
  - （2）　飾り板を，ひもBの中央部分の後ろで左から右へと通す．
  - （3）　飾り板を，3本全部のひもの後ろで左から右へと通す．

後記
(1995)
　もとのコラムがサイエンティフィック・アメリカン誌に載ったあとで，イギリスのロザリン・タッカーから学んだのだが，本文で扱った網目構造ゲームは19世紀中ごろに日本で生まれ，以来，日本の伝統的なクジの方法となった．「あみだクジ」とよばれるが，その名の由来は，クジの古い形態では最初の線が放射状に引かれていて，その形が，浄土教の信仰対象である阿

弥陀仏が仏画や仏像で表現されるときに伴う後光の形に似ていたことにある．文献欄に掲げたタッカー氏の記事を参照されたい．

文献
"On a String Problem of Dirac." M. H. A. Newman in *Journal of the London Mathematical Society* 17 (1942): 173-177.

"The Theory of Braids." Emil Artin in *Annals of Mathematics* (2) 48 (1947): 101-126.

"Braids and Permutations." Emil Artin in *Annals of Mathematics* (2) 48 (1947): 643-649.

"The Theory of Braids." Emil Artin in *American Scientist* 38 (January 1950): 112-119; reprinted in *Mathematics Teacher* 52 (May 1959): 328-333. 上記 2 論文で示した諸結果を専門的でない形で論じたもの．

"Amida." Rosaline Tucker in *Mathematical Gazette* 61 (October 1977): 213-215.

"A Random Ladder Game: Permutations, Eigenvalues, and Convergence of Markov Chains." Lester H. Lange and James W. Miller in *College Mathematics Journal* 23 (November 1992): 373-385.

Braid Groups. Christian Kassel and Vladimir Turaev. Springer, 2008.

●群論関係

The Theory of Groups. Marshall Hall, Jr. Macmillan, 1959. 〔邦訳：『群論 上・下』マーシャル・ホール著，金沢稔ほか訳．吉岡書店，1969-1970 年.〕

"Group Theory for School Mathematics." Richard A. Dean in *Mathematics Teacher* 55 (February 1962): 98-105.

Groups. Georges Papy. St. Martin's Press, 1964.

The Theory of Groups: An Introduction. Joseph J. Rotman. Allyn & Bacon, 1965.

Group Theory. W. R. Scott. Dover, 1987.

A Course on Group Theory. John S. Rose. Dover, 1994.

The Theory of Groups. Hans J. Zassenhaus. Dover, 1999.

Symmetry: An Introduction to Group Theory and Its Applications. Roy McWeeny. Dover, 2002.

●日本語文献

『組み紐の幾何学』村杉邦男著．講談社ブルーバックス，1982 年．

『新版 組みひもの数理』河野俊丈著，遊星社，2009 年．

3

パズル8題

問題1　鋭角分割

　鈍角3角形（鈍角を1つもつ3角形）が1つ与えられたとき，それを小さな3角形に切り分けて，どれもが鋭角3角形（3角とも鋭角である3角形．直角はもちろん鋭角でも鈍角でもない）となるようにすることはできるだろうか．もしできないなら，その不可能性を証明せよ．もしできるのなら，どんな鋭角3角形でもその個数以内の鋭角3角形に分割することができるような最少数を求めよ．

　図10に示したのはありがちな試みだが，これだと行き詰まってしまう．3番めの3角形までは鋭角3角形になっているが，4番めは鈍角3角形になるので，ここまで切り分けたところで振り出しに

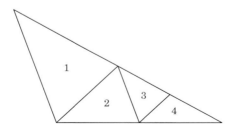

図10　この3角形を鋭角3角形に切り分けることは可能か？

戻ってしまうのだ.

この問題（カナダはウィニペグのメル・ストーヴァー経由で知った）が面白いのは，最高の数学者でさえこの問題には惑わされて，つい間違った結論に辿り着きがちだからである．この問題に楽しみながら取り組んでいたら，関連する次の疑問が思い浮かんだ．「正方形を鋭角3角形に分割したときの最少片数はいくつか？」その答えは9にちがいない，と私は何日もの間思っていた．が，突然，それを8に減らす方法がわかった．どのくらいの読者が鋭角3角形8個の解を見つけ出せるだろうか．あるいは，もっとよい解を見つけ出す読者もいるのだろうか．私には8個が最少だという証明はできないが，そうにちがいないと思っているのもたしかである．〔解答 p.38〕

問題2 「1ルナー」の長さ

H・G・ウェルズの小説『月世界最初の人間』では，われらが地球の衛星，月に行ってみると，そこは知性をもった昆虫型の生物の住処であり，彼らは地面の下の洞窟の中で生活していた．そこでわれわれとしては，その生物が使っている距離の単位を「1ルナー」とよぶことにしよう．そして，月の表面を平方ルナーで表したときの数値と月の体積を立方ルナーで表したときの数値がちょうど同じになるように，その単位は定められたものだったとしよう．月の直径は2160マイルである．1ルナーは何マイルであろうか．〔解答 p.40〕

問題3 グーゴルゲーム

1958年のこと，ミネアポリス=ハネウェル・レギュレーター社のジョン・H・フォックス・ジュニアとマサチューセッツ工科大学のL・ジェラルド・マーニーの2人は，グーゴルという名の独特の賭けを考え出した．やり方は以下のとおりである．誰かに好きなだけ多くの枚数の紙片を用意してもらい，各紙片に別々の正の数を書い

てもらう．数は，ほんの1桁のものから「グーゴル」（1の後ろに0が100個続く数）程度のものまで，いや，もっと大きい数を書いたってかまわない．これらの紙片を裏向きにしてよく混ぜてテーブルの上に置く．プレーヤーは，紙片を1枚ずつ表向きにする．目指すのは，うまいところで停止し，最後にめくった紙片に書いてある数が，全体の中で最大であるようにすることである．すでに表向きにした紙片に戻って選び直すことはできない．全部の紙片を表向きにした場合は，当然，最後に表向きにした紙片を選んだこととされる．

このゲームで賭けをするとしたら，「プレーヤーは最大の数を当てられない」とするほうに少なくとも5倍の賭け金をかけてもよい（プレーヤーの成功確率は5分の1よりは小さいはずだ），と考える人が大方であろう．ところが実際は，最適な戦略をとると，プレーヤーの成功確率は3分の1よりも少し大きい．問いは2つだ．最適な戦略はどのようなものか（これは，選ばれる数の期待値を最大化する戦略を求めるのとは違うことに注意されたい）．そして，その戦略をとったときにプレーヤーが勝利する確率はどのように計算すればよいか．

紙片が2枚しかないとき，プレーヤーが勝つ確率は明らかに1/2であり，プレーヤーがどちらの紙片を選ぼうと関係ない．紙片の枚数が増えるに従って，（最適の戦略をとったときの）プレーヤーが勝つ確率は下がっていくが，その曲線はすぐに平らになり，枚数が10を超えてからはほとんど変化しない．実は，確率は決して1/3を下回らないのだ．紙片に書く数を大きくすることによってプレーヤーの課題を難しくすることができると思われがちであるが，少し考えてみれば，書かれた数の大きさは重要でないことがわかる．本質的なのは，紙片に書かれた数が大きさ順に並べられることだけである．

このゲームには，いろいろと面白い応用がある．たとえば，ある女性が今年中に結婚相手を決める．想定上，女性は，プロポーズしてくる10人の男性と順々に会うことができるが，一度プロポーズを断ったら後戻りはできない．10人の中で（その女性にとって）最高の男性と結ばれる確率を最大化するにはどのような戦略をとるべき

であり，また，その場合の成功確率はいくらであるか．

実は，とるべき戦略の構造は，まず，一定数の紙片（やプロポーズ）を捨ておき，それ以降は，それまでに捨ておいたどの紙片よりも大きい数に出合ったときにそれを選ぶ，というものである．したがって，あと必要なのは，最初に捨ておく紙片の枚数を，紙片の総数をもとに決定する算式である． 〔解答 p. 41〕

問題4 士官学校での行進と小犬

縦横とも 50 フィートずつの正方形の隊列が一定の速さで行進している（図 11 参照）．隊のマスコットである小さなテリア犬は，最後列の中央（図中の A）から出発し，小走りに前方へまっすぐ進んで最前列の中央（図中の B）まで行き，とって返してまっすぐに最後列の中央まで戻る．こうして犬が A の位置に戻ってくるまでの間に，隊列はちょうど 50 フィート進んだ．犬の走る速さは一定で，反転の際にも時間の無駄はなかったと想定すると，犬が走ったのは何フィートであろうか．

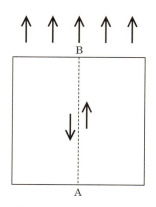

図 11　犬の走った距離は？

この問題を解くには初等的な代数以上のものは必要ないので、解けた人は、有名パズル家サム・ロイドがこれと実質的に同じ問題をもっとずっと難しく改変したもの[*1]に挑戦したいと思うかもしれない。サム・ロイドの問題を本問にあてはめれば、犬が隊列の中央を前後に行ったり来たりする代わりに、正方形の隊列の外側を一定の速さで1周する。犬はその間ずっと、正方形のできるだけ近くを走りまわるものとする（問題を解く上では、犬は正方形のちょうど外周上を走るものとする）。そして、上で見た問題と同様、犬がAの位置から出発してふたたびAに戻ってくるまでに隊列が進む距離は50フィートである。犬が走った距離はいくらであろうか。　　　　〔解答 p.45〕

問題5　バー氏のベルト

これは、ニューヨーク州ウッドストックのスティーヴン・バーから聞いた話である。氏が羽織るコートには布製の長いベルトがついていて、ベルトの両端は、図12にあるように45度にカットしてある。氏は旅行などでベルトを荷物に詰めるとき、できるだけ整った形で片端から巻いていきたいのだが、端が斜めの形になっているために、氏の対称性の感覚にそぐわない。かといって、直角になるように端を折りたたんでも、折った部分だけ分厚くなって、巻いたときに一種のかたまりができてしまう。そこで氏は、もっと凝った折りたたみ方をいろいろ試してみたが、どんなにやってみても、ベルトを均一な厚さの長方形にすることはできなかったという。たとえば、図に示した折り方だと、Aの部分は3枚分の厚みになり、Bの部分は2枚分の厚みになる。

なるほど、ジェイムズ・スティーヴンズの小説『小人たちの黄金』に出てくる賢者の科白のとおり「なにごとも完ぺきではない。かた

[*1]　*More Mathematical Puzzles of Sam Loyd.* Dover paperback, 1960, p.103 〔邦訳：『サム・ロイドのパズル百科 1』白揚社，1965 年，pp.132-133〕参照.

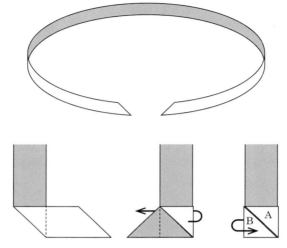

図 12 バー氏のベルト（上の図）とうまくいかない折り方の例（下の図）．

まりもできてしまう」ということなのかもしれない．だが，それにもかかわらず，バー氏はついに，うまくいく折り方を見つけ，両端の斜めの部分をなくして全体を長方形とし，しかも，長方形のどの部分も均一の厚さになるようにすることができた．その結果ベルトは，かたまり部分ができないようにきれいに巻くことができるようになった．バー氏はどのように折ったのだろうか．両端を適宜カットした長い紙の帯を使って，この問題に取り組んでもらえればよい．

〔解答 p. 46〕

問題 6　苗字と髪の色

数学科のホワイト教授と哲学科のブラック教授と同大学の入学課でタイピストをしているブラウン氏とが一緒に昼食をとっていたときのこと，「面白いことに気づきました……」と 3 人のうちの唯一の女性がいった．「私たちの苗字はブラック（黒）とブラウン（茶）

とホワイト（白）じゃないですか．しかも，1人の髪の色が黒，1人が茶，1人が白ですよね」．これに黒髪の人物が応じ，「たしかにそのとおりですね．さらに，誰1人として自分の苗字と髪の色とが一致していない，ということにも気づいていましたか？」と述べた．それを聞いてホワイト教授は「何とまあ，本当ですね」と驚きの声を上げた．さて，3人のうちの唯一の女性の髪が茶色でないと仮定すると，ブラック教授の髪は何色か．　　　　　　　　　　　〔解答 p. 47〕

問題7　風の中の飛行機

　飛行機が空港 A から空港 B にまっすぐに飛んでいき，それから B から A にまっすぐ戻ってくる．往復飛行の間，エンジンスピードは一定で，無風である．これに対し，一定の風が A から B に吹いている中を，往復とも，もとと同じエンジンスピードで飛んだとすれば，往復に要する時間は，増えるであろうか，減るであろうか，同じであろうか．　　　　　　　　　　　　　　　　〔解答 p. 48〕

問題8　ペットの価格

　ペットショップの経営者が，ハムスターとインコを同数ずつ仕入れ，その際，インコは雌雄が同数となるように仕入れた．ハムスターの仕入値は1匹あたり2ドルで，インコは1羽あたり1ドルであった．どのペットの小売値も，仕入値の1.1倍とした．仕入れた動物が売れていき，両動物あわせて7個体が残った時点で，それまでの売上金が，仕入値総額とちょうど等しくなった．したがって，このまますべて売り切ったときの利益は，この時点で売れ残っている7個体の小売値の総額で表すことができる．その額はいくらか．　　　　　　　　　　　　　　　　　　　　　　　〔解答 p. 48〕

解答　1. 鈍角3角形を鋭角3角形に分割することはできないという「証明」を送ってくれた読者がたくさんいたが，もちろん分割可能である．図13に示したのは，どんな鈍角3角形の場合にも通用する7分割の方法である．

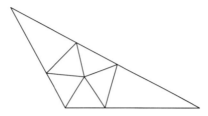

図 13　鈍角3角形を鋭角3角形7個に分割したもの．

7個というのが最少であることは簡単にわかる．鈍角をなす頂点からは，鈍角を分割するための線が出ていなければならない．その線は，そのまま対辺に達していてはいけない．なぜなら，もしそうなっていたら，別の鈍角3角形ができる[*2]ことになるが，その鈍角3角形もまた鋭角3角形に分割しなければならないので，その方法で分割数が最少になるわけがないからである．したがって，鈍角を分割する線の反対の端は，鈍角3角形の内部の点でなければならない．そしてその端点には，少なくとも5本の線が集結していないといけない．そうでなければ，その点を頂点とする角のどれかが鋭角でなくなってしまうからである[*3]．そして，5本の線が集結している場合には，5つの3角形からなる5角形が鈍角3角形の内部にできること

[*2]〔訳注〕細かいことをいえば，鈍角3角形でなくて直角3角形ができる場合も考えなくてはいけないが，話の本質は変わらない．厳密にしたいなら，本解答に登場する「鈍角」をすべて「鈍角ないし直角」と読み換えればよい．
[*3]〔訳注〕このあたりの記述も，「証明」だと考える厳密でない．たとえば，次図のような場合を想定していない．

したがって，結論は変わらないにしても，きちんとした「証明」とするには，もう少し丁寧に議論する必要がある．

になり，全部で 7 つの 3 角形ができる．ブルックリン高校の教諭（当時）のウォレス・マンハイマーは，『アメリカ数学月報』1960 年 11 月号 923 ページに，問題 E1406 に対する解答として，いま述べた証明を与えている．マンハイマーは，任意の鈍角 3 角形に対して，どのようにしたらこのような分割を作図することができるかも示している．

　次の問いが浮かぶ．どんな鈍角 3 角形でも，7 個の鋭角 2 等辺 3 角形に分割することができるだろうか．答えはノーである．『アメリカ数学月報』1961 年 11 月号の記事[*4]で，8 個であれば，どんな鈍角 3 角形でも鋭角 2 等辺 3 角形に分割するのに十分であることが証明され，同誌の 1962 年 6-7 月号の記事[*5]で，8 個が必要な場合があることが証明されている．これらの記事にあたれば，8 個使わずに分割できる鈍角 3 角形の詳細な条件もわかる．直角 3 角形や鋭角不等辺 3 角形は，9 個の鋭角 2 等辺 3 角形に分割することができ，鋭角 2 等辺 3 角形は，それと相似な 4 個の合同な鋭角 2 等辺 3 角形に分割することができる．

　正方形を鋭角 3 角形 8 個に分割するには，図 14 のとおりにすればよい．分割が左右対称なら，点 P と点 P′ は，図中の 4 つの半円によって作られる網かけした領域内になければならない．ドナルド・L・ヴァンダープールから来た手紙によれば，同様の 8 分割で左右対称性を崩してもよいなら，点 P の位置は，網かけした領域内に限る必要はなく，大きい 2 つの半円外であればどこにしても可能である．

　およそ 25 人の読者が，それぞれさまざまなレベルの定式化で，8 個での分割が最少であるという証明を送ってきた．また，ハリー・リンドグレンによる証明が，オーストラリアン・マセマティックス・ティーチャー誌[*6]に掲載されている．その証明では，P と P′ の位置が上で述べたような一定範囲で自由に動

[*4]　Verner E. Hoggatt, Jr. と Russ Denman の共著．pp. 912-913.
[*5]　Free Jamison 著．pp. 550-552.
[*6]　Vol. 18, 1962, pp. 14-15.

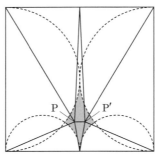

図 14　正方形を鋭角 3 角形 8 個に分割したもの．

きうる点を除いては，8 個への分割方法は唯一であるということも示されている．H・S・M・コクセターの指摘によれば，意外にも，どんな長方形でも，それが正方形でさえなければ，その縦横の辺の長さの差がどんなにわずかでも，線分 PP′ を長方形の中央にもっていくことによって，水平方向についても垂直方向についても対称な 8 分割を作ることが可能である．

　1968 年には，フリー・ジャミソンが，正方形を鋭角 2 等辺 3 角形 10 個に分割する方法を示している．フィボナッチ・クオータリー誌（1968 年 12 月号）の記事を見れば，正方形は，10 以上のどんな個数の鋭角 2 等辺 3 角形にでも分割できるという証明が載っている．

　図 15 では，5 芒星（正 5 角形をなす 5 頂点を結んだ星）とギリシャ十字（縦横同寸法の十字）のそれぞれについて，可能な限り少ない個数の鋭角 3 角形で分割する方法を示している．

2. 球の体積を表す式は，$4\pi/3$ と半径の 3 乗との積である．球の面積を表す式は，4π と半径の 2 乗との積である．月の半径を「ルナー」単位で表現して，月の表面積を平方ルナーで表したときの数値と月の体積を立方ルナーで表した数値とが等しいのだとすれば，月の半径の大きさを求めるには，たんに上記 2 式が等しいとして半径の値に関する方程式を立て，それを解

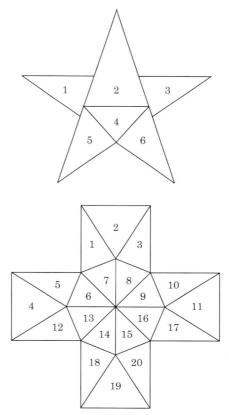

図15　5芒星とギリシャ十字の最少個数鋭角3角形分割.

けばよい．π は両辺から消去することができるので，結局は半径は3ルナーだとわかる．月の半径は1080マイルなので，1ルナーは360マイルにちがいない．

3． グーゴルゲームでは，紙片の総数に関係なく，(最適な戦略をとったときに) 最大の数が書かれた紙片を選ぶことができる確率は，$0.367879\cdots$ を下回ることはない．これは e の逆数

であり，紙片の数を無限大にしていったときの成功確率の極限値である．

紙片が10枚（実際にゲームを行うにはこれくらいがちょうどよい）だとすると，最大のものを選ぶ確率は0.398…である．この場合の戦略は，3枚の紙片をめくり，そのうちの最大数を覚えておき，以後，最初にその数を超えた紙片を選ぶ，というものである．これで，長い目で見れば，およそ5回に2回勝つことができる．

以下に記すのは，アルバータ大学のレオ・モーザーとJ・R・パウンダーによる完全な解析を要約したものである．紙片の数を n とし，最初にめくる枚数を p とし，プレーヤーは，最初の p 枚に書いてあるどの数よりも大きい数が書いてある紙片がはじめて出たときにその紙片を選ぶものとする．選んでいく紙片に順番に1から n の番号を振る．そして，$k+1$ を，最大数が書いてある紙片の番号とする．最大数が選ばれるには，k は p 以上でないといけない（そうでないと，最初の p 枚のうちの1枚として自動的に捨てられてしまう）し，さらに，1番から k 番までの紙片の最大数は，1番から p 番までの最大数でなければならない（そうでないと，全体の最大数が出る前にほかの紙片が選ばれてしまう）．したがって，最大数が $k+1$ 番めの紙片に書かれている場合にそれが選ばれる確率は，k が p 以上のときには，p/k であり，最大数が何番めの紙片にあるかは，番号にかかわらず一律 $1/n$ である．最大数が書かれている紙片は1枚だけなので，それを選ぶ確率を表す式は次のように書き表すことができる．

$$\frac{p}{n}\left(\frac{1}{p}+\frac{1}{p+1}+\frac{1}{p+2}+\cdots+\frac{1}{n-1}\right)$$

与えられた n（紙片の総数）の値に応じた p（最初に捨ておく枚数）を定めるには，この算式の値を最大化する p を選べばよい．n を無限大にしていけば p/n は $1/e$ に近づき，それゆえ，p は，単純に n/e に最も近い整数だと考えておけばおおよそよい．したがって，一般的な戦略は，ゲームを n 枚の紙片で行う場合には，最初の n/e 枚の紙片はやり過ごして，その n/e 枚

に書かれているうちの最大数よりも大きな数が次にはじめて出てきたときにそれを選ぶ、というものである。

　以上の想定ではもちろん、プレーヤーは、紙片に書かれる数の範囲を知らず、それゆえ、単独の数を見ただけではそれが全体の中で大きいほうか小さいほうかわからない。もし紙片に書かれる数の範囲に関する知識があるなら、上の解析はあてはまらなくなる。たとえば、1ドル紙幣を10枚用意し、紙幣に記された（アルファベットの部分を除いた）シリアルナンバーをゲームに使うとすれば、最初に引いた紙幣の数が9ではじまっていた場合には、最善の策はその紙幣を選ぶことだ。同様の理由で、グーゴル用の戦略は厳密には独身女性の問題に適用できないという点は、多くの読者が指摘してきたとおりである。実際、自分に求婚してくる男たちの範囲に関して女性当人にはそれなりの知識があり、何らかの基準ももっている、と想定されるべきであろう。ジョセフ・P・ロビンソンからの手紙の表現を借りるなら、最初にプロポーズしてきた男性が自分の理想にとても近かった場合、「頭の中に岩でも詰まっていない限り、その場で受諾するはずだ」。

　この問題を1958年に考案したとして紹介したフォックスとマーニーだが、どうやら彼らが独自に思いついたこの問題は、その数年前にほかの人も考えついていたようである。何人もの読者が、1958年以前にこの問題を聞いたことがあると述べており、1955年に取り組んだことがあると記憶している人もいた。ただし、私が調べた限りでは、出版されたものでこの問題を扱っているものは見つけられなかった。（最高のものを選ぶ確率ではなく）選びとるものの期待値を最大化する問題であれば、それを最初に提示したのはどうやら、名高き数学者アーサー・ケイリーで、1875年のことのようである[7]。

---

[7]　次の文献を参照。"On a Problem of Cayley." Leo Moser in *Scripta Mathematics*, September-December 1956, pp. 289-292. また、次の問題も参照。Problem 47 in *Fifty Challenging Problems in Probability with Solutions*, Frederick Mosteller, Dover, 1987.

この問題やその拡張やその関連問題からは，一連の研究が生じてきた．それらの研究について詳しく調べたい場合のキーワードは，秘書問題，結婚問題，探索問題，相対順位，停止時刻などである．トーマス・S・ファーガソンがまとめた「秘書問題を解いたのは誰か」[*8] には，これらの問題の概要と若干の研究史とともに，スティーヴン・M・サミュエルズ，ハーバート・ロビンズ，坂口実，ピーター・R・フリーマンという面々のコメントが，ファーガソンからの返答つきで掲載されている．このうち，フリーマンのコメントは，次のような未解決課題の提示で閉じられている．「……この分野での……論文に最も共通している欠陥は，証明なしに前提として，最適な方策の形が『最初の $r-1$ 人の候補者を拒絶して，次に最初に……である者を採用する』であるとしている点である．この前提が必ずしも真でないことは，プレスマンとソニンによる 1972 年の研究がはじめて……示しているとおりである．逐次最適化問題に潜むこうした深い問題に最初に進展を与えた研究者には，富とはいわずとも，名声は訪れるのではないかと私は思っている」

本問で私がグーゴル問題とよんだものそのものは，いまでは秘書問題（secretary problem）とよばれることが最も多い．ほかの名称には，選り好みする求婚者問題（fussy suitor problem）やスルタン[*9]の娘たち問題（sultan's daughters problem）といったものがある．この問題はおそらく，最も有名な最適停止問題であり，この問題を扱った論文は何百本も存在する．この問題が最初にとりあげられたのは，メリル・フラッドが 1949 年に行った講義中のことであり，その後，数学者たちの間では広まっていたが，出版物にこの問題をはじめて載せたのは，サイエンティフィック・アメリカン誌 1960 年 2 月号のコラムを書いた私だったようである．

スルタンの持参金に関する問題形式においては，あるスルタ

[*8] "Who Solved the Secretary Problem?" in *Statistical Science* 4, No. 3, 1989, pp. 282–296.
[*9] 〔訳注〕「スルタン」はイスラム王朝の君主の称号.

ンには 100 人の娘がいて，娘ごとに額の異なる持参金をもたせることにしている．娘のうちの誰か 1 人を選んで結婚することになっている男がおり，その男は娘に 1 人ずつ会い，その持参金を聞かされる．問いは，最も持参金の多い娘と結婚する確率を最大化するにはどのような「停止ルール」とすればよいか，というものである．[10]

4．隊列の正方形の 1 辺の長さと隊列がその距離を進む時間をともに 1 とする．すると，隊列の速さも 1 となる．犬の走った総距離と犬の速さをともに x とする．犬が前方に進むときは，隊列に対する犬の相対的な速さは $x-1$ となる．後方に進むときは，相対的な速さは $x+1$ となる．行きも帰りも（隊列と相対的には）進んだ距離は 1 であり，行って帰ってくるのにかかった合計時間は 1 であったので，次の方程式が書ける．

$$\frac{1}{x-1} + \frac{1}{x+1} = 1$$

この方程式は 2 次方程式：$x^2 - 2x - 1 = 0$ として表すことができ，その正の根を求めれば，$x = 1 + \sqrt{2}$ となる．これに 50 を掛ければ，最終的な答えである「120.7 フィート強」が得られる．別の表現をすれば，犬が走った総距離は，隊列の正方形の 1 辺の長さとその長さのルート 2 倍との和に等しい，ということである．

ロイド版の問題，すなわち，動いていく正方形の周りを犬が走るというほうの問題も，まったく同じ方法で解いていくことができる．以下の解答は，デラウェア大学コンピューターセンターのロバート・F・ジャクソンが送ってきた簡潔明瞭な解答をもとにしたものである．

先と同じように，隊列の正方形の 1 辺の長さと隊列が 50

---

[10] すぐれた参考文献を 3 つ挙げておく．*Fifty Challenging Problems in Probability with Solutions.* Frederic Mosteller, 1987．特に，Problem 47．／ *Mathematical Plums.* Ross Honsberger, 1979．／ *Impossible?* Julian Havil, 2008．〔邦訳：『世界でもっとも奇妙な数学パズル』ジュリアン・ハヴィル著，松浦俊輔訳．青土社，2009 年．〕

フィート進む時間をともに1とする．するとやはり，隊列の速さも1となる．犬の走った距離と犬の速さをともにxとする．犬が前方に進むときは，隊列に対する犬の相対的な速さは$x-1$となり，隊列を横切る方向に進む2度の時間中はどちらも$\sqrt{x^2-1}$となり，後方に進むときは$x+1$となる．犬が1周するのにかかった時間は1であったので，次の方程式が書ける．

$$\frac{1}{x-1}+\frac{2}{\sqrt{x^2-1}}+\frac{1}{x+1}=1$$

この方程式は4次方程式：$x^4-4x^3-2x^2+4x+5=0$として表すことができる．その正の実根のうち，本問の条件に実際にあてはまるのは1つだけで，それは$4.18112\cdots$である．これに50を掛ければ，求めたかった答え「209.056フィート強」が得られる．

バージニア大学のセオドア・W・ギブソンが気づいたことなのだが，4次方程式に変形する前の形の式は，両辺の平方根をとることによって，次の方程式に書き換えられる．

$$\frac{1}{\sqrt{x-1}}+\frac{1}{\sqrt{x+1}}=1$$

こう書くと，最初のほうの問題に対する方程式に驚くほど似ているのだ．

多数の読者が，本問のいろいろな変形版に対する解析を送ってきた．正方形隊列の行進方向を正方形の対角線方向としたものや，隊列の形を正方形より辺数の多い正多角形としたものや，円形の隊列としたものや，隊列が回転しているとしたものなどである．また，トーマス・J・ミーハンとデイヴィド・サルツブルグが別々に指摘してきたのだが，この問題は，航行する船の周りで駆逐艦などが行う方形捜索なるものの方法を設計する問題とまったく同じだそうで，海軍関係者が「運動盤」とよぶ用紙上でベクトル図を描いていけばこの問題がいかに簡単に解けるかも教えてくれた．

5. バー氏のベルトをうまく折って，両端の斜めの部分をな

くして全体を長方形とし，しかも，長方形のどの部分も均一の厚さになるようにする最も簡単な方法は，図 16 に示すとおりである．こうすれば完全にきっちりした巻き方（縫い目と長い折り目がうまくバランスする）もありうることになり，また，この方法は，ベルトの長さにも，端をカットする角度にも関係なくうまくいく．

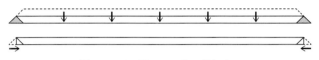

図 16　バー氏のベルトの折り方．

6． タイピストのブラウン氏が唯一の女性であると仮定すると，すぐに矛盾が導かれる．その仮定によれば，最初の発言はブラウン氏によるものであり，その発言が黒髪の人物の発言を引き起こしているので，ブラウン氏の髪は黒のはずがない．髪の色が茶だと苗字と髪の色が一致してしまうので，それもありえない．したがって，ブラウン氏の髪の色は白にちがいない．すると，髪が茶色なのはブラック教授で，黒はホワイト教授だと決まる．だが，黒髪の人物の言明に驚きの声を上げたのはホワイト教授だから，黒髪がホワイト教授であるはずがなく，矛盾である．

したがって，ブラウン氏は男だと考える必要がある．ホワイト教授の髪は白いはずがない（もしそうなら髪の色と名前が一致してしまう）し，ホワイト教授は黒髪の人物の言葉に応じているから，髪が黒いはずもない．したがって，髪は茶色のはずである．唯一の女性の髪が茶色でないなら，ホワイト教授は女性ではない．ブラウン氏も男だったから，ブラック教授が唯一の女性にちがいない．その髪の色は黒でも茶でもないはずだから，ブラック教授は，白く輝くプラチナブロンドの持ち主にちがいない．

7．風は，飛行機が A から B に行くときはその速さを増大
させ，B から A に行くときは減少させるから，これらの力は
相殺しあい，往復あわせた総飛行時間は同じままだと思われが
ちである．実際はそうではなく，飛行機の速さが増大している
時間の長さは，速さが減少している時間の長さより短いので，
全体の効果は速さが減少するほうに傾く．すなわち，速さと向
きが一定の風が吹く中での往復飛行時間は，風の速さや向きに
関係なく，無風のときよりも長くなる．

8．仕入れたハムスターの個体数とインコの個体数をともに
x とする．売れ残っているペット 7 個体のうちのハムスター
の数を y とする．すると，その 7 個体のうちのインコの数は
$7 - y$ となる．売れたハムスター（単価 2 ドル 20 セントで，仕
入値の 10 パーセント増しである）の数は $x - y$ となり，売れた
インコ（単価 1 ドル 10 セント）の数は $x - 7 + y$ となる．

このとき，ペットの仕入れ値は，ハムスターは $2x$ ドル，イ
ンコは x ドルで，合計 $3x$ ドルである．ハムスターのこれまで
の売上金は $2.2(x - y)$ ドル，インコは $1.1(x - 7 + y)$ ドルで，
合計は $3.3x - 1.1y - 7.7$ ドルである．

題意によればこれら 2 つの額が等しいというのだから，両者
が等しいとする方程式を立て，それを整理すれば，未知の整数
2 個を含む次のディオファントス方程式が得られる．

$$3x = 11y + 77$$

x と y は正の整数であり，y は 7 以下であるから，y がとり
うる（0 の場合を含めた）8 つの値を 1 つひとつ試して，どの値
のときに x も整数になるかを求めるのは簡単である．そのよう
な y の値は 2 つあって，5 と 2 である．インコを雌雄同数仕入
れたという条件がなければ，どちらも解となる．その条件によ
り，y の値が 2 という可能性は除かれる．なぜなら，その場合
の x（インコを仕入れた数）は 33 という奇数になってしまうか
らである．したがって，y は 5 であるというのが結論である．

これで全体像が描けるようになった．店の経営者は 44 匹の

ハムスターと，雌雄それぞれ 22 羽のインコを仕入れ，そのために合計 132 ドルを支払った．店が売ったのは，ハムスター 39 匹とインコ 42 羽で，売上金合計は 132 ドルだった．残ったペットについていえば，ハムスター 5 匹が小売価値で計 11 ドルで，インコ 2 羽が小売価値で計 2 ドル 20 セントである．それらをあわせると総価値は 13 ドル 20 セントになり，それが本問の答えである．

| 4 |

ルイス・キャロルの
ゲームとパズル

　チャールズ・L・ドジソン牧師は，ルイス・キャロルという筆名で不朽のファンタジーを書いているが，数学者でもあって，オックスフォードで教壇に立ち，幾何学や行列式といった主題の論文も著している．ただし，ドジソンがとり上げた主題や書いた文章は，数学への態度が大真面目ではないものだけが，人びとの興味を長らく引くものとなった．バートランド・ラッセルがいうには，キャロルがなした学問上の発見のうちで重要なのは，学術誌『マインド』に載った2つの論理パラドックスだけである．キャロルは初学者向けの論理学の本も2冊書いているが，どちらも，いまからすると旧式の内容を扱っている．しかしながら，載っている練習問題がきわめて風変わりでおかしいため，どちらの本もいまなお新たな読者を獲得し続けている．ドジソンが書いた真面目な教科書類は長らく絶版であるが，ドジソンが作ったパズルは，こんにちでもいくつかのドーヴァー版の本で見ることができる．本章では，そうした本に載っている主題をとり上げることなく，また，ウォレン・ウィーヴァーが書いたすばらしい記事「ルイス・キャロル：数学者」（サイエンティフィック・アメリカン誌 1956 年 4 月号）に書いてあることとも重複しないようにしながら，ドジソン牧師が入り込んでいったゲームとパズルの分野の中身のうち，あまり世に知られていない部分に目を向けてみることにしよう．

4 ルイス・キャロルのゲームとパズル 51

キャロルが書いた物語でいまではほとんど忘れられてしまった『シルヴィーとブルーノ』の続編『シルヴィーとブルーノ：完結編』の中で，あるドイツ人教授が同席者たちに，紙帯を半回転分ひねってから両端をつなげてできる奇妙な輪のことを知っているか尋ねたあとに次の会話が続く．

　　「そうやって作ったものを見たことがある．昨日見たばかりだ」と伯爵は応じた．「なあミュリエル，1 個作っていたな．お茶を出してやった子供たちを驚かせようと」
　　「ええ，そのパズルなら知っているわ」ミュリエル嬢は言った．「この輪は面がたったの 1 つしかなくて，縁もたったの 1 つしかないですね．とても不思議だわ」

　教授は説明をはじめる．メビウスの輪と，これまたトポロジーの観点からは驚くほど奇怪な射影平面なるものとの密接な関係についてである．射影平面は面が 1 つで縁のない代物である．教授はまず，ミュリエル嬢に，ハンカチを 3 枚用意するようにいう．そのうちの 2 枚を重ね，ある辺の両端を押さえておく．その辺のところで 2 枚を縫い合わせてから，2 枚のうちの 1 枚を半回転ひねり，先に縫い合わせた辺の対辺どうしも縫い合わせる．できあがるのはもちろんメビウス面であり，その単一の縁を構成するのは，2 枚のハンカチの辺のうちで縫い合わせていない 4 辺である．
　3 枚めのハンカチにも辺が 4 つあって，それらも閉じた単一の縁になっている．教授の説明によれば，これらの 4 辺をメビウス面の 4 辺に縫い合わせれば，できあがるのは，縁なしの閉じた曲面であり，その点では球面と同様であるが，球面と違って表裏のない 1 面だけをもつ曲面となる．

　　「わかったわ！」ミュリエル嬢は，ここぞと口をはさんだ．「外側の面が内側の面とそのままつながることになりますわ．で

も，縫うには時間がかかるから，お茶のあとにします」そう言って，いまは縫わずに脇に置き，またお茶を飲み始めた．「でも，先生，どうしてこれをフォルトゥナトゥスの財布*1とよぶんですの？」

親しみを込めた顔で教授は伯爵令嬢に微笑みかけ……「わかりませぬか，お嬢様？　……その財布の中にあるものはみな外に出ているし，外にあるものはみな中に入っている．だから，世界中の富すべてを，そのちっさい財布の中に入れていることになるのですよ」

いずれにせよ，ミュリエル嬢が3枚めのハンカチを縫い合わせずじまいとなることはたしかである．なぜなら，それを縫い合わせることは，曲面が自己交差しない限りできない相談だからだ．とはいえ，教授が教えてくれた作り方は，射影平面というものの構造について価値ある洞察をたしかに与えてくれる．

一般意味論を構築したアルフレッド・コージブスキー伯爵を敬愛する人たちが好んで口にする「地図は現地ではない」という言葉がある．キャロルの話に出てくるドイツ人教授は，いかにして自分の国では最終的に地図と現地とが同一になったかを説明する．地図をより正確にするために，地図の出版社は寸法をだんだん拡大していき，最初は，1マイル（約1.6km）を表すのに6ヤード（約5.5m）使うように拡大し，その後，100ヤード（約90m）使うように拡大した．

「そしてついに最高のアイデアが出たのだよ．われわれは1マイル使って1マイルを表す地図を実際に作ったのだ」
「その地図はしょっちゅう使っているのですか」と私は尋ねた．

───────────────

*1　〔訳注〕フォルトゥナトゥスはヨーロッパの民話に登場する人物で，いくら使っても空っぽにならない財布を手にする．

「まだ，一度も広げられたことはない」と先生は言った．「農民たちが反対したのだ．彼らが言うには，その地図は全土を覆ってしまい，日が当らなくなってしまうのだよ．だからわれわれは，いまでは国土そのものを地図として使っているのだが，それでたしかにほぼうまくいっている」

こうした話は，キャロルの目からすると当時のイギリスの風潮だったドイツ学問への行きすぎた敬意を，キャロル流の仕方で揶揄したものにほかならない．キャロルは別の著作で，ある登場人物に次のように語らせている．「昨今は，自らの名声を気にする学者は誰でも，咳払いの際に「アッハ」とか「オイヒ」とか「アウフ」というようにドイツ語の単語のような音声を発するのだ」

ルイス・キャロル協会が1993年から2007年の間に順次発行した『ルイス・キャロルの日記』*2 の中には，キャロルがレクリエーション数学にずっと夢中になっていたことを反映する内容がたくさん含まれている．1898年12月19日付の日記には，次の記述がある．

昨夜は午前4時まで，ニューヨークからの手紙にあった興味深い問題に没頭．問題は「［面積が］等しい3つの直角3角形で，どの3角形も辺がすべて有理数であるものを見つけよ」というもの．辺の長さが20, 21, 29の直角3角形と12, 35, 37の直角3角形の組は見つけたが，3つめの直角3角形は見つけられなかった．

読者の中には，キャロルができなかった問題が自分に解けるかどうか興味をもって取り組んでみる人もいるであろう．実のところ，辺長がすべて整数で面積が互いに等しいという関係にある直角3角

---

*2 〔訳注〕本章のもとのコラムが書かれた時点では，オックスフォード大学出版が1954年に発行した『日記』があって，もとのコラムではそれが参照されていた．

図 17　ルイス・キャロルの肖像画．作者は，キャロルの本『シルヴィーとブルーノ』の挿絵を描いたハリー・ファーニス．

形の個数はいくらでも増やすことができるのだが，3 つより多い場合には，その面積は 6 桁の数を下回らない．キャロルは実は，3 つの場合の例をあとわずかなところで見つけそこなったのだが，そのことは本章末尾の「解答」のところで説明する．いずれにせよ，3 つの場合の答えの一例における 3 角形の面積は，キャロルが見つけた 2 つの例の場合よりも大きいことはたしかだが，それでも，1000 に満たない大きさである．　　　　　　　　　　　　〔解答 p. 61〕

　キャロルは 1894 年 5 月 27 日にこう記している．

　　この数日間取り組んでいるのは，嘘つきのパラドックスに因ん

　　　　4　ルイス・キャロルのゲームとパズル　55

　　だ面白い問題を作ること．たとえば「Aが言うにはBは嘘を
　　述べ，Bが言うにはCは嘘を述べ，Cが言うにはAもBも嘘
　　を述べる」

この問題が問うているのは，嘘をついているのは誰で本当のことを
述べているのは誰か，ということである．問題の前提として，Aが
言及しているのはここでのBの発言であり，Bが言及しているの
はここでのCの発言であり，Cが言及しているのはここでのAと
Bの発言である． 〔解答 p. 62〕

　キャロルが考案した言葉遊びの中では，ダブレットという1人遊
びが当時最も人気があった．それは，当時イギリスで発行されてい
た雑誌『ヴァニティ・フェア』*3 が懸賞をつけていたことにもよっ
ている．このゲームでは，同じ文字数の適当な単語を2つ用意し，
一方から他方へ一連の中間の単語を経由しながら変形していくのだ
が，その際，各単語の中にある1文字だけ変えて次の単語を作ると
いう操作を繰り返していく．中間の単語に固有名詞は使ってはなら
ず，また使う単語はどれも，ありふれた小型の辞書に載っているよ
うなふつうの語に限定すべきである．たとえばPIG（豚）からSTY
（豚小屋）へは次のように変形していくことができる．

　　　　　　　　　　PIG

　　　　　　　　　　WIG

　　　　　　　　　　WAG

　　　　　　　　　　WAY

　　　　　　　　　　SAY

　　　　　　　　　　STY

─────────────────────────
*3 〔訳注〕1868 年から 1914 年まで発行されていた雑誌であり，アメリカやイギリ
スで現在発行されている（もとのコラムのころには発行されていなかった）同名の雑誌
とは別物である．

56

　もちろん，つなげていく単語の数はできるだけ少なくすることを
目指さないといけない．言葉のパズルを趣味とする読者向けにダブ
レット6題を，『ヴァニティ・フェア』が行った初回の懸賞問題から
紹介する．当時見つけられたよりも少ない回数で変形できる読者が
いるかどうかは大変興味深いところである．問題文は次のとおり．

　　GRASS（草）が GREEN（緑）であることを確かめよ．

　　APE（類人猿）を MAN（人間）に進化させよ．

　　ONE（1）を TWO（2）に増やせ．

　　BLUE（青）を PINK（ピンク）に変えよ．

　　WINTER（冬）を SUMMER（夏）にせよ．

　　ROUGE（紅）を CHEEK（頬）につけよ．　　　　　〔解答 p. 62〕

　多くの数学者と同様，キャロルはあらゆる種類の言葉遊びに親
しんだ．有名人の名前でアナグラムを作ったり（キャロルの傑作の1
つに，政治家 William Ewart Gladstone*4 の文字順を変えて Wild agitator!
Means well（「無謀な扇動者．悪意なし」の意）としたものがある），詩の中
に少女たちの名前を織り込んだ折句を作ったり，いろいろな種類の
なぞなぞを編み出したり，しゃれやもじりのたぐいを作ったりした．
仲良しの子供たちへの手紙には，その手のものが満載であった．あ
る手紙では，ABCDEFGI の文字順を変えるとある単語（ただしハイフ
ンが入る）が作れることに気づいたと書いてある．誰かそういう単
語を見つけられるだろうか．　　　　　　　　　　　　〔解答 p. 62〕

　キャロルの書いたものには，しゃれやもじりのたぐいがちりばめ
られているが，それらは突飛というよりは，すぐれた才知による

＊4　〔訳注〕ウィリアム・ユーアト・グラッドストン（1809-1898）．アナグラムが書か
れたのは，オックスフォード大学選挙区選出の国会議員を長らく務めていた（キャロル
は不支持）ころだが，のちにはイギリスの首相を何度も務め，イギリス政治史に名を残
している．

ものが多い. あるときキャロルは syllogism（三段論法）をもじった sillygism（silly は「愚かな」の意）という語を造り,

the combining of two prim misses to yield a delusion[*5]
（とりすました 2 人のお嬢さんどうしが一緒になって混乱した考えを導き出すこと）

と定義している. 数学に絡めたしゃれやもじりのたぐいにおけるキャロルの名人芸が最高点に達しているのは,『"分子"の力学』と題する政治風刺の短い作品である. その最初の部分には次のような定義[*6]が並ぶ[*7].

平面（Plane Surface）ならぬ平明皮相（Plain Superficiality）とは, 話がもつ性質であって, 任意の 2 点がとられたときに, 話し手がその 2 点に関して完全に嘘をついている場合のことをいう.
平面角（Plane Angle）ならぬ平明怒り（Plain Anger）は, 2 人の投票者が, 共通点をもつが考えの向きは同じでない場合に, 相手に対してもつ傾き（傾向）である.
とりまとめ役が, ほかのとりまとめ役と一緒になって, 両方の側の投票数を等しくしたとき, どちらの側にももたれる感覚のことを, 直角（Right Angle）ならぬまとも怒り（Right Anger）という. 2 つの党派がともにまとも怒りを感じているとき, それぞれは互いの補をなすという（が, 厳密にこれが成立することは非常にまれである）.
鈍角（Obtuse Angle）ならぬ鈍怒り（Obtuse Anger）は, まとも怒りよりも大きい怒りのことである.

[*5]〔訳注〕the combining of two premises to yield a conclusion（2 つの前提を組み合わせて結論を導き出すこと）のもじりであろう.
[*6]〔訳注〕定義のあとに公準, 公理, ……と続いていく体裁である.
[*7]〔訳注〕次の引用では, 主な言葉遊びがわかるように, 言葉を大幅に補って訳している.

数学に絡めたしゃれやもじりのたぐいは，キャロルの別の短い作品『新しい評価方法を π へ適用した場合』でも，そのおかしみの主要部分を担っている．この作品の中で π という記号は，ベンジャミン・ジョウェットの給与を表している．ジョウェットは，ギリシャ古典の教授でプラトンの著作の英訳者であり，異端的な宗教観をひそかにもっていると多くの人から思われていた人物である．この作品が諷刺しているのは，オックスフォードの関係者たちが，ジョウェット教授の給与に関する問題で合意することができなかったという事態である．次に1節引用する．そこに出てくる J はジョウェットを表しているのだが，この1節を見れば，作品の趣がわかるであろう．

　　これまでの研究で長らく認識されていたのは，π を評価するときの主な障害は J の存在だということであり，古い時代の数学なら，おそらく J を，直交しあう軸に関連づけて[*8]大きさの異なる2つの部分に分けたであろうが，こうしたことは恣意的にJ を排除するものあって，現在では厳密には正当化されないものと考えられている．

　『不思議の国のアリス』の愛読者なら，ハートの女王が「そやつの首を斬っておしまい！」と叫ぶ声がきっと聞こえてくるであろう．
　好んで言葉遊びに興じる著名作家たちは，ほとんど例外なくキャロルの賛美者である．ジェイムズ・ジョイスの『フィネガンズ・ウェイク』の中には，キャロル絡みのことがらへの言及がたくさんあり，その中には，やや失礼な表現だが，キャロル自身の名前のドジソンに

Dodgfather, Dodgson & Coo.
（ドジ尊父とどじ倅 鳩鳴会[*9]）

---

*8 〔訳注〕原文にある rectangular axes という表現が「直行しあう軸」とも「首切り斧」とも読めることを使った言葉遊び．
*9 柳瀬尚紀訳『フィネンガンズ・ウェイク III・IV』河出文庫，pp. 167-168.

と言及しているところもある．ウラジーミル・ナボコフといえば，小説『ロリータ』は，その驚くべき主題だけでなく，言語表現上の戯れもまた特筆すべきであるが，そのナボコフが，『不思議の国のアリス』のロシア語訳（ロシア語への初訳ではないが，本人いわく「最高」の訳）を 1923 年に出版していたと聞いても驚きはしない．キャロルとナボコフの間にはほかにも興味深いつながりがある．キャロル同様，ナボコフはチェス好き（小説『ディフェンス』はチェスにのめり込んだ人物の話である）であり，小説『ロリータ』での語り手ハンバート・ハンバートは，少女たちを偏愛する点でキャロルに似ている．それに，もしキャロルが『ロリータ』を読んでいたら間違いなく衝撃を受けたはずだ，という点も忘れずにつけ加えておかなければなるまい．

　ドジソンは，自分のことを幸せな人間だと思っていたものの，作品で表現されるナンセンスの底には少なからず，表面には出てこない悲哀が静かに流れている．夜遅くまで眠らずに「枕頭問題」を作っては頭の中で解くという，本人いわく「不浄の思考」が止まらない，内気で恥ずかしがり屋の独り身の孤独感がそこにはある．

Yet what are all such gaieties to me	えらく私はどうしたわけかごきげんさん
Whose thoughts are full of indices and surds?	いつも頭は指数無理数そればかり
$x^2 + 7x + 53$	エクス 2 乗足す 7 エクス足すごじゅうさん
$= 11/3$	イコール 3 分のじゅういちなり*10

───────────────

*10　〔訳注〕コラム最後のこの部分にこうして唐突に引用されているのは，キャロルによるナンセンス詩の 1 節．3, 4 行めを，たとえば

　　X squared plus seven x plus fifty-three
　　Is equal to eleven thirds

と音読すれば，1, 2 行めと韻を踏んだ何とも面白おかしい詩の 1 節が成立する．いずれにせよ，ここにあるのは，1 人夜更けまで嬉々として数式と戯れる自分の姿をこのようなナンセンス詩にうたい込み，どうして自分はこんなに「ごきげん」なのかと自問する男の姿である．

追記
(1966)

ルイス・キャロルがダブレット遊びを編み出したのは，1877年のクリスマスのことで，「することがなくて困っていた」2人の少女のために用意したものである．キャロルはこのゲームに関するさまざまな小冊子をいくつも出版しており，はじめのうちはこのゲームを「単語つなぎ（Word-links）」とよんでいた．それらの出版物やこのゲームの歴史に関する詳細は，ロジャー・L・グリーン編集の『ルイス・キャロル ハンドブック』の該当箇所*11 を見よ．

ダブレットの問題は，何十冊もの新旧のパズル本に載っている．ドミトリ・ボーグマンは著書の中*12 で，このゲームを「単語の梯子（word ladder）」とよび，理想的な単語の梯子は，2つの単語の同じ位置にはどれも互いに異なる文字が入っていて，単語の変形が完了するまでの手数が単語の文字数と同じであるようなものだと述べている．例として，COLD（冷たい）から WARM（暖かい）に4手で変形する例を挙げている*13．

驚くことではないが，ナボコフの小説『青白い炎』を読んでいると，ダブレット（「単語のゴルフ」という名で登場する）に出くわす．ある長大な詩の注釈書の体裁をとるこの小説において，その注釈書の書き手たる狂人らしき人物は，詩の819行めに対する注釈の中で，HATE（憎しみ）を LOVE（愛）に3手で変える問題，LASS（若い娘）を MALE（男）に4手で変える問題，LIVE（生きている）を DEAD（死んでいる）に5手で，間に LEND（貸す）を入れて変える問題に言及する．最初の2つに対する解答は，メアリー・マッカーシーが，この小説に対するすばらしい書評（雑誌『ニューリパブリック』1962年6月4日号に掲載）

---

*11 *The Lewis Carroll Handbook* revised edition, edited by Roger L. Green, Oxford University Press, pp. 94-101.

*12 *Language on Vacation.* Scribner, 1965, p. 155.

*13 〔訳注〕この問題には挑戦してみるとよい．本章に載っているほかのダブレット問題は，解答の中に，英語学習者にとっては基本単語と言いきれないものが入ってくるが，この問題の解答にはごく基本的な単語しか含まれない．原書には解答はなかったが，本章の解答欄の末尾に本問の解答をつけておく．

の中で与えている*14. マッカーシー女史は，自分で作った新たなダブレットもいくつか紹介しているが，それらは，この小説のタイトルに含まれる単語に基づいたものである*15.

ジョン・メイナード・スミスは，ある小論*16 の中で，ダブレットと，1 つの種が別の種に進化する過程との間に驚くべき類似性があることを見出している．2 重らせん DNA 分子のことを文字数がきわめて多い単語だと考えてみると，1 箇所の変異はダブレットでの 1 手に対応する．APE（類人猿）が MAN（人間）に実際に変化していく際にも，ダブレットでの変形にかなり類似した過程を経ていくのだ．スミスは，WORD（単語）から GENE（遺伝子）を 4 手で作る理想的な変形の例*17 も与えている．

解答
●ルイス・キャロルが取り組んだ問題の中に，辺の長さがすべて整数で面積がどれも同じである 3 つの直角 3 角形を見つけよというものがあったが，これに対する辺長が最小の答えは，40, 42, 58 と 24, 70, 74 と 15, 112, 113 である．どの 3 角形も面積は 840 である．キャロルは直角 3 角形 2 つの組は見つけていたが，もしその寸法を 2 倍にしていたとしたら，いま示した 3 つのうちの最初の 2 つの 3 角形が得られるので，もしそれらをもとに 3 つめを見つけようとしていたら簡単に見つけ

---

*14 〔訳注〕マッカーシーが与えたのは，次の解答.
　　HATE, LATE, LAVE, LOVE
　　LASS, LAST, MAST, MALT, MALE
ただし，『英語ことば遊び事典』（日本語文献欄参照）pp. 371-372 では，ナボコフ自身の解は次のとおりであったろうと推測している.
　　HATE, HAVE, HOVE, LOVE
　　LASS, MASS, MAST, MALT, MALE
同書では，LIVE–DEAD（間に LEND で 5 手）に対する次の解答も与えている.
　　LIVE, LINE, LIND, LEND, LEAD, DEAD
*15 〔訳注〕小説『青白い炎』の原題は *Pale Fire*. マッカーシーが作った問題は，PALE–HATE（2 手），FIRE–LOVE（3 手），PALE–LOVE（3 手），FIRE–HATE（3 手）.
*16 "The Limitations of Molecular Evolution" in *The Scientist Speculates*, edited by I. J. Good, Basic Books, 1962, pp. 252-256.
*17 〔訳注〕WORD, WORE, GORE, GONE, GENE.

ることができたはずである．ヘンリー・アーネスト・デュード
ニーは『カンタベリー・パズル』の問題 107 に対する解答の中
で，こうした直角 3 角形 3 つの組を簡単に見つけることがで
きる公式を与えている．

● キャロルが作った「嘘か本当か」に関する問題には，論理矛
盾が生じない答えは 1 つしかなく，正解は，A と C が嘘をつ
いていて，B は本当のことを述べている，というものである．
この問題は，「言う」としているところを同値を表す論理結合
子で置き換えて命題論理の式を作る*18 と簡単に解決する．記
号論理学の図式を描かなくても，たんに，3 人の発言がそれぞ
れ嘘か本当かの全部で 8 つの可能性をすべて挙げて各論理値を
調べ，その中で論理矛盾が出てくるものを消去していけばよい．

● キャロルが 6 つのダブレットに対して用意していた答えは以
下のとおりである．

1 つめ：GRASS, CRASS, CRESS, TRESS, TREES, FREES, FREED,
GREED, GREEN

2 つめ：APE, ARE, ERE, ERR, EAR, MAR, MAN

3 つめ：ONE, OWE, EWE, EYE, DYE, DOE, TOE, TOO, TWO

4 つめ：BLUE, GLUE, GLUT, GOUT, POUT, PORT, PART, PANT,
PINT, PINK

5 つめ：WINTER, WINNER, WANNER, WANDER, WARDER, HARDER,
HARPER, HAMPER, DAMPER, DAMPED, DAMMED, DIMMED,
DIMMER, SIMMER, SUMMER

6 つめ：ROUGE, ROUGH, SOUGH, SOUTH, SOOTH, BOOTH, BOOTS,
BOATS, BRATS, BRASS, CRASS, CRESS, CREST, CHEST,
CHEAT, CHEAP, CHEEP, CHEEK

● ABCDEFGI の文字の並びを変えて作れるハイフン付きの単語
は big-faced である．

---

*18 〔訳注〕実際に論理式を作るには，「嘘を述べる」に対応して否定記号もつけてお
かないといけない．同値記号を「≡」とし，否定記号を「¬」とするなら，たとえば「A
が言うには B は嘘を述べ」は「$A \equiv (\neg B)$」となる．

4 ルイス・キャロルのゲームとパズル 63

　サイエンティフィック・アメリカン誌にキャロルの答えを紹介したあと，多数の読者から，もっと手数の少ない答えが寄せられた．GRASS から GREEN を作る次の見事な7手の変形を見つけたのは，A・L・コーエン，スコット・ギャラガー，ローレンス・ジャセフ，ジョージ・キャップ，アーサー・H・ロード，シドニー・J・オズボーン，H・S・パーシヴァルの諸氏であった．

GRASS

CRASS

CRESS

TRESS

TREES

TREED

GREED

GREEN

　C・C・ゴットリーブ夫人が送ってきたのは同様の7手解だが，上述の解答の 2, 3, 4 手めの単語の代わりに GRAYS, TRAYS, TREYS とするものであった．もしも古語の GREES を使ってよいなら変形は次の4手で済む，という点は，スティーヴン・バー，H・S・パーシヴァル，リチャード・D・サーストンの3氏が別々に見出した．

GRASS

GRAYS

GREYS

GREES

GREEN

　10 人の読者（デイヴィッド・M・バンクロフト，ロバート・バウマン，フレデリック・J・フーヴェン，アーサー・H・ロード，ヘンリー・A・モース夫人，シドニー・J・オズボーン，ドディ・シュルツ，ジョージ・スターバック，エドワード・ウェレンと名前が判読できなかった1名）が送ってきたのは，APE を MAN に5手で変形する次のすぐれた答えである．

```
APE
APT
OPT
OAT
MAT
MAN
```

多数の読者が ONE から TWO への 7 手での変形を見つけたが，どれもあまり一般的でない単語が少なくとも 1 つ含まれていたので，同じことなら，6 手で済む次の解を見つけた功績で H・S・パーシヴァルを表彰することとする.

```
ONE
OYE
DYE
DOE
TOE
TOO
TWO
```

OYE というのは「孫」を意味するスコットランド語だが，ウェブスター新大学辞典には載っている.

BLUE を PINK に 7 手で変えたのは，ウェンデル・パーキンス（1 つめの解）とリチャード・D・サーストン（2 つめの解）である.

```
BLUE    BLUE
GLUE    BLAE
GLUT    BLAT
GOUT    BEAT
POUT    PEAT
PONT    PENT
PINT    PINT
PINK    PINK
```

4　ルイス・キャロルのゲームとパズル　65

　フレデリック・J・フーヴェンは，一般的な単語だけを使った
実に見事な次の 8 手での変形を見つけて WINTER から SUMMER
への問題を解いた．

WINTER

WINDER

WANDER

WARDER

HARDER

HARMER

HAMMER

HUMMER

SUMMER

　ただし，もっとなじみのない単語を使うなら 7 手で変形する
こともできる（ヘンリー・A・モース夫人，リチャード・D・サース
トン，H・S・パーシヴァル）．

WINTER

LINTER

LISTER

LISPER

LIMPER

SIMPER　（または LIMMER）

SIMMER

SUMMER

　ローレンス・ジャセフ（1 つめの解）とフレデリック・J・フー
ヴェン（2 つめの解）は，ROUGE から CHEEK への変形を 11 手に
減らした．

ROUGE　　ROUGE

ROUTE　　ROUTE

ROUTS　　ROUTS

```
ROOTS    ROOTS
BOOTS    COOTS
BLOTS    COONS
BLOCS    COINS
BLOCK    CHINS
CLOCK    CHINK
CHOCK    CHICK
CHECK    CHECK
CHEEK    CHEEK
```

〔日本語版での補足：脚注 13 で言及したダブレット問題（COLD から WARM を 4 手で）の解答例は COLD, CORD, WORD, WORM, WARM である.〕

後記
(1995)

スタンフォード大学のコンピュータ科学者ドナルド・E・クヌースは，単語の梯子用のプログラムを作り出し，5 文字からなる一般的な英単語（固有名詞を除く）すべてを巨大な無向グラフの辺でつなげた．各単語は，そこから 1 手差のすべての単語と結合している．5 文字の単語 2 個をそのプログラムに入力すると，その単語間に梯子が存在する場合には，単語間を結びつける最短の梯子があっという間に表示される．プログラムが見つけた次の梯子は，キャロルが示したものよりも短い（ただし，ローレンス・ジャセフとフレデリック・J・フーヴェンが示したのとは同じ長さ）．

ROUGE, ROUTE, ROUTS, ROOTS, SOOTS, SHOTS, SHOES, SHOER, SHEER, CHEER, CHEEK

クヌースのグラフには 5757 個の点（単語）があり，14135 本の線で結ばれている．たいていの語どうしは梯子で結びつけられる．その一方，クヌースが「aloof 単語」とよぶ種類の単語もある．そうよぶのは，ALOOF（離れた）がその一例だからなのだが，それらの単語はほかの語と結びつかない．aloof 単語は 671 個あり，その例には，EARTH, OCEAN, BELOW, SUGAR,

LAUGH, FIRST, THIRD, NINTH などがある．BARES と CORES の
2語はどちらも，それぞれ25個の単語と直接つながっている
が，それより多い例はない．2語の対のうち103個は，お互い
どうし以外の単語とは結びついておらず，例としては ODIUM
と OPIUM の対や MONAD と GONAD の対などがある．クヌースか
ら来た1992年のクリスマスカードでは，改訂標準訳聖書に出
てくる単語だけを使って，SWORD（剣．転じて「戦争」の意も）
が PEACE（平和）に変えられていた．

　クヌースはそのプログラムを著書[19]に記載している．こ
のプログラムのさらに詳しい記述は，不朽の『The Art of
Computer Programming』シリーズでの組合せ論に関する長
大な論述の中に収められている．ダブレット問題をコンピュー
タなしで解くにはどうしたらよいかのヒントに関しては，ク
ヌースが雑誌『ゲームズ』1978年7-8月号に寄せた記事「ル
イス・キャロルの WORD, WARD, WARE, DARE, DAME,
GAME」を参照せよ．

　数学者でSF作家のルーディ・ラッカーは，ダブレットを形
式的体系になぞらえようとしていた．最初の単語は，与えら
れた「公理」である．各段階は「変形規則」に従い，最後の単
語は「定理」である．目指すのは，最少数の変形で定理を「証
明」することである．

　ダブレットに関する多数の論文が，言語学を楽しむことを
目的とした季刊雑誌『ワード・ウェイズ』に掲載されてきた．
1979年2月に出た号に載った記事で探究されていたのは，語
の文字順をひっくり返す連鎖であり，TRAM から MART，FLOG
から GOLF，LOOPS から SPOOL 等々の連鎖の例が挙げられてい
た．6文字の単語でそのようなものを見つけることができるか
どうかはわからないらしい．

　SPRING（春）から SUMMER（夏），AUTUMN（秋），WINTER（冬）
と，その順で経由してふたたび SPRING に戻る閉じた連鎖が存

---

[19]　*The Stanford GraphBase*, Addison-Wesley, 1993 の第1章.

在するかは気になるところである.もし存在するなら,最短の解は何だろうか[*20].

A・K・デュードニーは,サイエンティフィック・アメリカン誌に連載にしている「コンピュータレクリエーション」コラ

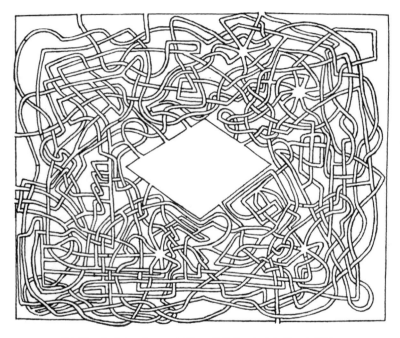

図 18　ルイス・キャロルが 20 代前半のころに描いた迷路.問題は,中央の広場から出発して外へ出る道を見つけること.通路が交差しているところは超えたりくぐったりして進んでいくことができるが,線が引かれて通行止めになっているところもある.

[*20]　〔訳注〕訳者には,前段落に書かれている未解決らしき問題の答えはまったく見当がつかないが,本段落の問題の答えは「そうした連鎖は存在しない」だとほぼ確信している.訳者の手元の電子辞書でいろいろ調べる限り,また,ガードナー自身も,『ルイス・キャロル――遊びの宇宙』で指摘する(邦訳,103 ページ)とおり,どうやら AUTUMN は aloof 単語だからである.

ムの 1987 年 8 月の記事の中で，同じ文字数の全単語のつなが
りを表現するグラフを「単語網」とよんでいる．そして，2 文
字の単語すべてが，そうした単語網でいかにたがいに簡単につ
ながっているかを示し，さらに，3 文字単語に対する完璧な単
語網が構築できる人はいないか問うている．

文献

"Lewis Carroll and a Geometrical Paradox." Warren Weaver in
American Mathematical Monthly 45 (April 1938): 234-236.

"The Mathematical Manuscripts of Lewis Carroll." Warren
Weaver in *Proceedings of the American Philosophical Society*
98 (October 15, 1954): 377-381.

"Lewis Carroll: Mathematician." Warren Weaver in *Scientific
American* (April 1956): 116-128.

The Lewis Carroll Picture Book. Stuart Dodgson Collingwood
(ed.). Unwin, 1899. 再版されたペーパーバック版は，*Diversions
and Digressions of Lewis Carroll*, Dover, 1961.

Symbolic Logic and *The Game of Logic*. Lewis Carroll. Dover,
1958. 〔このドーヴァー版の本は，もとは 2 冊だったものをただ
1 冊に収めたもの．*The Game of Logic* の邦訳：『ルイス・キャ
ロルの論理ゲーム』ルイス・キャロル著，神津朝夫訳．風信社，
1986 年．この 2 冊の一部を再構成したした邦訳：『ルイス・キャ
ロルの知的ゲーム』ルイス・キャロル著，鈴木瑠璃子・長島富太
郎訳．大修館書店，1987 年．〕

Pillow Problems and *A Tangled Tale*. Lewis Carroll. Dover,
1958. 〔これも，もとは 2 冊だったものをただ 1 冊に収めたもの．
Pillow Problems の邦訳：『枕頭問題集』ルイス・キャロル著，柳
瀬尚紀訳．朝日出版社，1978 年．*A Tangled Tale* の邦訳：『もつ
れっ話』ルイス・キャロル著，柳瀬尚紀訳．ちくま文庫，1989 年．〕

"Mathematics through a Looking Glass." Margaret F. Willerding
in *Scripta Mathematica* 25 (November 1960): 209-219.

The Magic of Lewis Carroll. John Fisher (ed.). Simon & Schus-
ter, 1973. 〔邦訳：『キャロル大魔法館』ジョン・フィッシャー編，
高山宏訳．河出書房新社，1978 年．〕

Euclid and His Modern Rivals. Lewis Carroll. （H・S・M・コク
セターによる序文付き）Dover, 1973.〔邦訳：『ユークリッドと
彼の現代のライバルたち』ルイス・キャロル著，細井勉訳・解説.
日本評論社，2016 年. ここに掲げられている原書とは違う版から
の翻訳のため，コクセターによる序文は付いていない.〕

Lewis Carroll's Symbolic Logic. William W. Bartley, III. Clark-
son Potter, 1986.

Lewis Carroll's Games and Puzzles. Edward Wakeling (ed.).
Dover, 1992.

*Lewis Carroll's Diaries: The Private Journals of Charles
Lutwidge Dodgson*, ed. Edward Wakeling. （全 10 巻）The Lewis
Carroll Society, 1993-2007.〔日記の一部（1867 年のロシア旅行
の際のもの）の邦訳：『不思議の国——ルイス・キャロルのロシア旅
行記』ルイス・キャロル著，笠井勝子訳. 開文社出版，2007 年.〕

Rediscovered Lewis Carroll Puzzles. Edward Wakeling (ed.).
Dover, 1995.

Lewis Carroll: A Biography. Morton N. Cohen. Macmillan,
1995.〔邦訳：『ルイス・キャロル伝 上・下』モートン・N・コー
エン著，高橋康也監訳. 河出書房新社，1999 年.〕

*The Universe in a Handkerchief: Lewis Carroll's Mathematical
Recreations, Games, Puzzles, and Word Plays.* Martin Gard-
ner. Copernicus, 1996.〔邦訳：『ルイス・キャロル——遊びの宇
宙』マーティン・ガードナー著，門馬義幸・門馬尚子訳. 白揚社，
1998 年.〕

The Annotated Alice. Martin Gardner. Norton, 1999.〔本書に
は，前身となる本が 2 冊あった. そのうちの 1 冊めの邦訳：『不思
議の国のアリス』ルイス・キャロル著，マーティン・ガードナー
注，石川澄子訳. 東京図書，1980 年および『鏡の国のアリス』ル
イス・キャロル著，マーティン・ガードナー注，高山宏訳. 東京
図書，1980 年. 2 冊めの邦訳：『新注 不思議の国のアリス』ルイ
ス・キャロル著，マーティン・ガードナー注，高山宏訳. 東京図
書，1994 年および『新注 鏡の国のアリス』ルイス・キャロル著，
マーティン・ガードナー注，高山宏訳. 東京図書，1994 年.〕

The Annotated Hunting of the Snark. Martin Gardner. Norton, 2006. 〔本書は，ガードナーによる注釈付きのルイス・キャロル著『スナーク狩り』．『スナーク狩り』自体の邦訳は多数出ている．〕

Lewis Carroll in Numberland: His Fantastical Mathematical Logical Life. Robin Wilson. Norton, 2008. 〔邦訳：『数の国のルイス・キャロル』ロビン・ウィルソン著，岩谷宏訳．ソフトバンククリエイティブ，2009 年．〕

●日本語文献

『英語ことば遊び事典』トニー・オーガード著，新倉俊一監訳．大修館書店，1991 年．

『不思議の国の論理学』ルイス・キャロル著，柳瀬尚紀編訳．ちくま学芸文庫，2005 年．本章と関係の深そうなキャロル自身の著作が集まっている．学術誌『マインド』に載ったパラドックスに関する文章 2 編も所収されている．

『よくわかるトポロジー』山本修身著．共立出版，2015 年．本章で紹介されているキャロル作の物語に唐突に出てくる「射影平面」という曲面について，そのトポロジー上の性質だけでなく，その曲面の名に「射影」という名前が入っているわけもわかる解説が含まれている．

| 5 |

紙切り

　本全集第 2 巻の章の 1 つ（「折り紙」の章）で扱った数学レクリエーションは，紙を折るが切らない，というものだった．その娯楽にハサミを 1 本加えたら，興味深い新たな可能性が豊かに広がっていき，平面幾何の基本的で重要な諸定理を奇抜な仕方で演出する方法も，たくさん得られることになる．

　たとえば，どんな 3 角形の内角の和も平角（180 度）であるというよく知られた定理をとりあげてみる．3 角形を紙から切り出す．それぞれの角の頂点の近くに点印をつけてから，かどを切り取ると，どんな 3 角形をもとにしても必ず，点印をつけた 3 つの角はきれいに合わさって平角を作り出すことになる（図 19a 参照）．同じことを 4 角形の 4 つのかどについてやってみる．4 角形の形はどんなものでもよく，特に，図 19b に示すような凹みのあるものでもよい．切り取った 4 つの角は必ず，一緒にすると周角すなわち 360 度をなす．凸多角形の各辺を，図 19c に示すように延長したとき，点印をつけた角は外角とよばれる．多角形の辺数がいくつであったとしても，外角を切り出して一緒にすると，その和も必ず 360 度になる．

　多角形のいくつかの辺どうしが互いに交差している場合は，自己交差多角形とよばれることのある特殊な多角形である．5 芒星は，古代ピタゴラス学派が友愛の象徴としていたものでもあり，なじみの一例である．直線を引いていって，5 芒星を好きなようにでたら

5 紙切り 73

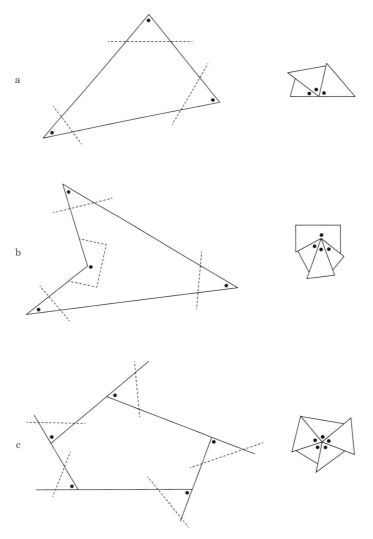

図 19　多角形にハサミを入れて平面幾何の定理を見てとる方法.

めに書いてみる(図20の下2つに示すように変形したものでもよく,それらにおいては,星の頂点のうちの1つないし2つが図形の内側に収まってしまっている).5つのかどに点印をつける.星を切り出す.そして最後に,かどを切り取る.すると,驚くかもしれないが,3角形の場合と同様にどんな5芒星でも,角を全部合わせると平角になる.この定理が正しいことを確認するには,また別の風変りな観察的技法

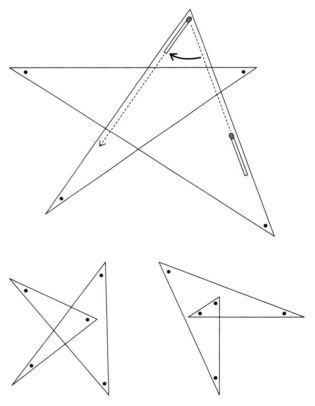

図20 マッチを5芒星に沿ってスライドさせていくと,点印をつけた角の合計が180度であることが示される.

で，「スライディング・マッチ」とでもよぶべき方法を用いること
ができる．大きな5芒星を描いてから，図20の上図に示すように，
5本のうちの1本の直線に沿ってマッチを置く．マッチの頭が5芒
星の1番上の点に触れるところまでマッチをスライドさせてから，
マッチのお尻を左に振って，他方の直線に沿うまでマッチを回す．
マッチはこの時点までに平面上での向きが，星の上のかどと等しい
角度だけ変化している．マッチを次のかどまで下ろしていき同じこ
とをする．マッチを星に沿ってスライドさせ続けて，各頂点でこの
手順を繰り返す．マッチがもとの位置に戻ったとき，マッチは上下
がひっくり返っているが，それは時計回りにちょうど180度回転し
た結果である．その回転は明らかに，5芒星の5つの角の和である．
　スライディング・マッチ法は，ここまでに挙げたどの定理を確証
するにも使えるだけでなく，新しい定理を見つけるのにも使える．
これによって手軽に角の大きさが測れる対象は，あらゆる種類の
多角形であり，その中には星形や，ごちゃごちゃと自己交差してい
る種々のものも含まれる．マッチがもとの位置に戻ったときには必
ず，もとと同じ向きか反対向きかのいずれかになっているので，（つ
ねに同じ向きに回転してきたとすれば）旋回してきた角の和は平角の整
数倍でなければならないことが帰結する．マッチが周回中にどちら
の向きにも回転することは，自己交差多角形の場合には十分ありう
るが，その場合には，角の和は得られないが，ほかの定理を主張す
ることはできる．たとえば，図21の自己交差8角形の辺に沿って
スライドさせたマッチは，Aとしるした角では時計回りをし，それ
と同じぶんだけ，Bとしるした角で反時計まわりをする．したがっ
て，この8つの角の和は得られないが，その代わり，Aの4つの角
の和はBの4つの角の和と等しい，と述べることはできる．その
事実は，ハサミを使った実験的な方法でも，幾何学によるきちんと
した証明でも，容易に確かめることができる．

　誰もが知っているピタゴラスの定理は，ハサミと紙だけで行うエ

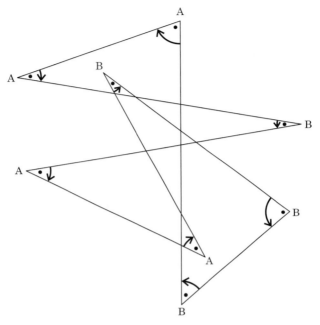

図 21 この自己交差 8 角形においては，A としるした角の和は，B と記した角の和と等しい．

レガントな証明をたくさん行う題材として適している．次に紹介するすばらしい証明は，19 世紀に，ロンドンの株式仲買人でアマチュア天文学者だったヘンリー・ペリガルによって発見されたものである．任意の直角 3 角形をとってきて，その斜辺以外の 2 辺のところに正方形を作る（図 22 参照）．大きいほうの正方形（同じ大きさならどちらの正方形でもよい）を 4 つの合同形に分割するが，その際，2 本の直線が正方形の中心で互いに直角に交わるようにし，2 本のうちの 1 本は直角 3 角形の斜辺と平行になるようにする．その 4 つの合同形と，小さいほうの正方形を切り出す．すると，この 5 つの小片を，どれも平面上での向きを変えないまま移動させていくによ

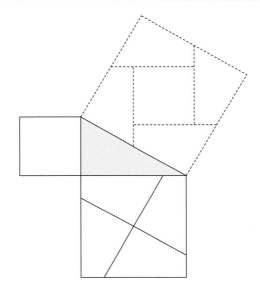

図 22　ヘンリー・ペリガルが考案した，ハサミと紙だけでユークリッドの有名な第 47 命題を証明する方法．

り，斜辺に載っている（破線で示した）大きな正方形が作れることがわかる．

　ペリガルはこの裁ち合わせを 1830 年ごろ発見したが，1873 年まで発表しなかった．ペリガルはこの発見が大変うれしかったので，この図を自分の名刺に印刷し，また，この 5 片からなるパズルを何百個も無料で知り合いに配った（この図を見たことがない人にとっては，5 片を合わせていって最初に 2 つの正方形を作り，次に大きな正方形を作るという課題は，相当に難しいであろう）．ペリガルが亡くなったときの死亡記事が，ロンドンの王立天文学会が出した 1899 年の月報の中にあるのだが，それを見て驚いたことに，ペリガルの「人生における最大の天文学上の目標」は，人びとに，特に「反対の信念を頑なには抱いていない若者たち」に十分な説明をすることによって，月が地

球の周りを公転している際に「自転」していると述べる[*1]のは由々しき誤用だということを納得させることであった.ペリガルは小冊子を書き,模型を組み立て,自分の主張を証明する詩まで作りながら「楽観に徹することで,それらが何1つ役に立たないことへの落胆の連続に耐え」たのだった.

多角形を小片に分割してから並べ替えて別の多角形を作るという裁ち合わせの問題は,レクリエーション数学の中でも特に魅力的な分野の1つである.どんな多角形でも,それを有限個の小片に切り分けて,同じ面積のどんな多角形でも作ることができる,ということはすでに証明されているが,もちろん,そのように多数に切り分けるという裁ち合わせでは面白くないので,小片の個数が十分に少なくて,変形できることが驚きであるようなものでなくてはならない.たとえば,等辺6芒星やダビデの星とよばれる形をたった5つの小片に切り分けて(図23参照),正方形に作り替えることができることなど,誰があらかじめ想像するだろうか(等辺5芒星から正

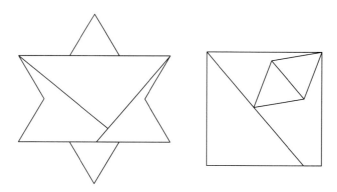

図23 ハリー・C・ブラッドリーが,等辺6芒星から正方形へのこの裁ち合わせを発見した.

[*1] 〔訳注〕「月は地球の周りを1回公転する間にちょうど1回自転する」というのは,当時もいまも,天文学上の標準的な説明方法である.

方形への裁ち合わせは 7 片で可能である). オーストラリア特許庁のハリー・リンドグレンはおそらく, この種の裁ち合わせでは世界最高の専門家である. 図 24 に示したのは, リンドグレンが見つけた, 6 片で正 12 角形から正方形に変形する見事な裁ち合わせである.

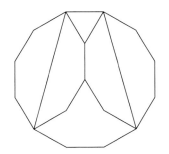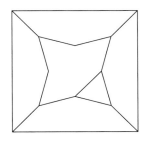

図 24　ハリー・リンドグレンによる正 12 角形から正方形への裁ち合わせ.

まったく別の種類の紙切りレクリエーションで, マジシャンのほうが数学者よりもよくなじんでいるものを紹介すると, それは, 紙を数回折りたたみ, 1 本の直線で一刀切りで切り分けてから一方ないし両方を手にとり, 折りたたまれていたところを広げると, 何らかの驚きの結果が現れるというものである. たとえば, 広げてみると整った幾何図形なりデザインなりになっていたり, そういう形の穴が開いていたりする. 1955 年にシカゴのアイルランド・マジック会社 [現: Magic, Inc.] は, ジェラルド・M・ルー著の『ペーパー・ケーパーズ』という名の小さな本を出したが, その本は, ほとんど全編でこの手の妙技ばかりを扱ったものである. その本の説明に従って紙を折ってから一刀切りして作ることができるものには, 望みのアルファベットの文字, さまざまな種類の星や十字などのほか, 星が鎖状に 1 周つながっていたり, 星の中に星が入っていたりといった複雑な模様もある. アメリカのマジシャンたちにはおなじ

みの，ある独特の一刀切りトリックがあり，2色切りとよばれている．正方形の薄い紙が8×8の赤黒の市松模様になっているものを，ある仕方で折ってから一刀切りする．その一刀で，赤い正方形と黒い正方形が選り分けられ，同時に，正方形が1つひとつすべて切り出される．素材としてオニオンスキン紙（この薄紙だと，数回折ったあとの厚さでも模様の線が透けて見える）を用いれば，このトリックを実行する方法をはじめ，単純な幾何模様の一刀切りの方法をいろいろと工夫するのは難しくない．だが，もっと複雑な絵柄——たとえば卍模様——の場合にどうすればよいかは，かなり手強い問題である．

　古くからあって起源のわからない紙切り技の1つを，図25で説明している．これを演じるときはストーリー仕立てにし，ふつう登場するのは，時の代表的政治家2人で，一方は敬意を抱かれており，他方は嫌われている．2人とも死んで，天国の門の前に立つ．悪人のほうにはもちろん，入国するのに必要な許可書がない．悪人は善人から助けが得られないかと，その真後ろに立つ．善人は自分の許可書を図25a–25eのように折ってから，図に示した破線に沿って切る．善人は右の部分を自分に残し，残りを悪人に渡す．聖ペトロは，悪人の手にする紙片を開いて並べ変え，左下図に示した"HELL（地獄)"という文字を作り，地獄行きを命ずる．聖ペトロが善人から受け取った紙を開くと，それは，右下図に示した十字架の形になっている．

　紙を平らに折りたたんでからまっすぐに切って曲線を作り出すことができないのは明らかであるが，紙を円錐形に巻いてからそれを平面で切るなら，その切り口は，切ったときの角度次第で，円，楕円，放物線，双曲線になる．もちろんこれらは，古代ギリシャ人たちが研究した円錐曲線である．そのことよりは知っている人が少ないが，正弦曲線を素早く作り出す方法もあって，それには，円筒形のロウソクの周りに紙を何重にも巻いてから，紙とロウソクをまとめて斜めに切ればよい．巻いてあった紙を広げると，2つに分かれたどちらの紙の切り口も，正弦曲線ないしシヌソイドとよばれる，

5 紙切り 81

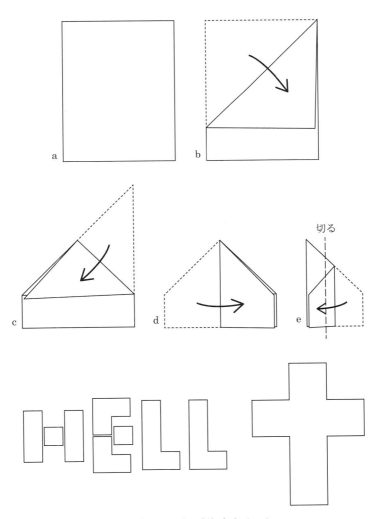

図 25　古くからある紙切りトリック.

物理学に登場する基本的な波形となっている．このうまい方法は，
自分の家の食器棚に敷く紙の端を波模様にしたいと思っている人に
も有用である．

　次に紹介するのは，切って折る方法を問う魅力的な2問であり，
どちらも立方体と関係する．第1問は易しいが，第2問はそんなに
易しくない．

（1）　幅1インチの紙帯を折って1辺1インチの立方体を作るに
は，最短で何インチの紙帯が必要か． 〔解答 p. 83〕

（2）　1辺3インチの正方形の紙があり，1面は黒で裏面は白で
ある．正方形に線を引いて1辺1インチの正方形9個に区切る．線
が引いてあるところだけを切って型紙を切り出し，その型紙を，引
いてある線に沿って折って，外側の面がすべて黒である立方体を作
ることはできるか．型紙は1つにつながっていなければならず，切
るときも折るときも，9個の正方形を区切っている線以外のところ
で行うことは許されない． 〔解答 p. 84〕

追記
(1966)

　伝統的な幾何学によるいろいろな方法によっても，図 20 に示した 3 種類の 5 芒星について，5 頂点の角の合計が 180 度であることは証明できる．読者にとって，そうしたいくつかの方法に取り組んでみるのは楽しいことかもしれない．少なくとも，それらに取り組めば，スライディング・マッチによる証明のほうがいかに簡単でいかに直感的に明らかであるかがわかるからである．

　ペリガルがピタゴラスの定理に関わる裁ち合わせを最初に発表したのは，1873 年の学術誌[2] においてであった．ペリガルの伝記的な事項に関する情報は，ロンドンの王立天文学会が 1899 年に出した月報[3] に載った死亡記事を参照されたい．ペリガルの出した小冊子の一部は，オーガスタス・ド・モルガンが，有名な著作[4] の中で論じている．[5]

付記
(2009)

　リンドグレンによるすばらしい裁ち合わせに関するさらなる情報については，本全集第 4 巻および（章末の文献欄に載せた）裁ち合わせ関係のリンドグレンの本を参照されたい．リンドグレンの死後，裁ち合わせにおける最高の専門家の地位を受け継いだのは，グレッグ・フレデリクソンである．文献欄には，フレデリクソンの本も 3 冊載せてあるので参照されたい．

　本章で論じた一刀切り問題の一般形は，文献欄にも載せてある 2 本の論文によってすでに完全に解決されている．

解答

　● 1 辺インチの立方体を折ることができる 1 インチ幅の紙帯で最も短いものは 7 インチである．その方法の 1 つは，図 26 に描いてあるものである．紙帯の片面だけが黒であったら，全面が黒の立方体を折るには 8 インチの長さが必要である（折り方

---

[2]　*Messenger of Mathematics* 2, new series, 1873, pp. 103-106.

[3]　*Monthly Notices* of the Royal Astronomical Society of London, Vol. 59, 1899, pp. 226-228.

[4]　*Budget of Paradoxes*（ドーヴァーより 1954 年に再刊）．

[5]　〔訳注〕原書では，本段落のあとにもう 1 段落あったが，本全集版原書に施されたほかの部分からすると，同段落は情報が古く，本来削除ないし全面的に改訂されるべきものであったと判断して省略した．

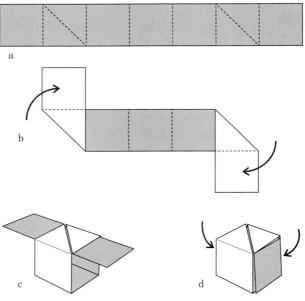

図 26　1 辺インチの立方体を，幅が 1 インチで長さが 7 インチの紙帯から作ることができる折り方．

の一例は，1962 年の文献[*6] に載っている)．

●1 辺 3 インチの正方形の紙で片面だけが黒のものを，切って折って全面が黒の立方体を作ることができる方法はたくさんある．これが可能であるためには，型紙に含まれる単位正方形の個数を 8 より少なくすることはできないが，削る 1 平方インチはどこでもかまわない．図 27 に示すのは，真ん中の正方形をなしにした型紙から黒い立方体を作ることができる折り方である．どの解答であっても，切る線の長さは全部で 5 単位である（もとの紙全体を型紙として使うなら，切る線の長さは 4 単位で済ますことができる）．

[*6] *Recreational Mathematics Magazine*, February 1962, p. 52.

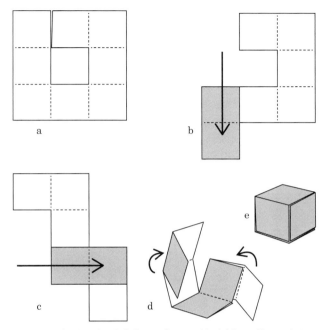

図 27 全面が黒の立方体は，左上の型紙を折って作ることができる．型紙は，裏面が黒である．

文献

Paper Capers. Gerald M. Loe. Ireland Magic Co., 1955.

Equivalent and Equidecomposable Figures. V. G. Boltyanskii. D. C. Heath, 1963. 1956 年に発行されたロシア語原書を翻訳したペーパーバックの本．

Geometric Dissections. Harry Lindgren. Van Nostrand, 1964.

Recreational Problems in Geometric Dissections and How to Solve Them. Harry Lindgren. Edited by Greg Frederickson. Dover, 1972. 前項の本を大幅に改訂増補した版．

A Miscellany of Puzzles. Stephen Barr. Crowell, 1965. 紙を切ったり折ったりすることに関する新しいパズルがたくさん載っている．

"Fold and Cut Stunts." Martin Gardner in *The Encyclopedia of Impromptu Magic*. Magic, Inc., 1978.

Dissections: Plane and Fancy. Greg Frederickson. Cambridge University Press, 1997.

"Folding and One Straight Cut Suffice." Erik D. Demaine, Martin L. Demaine, and Anna Lubiw in *Proceedings of the 10th Annual ACM-SIAM Symposium on Discrete Algorithms* (January 1999): 891-892.

"A Disk-Packing Algorithm for an Origami Magic Trick." Marshall Bern, Erik Demaine, David Eppstein, and Barry Hayes in *Proceedings of the International Conference on Fun with Algorithms* (June 1998): 32-42 and in *Origami[3]: Proceedings of the 3rd International Meeting of Origami Science, Math, and Education* (2001): 17-28.

Hinged Dissections: Swinging and Twisting. Greg Frederickson. Cambridge University Press, 2002.

"Fold and Cut Magic." Erik and Martin Demaine in *Tribute to a Mathemagician*, ed. Barry Cipra. A K Peters, 2004.

Piano-Hinged Dissections: Time to Fold! Greg Frederickson. A K Peters, 2006.

Geometric Folding Algorithms: Linkages, Origami, Polyhedra. Erik D. Demaine and Joseph O'Rourke. Cambridge University Press, 2007. 〔邦訳:『幾何的な折りアルゴリズム』エリック・D・ドメイン,ジョセフ・オルーク著,上原隆平訳.近代科学社,2009 年.〕

●日本語文献

『多角形百科』細矢治夫,宮崎興二編.丸善出版,2015 年.

| 6 |

ボードゲーム

「ゲームは，芸術作品と共通する特質を備えている」と，オルダス・ハクスリーは書いている．いわく「ゲームは，単純明快な規則を伴った秩序の島々のようなものであり，日々経験するあいまいで乱雑で混沌とした世界の中に，ばらばらとたくさん存在している．ゲームに興じるときは，あるいは，ほかの人が興じているゲームを見ているときでさえ，この身に与えられし不可解な実世界から抜け出して，整然とした人工の世界に入り込む．そこではすべてが明確で，目的があり，理解しやすい．競い合うから夢中になってゲームにますます魅力を感じるようになり，同時に，賭けや観客の熱狂ぶりにより，もとの競い合いそのものもますます興奮をよぶものとなる」．

ハクスリーが語っているのはゲーム一般についてであるが，その言葉は，数理的なボードゲームに特にぴったりあてはまる．そうしたゲームでは，結果を左右するのはすべて純粋な思考であって，肉体的な能力の差は無関係であり，また，サイコロ，カードなどといった偶然の要素をもつ道具によって生み出される目に見えない運不運のたぐいの影響も一切受けない．そうしたゲームの歴史は，文明の歴史と同じくらい長く，蝶のはねと同じくらい変種に富んでいる．ゲームにこれまで費やされてきた知的エネルギーの量は莫大なものであるが，ことに，ごく最近までは，ゲームの有する価値とい

えば頭を休めて爽快にすること以上のものでは決してなかったことに鑑みれば，そのエネルギー量の多さは信じがたいほどである．こんにちでは，ゲームは突如，コンピュータ理論においても重要なものとなった．チェスやチェッカーを行うよう設計されたものには，経験から学習する機能をもつものがあり，それらがどうやらいまの電子頭脳の最先端であり，力量を徐々に向上させていくその能力は，従来は想像もできなかったものである．

　数理的なボードゲームの最古の記録は，古代エジプト美術の中に見られるが，情景の側面だけしか描かないエジプト美術の慣習（図28 参照）のため，情報はあまり得られない．盤を使うゲームそのもので<ruby>エジプトの霊廟<rt>れいびょう</rt></ruby>から見つかったものもいくつかある（図29 参照）が，それらは偶然の要素をもつゲームなので，厳密には，本章の主題の（数理的な）ボードゲームではない．古代ギリシャや古代ローマのボードゲームについてわかっていることはもう少しは多いのだが，何しろ 13 世紀になるまでは，ボードゲームのルールに記録する価値があるとは誰も考えなかったし，ゲームに関する本が書かれはじめたのはさらにもっとのちのことであった．

　生物と同様，ゲームも進化し，新種を生み出す．単純なゲームの中には，3 目並べのように，何世紀も姿を変えないまま残るものもわずかにあるが，たいていは一時的に繁栄したのちに完全に消え去ってしまう．恐竜のような栄枯盛衰を遂げた際立った例といえばリトモマキアである．これはきわめて複雑な数字ゲームであり，興じていたのは中世ヨーロッパの人々で，チェス盤を 2 つつなげてできる横 8 マス，縦 16 マスの長方形盤を使い，駒の形は円，4 角形，3 角形であった．その歴史は，少なくとも 11 世紀まで遡ることができ，17 世紀にいたっても，ロバート・バートンが著書『憂鬱の解剖』の中で，人気の高いイギリスのゲームとして言及している．このゲームについての学術論文は多数書かれているが，少数の数学者と中世研究家を除けば，現在このゲームをする人は誰もいない．

6 ボードゲーム 89

図28 エジプトのサッカラの霊廟にあったレリーフで，ボードゲームを側面から描いている．レリーフは紀元前2500年ころのもの．Courtesy of The Metropolitan Museum of Art, Rogers Fund, 1908.

図29 セネトというボードゲームで，紀元前1400年頃に造られたエジプトの霊廟にあったものであり，偶然の要素を担う投げ棒も一緒に見つかっている．Courtesy of The Metropolitan Museum of Art, gift of Egypt Exploration Fund, 1901.

アメリカで最も人気のある数理的ボードゲームを2つ挙げるなら，それはもちろんチェッカーとチェスである．何とも魅力的な長い歴史がどちらにもあり，どちらのルールにも，時代や地域による思いもよらぬ変異が見られる[*1]．こんにちでは，アメリカ式のチェッカーはイギリスでいう「ドラフツ」と同一のものであるが，ほかの国々には幅広い変種が存在する．いわゆるポーランドチェッカー（実はフランスで発明された）が，ヨーロッパの多くの国では最も優勢である[*2]．それは 10×10 の盤を使い，各自20個の駒をもっていて，斜め前方向にも斜めうしろ方向にも相手の駒を飛び越えていくことができる．成った駒（キングとよばずクイーンという）はチェスのビショップのように斜め方向で駒がない範囲はその方向に何歩でも動かすことができ，斜め方向の目の前に相手の駒があってそれを飛び越すときも，その方向に飛んでいく限りは，空いているどのマスに着地してもよい．このやり方は，フランス（当地ではこのゲームをダ

[*1]〔訳注〕本文の以下の説明は，アメリカ式のチェッカー（ないしイギリスの「ドラフツ」）のことを知っている前提で書かれているので，そのルールの概要だけ紹介しておく．

2人のプレーヤーがチェッカー盤をはさんで座り，各人12個の駒を使って対戦する．初期配置は次図のとおり．

交互にプレーをし，自分の手番では，自分の駒を1つだけ選んで動かす．駒は，斜め前に駒がないときは，その方向に1歩だけ動かすことができる．斜め前に相手の駒が1個あり，かつその駒を越えた先にマスがあってそこには駒が存在しない場合には，目の前の相手の駒を飛び越えることができ，飛び越えた先が同じ状況であれば，1手の内に何度でも連続して飛び越えていくことができる．飛び越えた相手の駒は盤上から取り除き，以後使用しない．最も奥の列まで駒が達したならば，その駒は「キング」に成って，以後は斜めうしろにも動かせるようになる．自分の手番で動かせる駒がなくなったら（もちろん，すべての駒がとり除かれてしまった場合を含む）その時点で負けで，相手の勝利となる．

[*2]〔訳注〕現在の国際大会のルールにもこれが採用され，日本では「ドラフツ100」とよばれている．

ムとよぶ）やオランダで広く行われており，多数行われている学術的研究でもこれが分析対象になっている．カナダのフランス語圏や，インドの一部では，ポーランドチェッカーが 12×12 盤を使って行われている．

ドイツチェッカー（ダーメンシュピール）はポーランドチェッカーに似ているが，通常はイギリス式の 8×8 盤を使う．ときに「マイナーポーランド式」とよばれるこのゲームは，類似の形態のものがロシアでも盛んで，当地ではシャシキとよばれる．スペインやイタリアで見られる変種もまた，ややイギリス式に近い．トルコチェッカー（ドゥマ）も 8×8 盤で行うが，各プレーヤーは駒を 16 個ずつ使い，初期配置では，それらを手前の 2 列めと 3 列めに並べる．駒は，進むときもほかの駒を飛び越えるときも，斜めではなくて前方か横方向に動かす，ということをはじめ，イギリス式ともポーランド式とも根本的に異なる点がいくつかある．

チェスもチェッカーと同様にルールは多種多様であり，歴史を遡っていくと，最終的には，6 世紀ごろのインドの未詳の起源に辿り着く．たしかに，国際的に標準化されたチェスがこんにちでは存在するといっても間違いではないのだが，その国際チェスと共通の起源を明らかにもっていながら，ヨーロッパ式とはまた違う，すぐれたゲームが現在でも多数存在することもまた本当である．日本のチェス（将棋）は，日本の碁とちがってヨーロッパ諸国では知られていないが，現代日本において将棋は，碁と同様に盛んに行われているゲームである．将棋は 9×9 盤を使い，各プレーヤーの駒数は 20 であり，初期配置は各プレーヤーの手前の 3 列ずつを使う．西洋のチェスと同様，ゲームに勝つのは，キングとまったく同じ動きをする相手の駒を詰めたときである．このゲームの面白い特徴は，駒をとったプレーヤーは，とった駒をあとでまた盤上に戻して使えることである．

中国のチェス（シャンチー）でも，ゲームの終わりは西洋のチェス

のキングと似た動きをする駒を詰めたときであるが，ルールは日本の将棋とはかなり違う．計32個の駒を盤上の格子点に置いて行い，その盤は，「河」とよばれる空白の列を中央にはさんで8×8盤を2つに分けた形をしている*3．3つめの変種，韓国のチェス（チャンギ）も盤上の格子点を使い，盤自体もシャンチーと同様だが，「河」の部分が空白とはなっていないので，見た目は8×9盤のようである．駒の数は中国のものと同じで，駒の名前も（キングにあたる駒以外の）初期配置も同じであるが，2つのゲームは，ルールや各駒の性格に少なからぬ違いがある．これら3つの東洋のチェスそれぞれの愛好者たちは，別の2つの変種も，西洋のチェスも，断然に価値が低いと見なしている．

　火星のチェス（「ジェッタン」）がどういったものかをエドガー・ライス・バローズが自分の小説『火星のチェス人間』の巻末で説明しているが，これは実に面白い変種であり，10×10盤を使って何とも独特な駒とルールで行うゲームである．たとえば，プリンセス（チェスのキングにほぼ相当する）の駒は，ゲーム中に1度だけ「エスケープ」という動きをすることができ，その際は，選んだ方向に何歩でも進んで逃げ去ってよい．

　以上のような地域によるチェスの変種に加え，現代のチェスプレーヤーたちは，たまに正統なルールに飽き足らなくなったときに，フェアリーチェスとよばれるふつうとは違った一群のゲームを発明してきた．標準的な盤で行うことができる多数のフェアリーチェスからいくつか紹介すると，以下のとおりである．2手指しチェスといって，各プレーヤーの手番で通常の2手分の動かし方をするもの．一方のプレーヤーは，1つもポーンをもたないか，あるいは，クイーンをもたずにポーンを横並びに1列ぶん加えるかするもの．円筒チェスといって，盤の左辺と右辺とがつながっていると想定するもの（両辺をつなげる前に盤を半回転ぶんひねっていると考える場

---

*3 〔訳注〕結局のところ盤全体では横8マス，縦9マスの大きさとなるが，使うのは格子点なので，本質的には9×10の盤ということになる．

合には，メビウスチェスとよばれる）．トランスポーテーションチェスといって，どの駒でも，ルークの上に載せてルークに別のマスまで運んでいかせることができるもの．変わった新駒もまた，何十と導入されてきており，チャンセラー（ルークとナイトの動きを組み合わせたもの）やケンタウロス（ビショップとナイトを組み合わせたもの）といったものもあれば，どちらのプレーヤーも使える中性駒（たとえば青のクイーン）さえある．（ルイス・パジェットによるある SF 小説[4] の中で，ある戦争に勝利するのはフェアリーチェスを趣味とする数学者である．その男の頭は，ルールを破ることに慣れていて大変柔軟であるため，もっと聡明だが正統派の同僚たちには奇怪すぎて手に負えない方程式にも対処できるのである．）

ある面白いフェアリーチェスで，かなり昔からのものでありながら，いまだに真剣なゲームの合間の遊びとして楽しまれているものがあるが，それは以下のようにして行う．一方のプレーヤーは，自分の 16 個の駒を通常通り配置するが，相手のプレーヤーの駒は，マハラジャとよばれるもの 1 個だけである．クイーン用の駒をその駒として使うことが多いが，実際の動きは，クイーンとナイトの動きを合わせたものである．ゲーム開始時にその駒を，空いているマスのうちでポーンにとられないところのどこかに置き，相手から手をはじめる．マハラジャがとられたら負けで，その前に相手のキングを詰めたら勝ちとなる．ポーンは，盤の突き当たりまで到達しても（通常ルールと違って）クイーンその他の駒に成ることはできない．この特殊ルールがないと，両端のポーンをクイーンになるまで前進させていくことで，マハラジャを簡単に負かすことができてしまう．そのポーンもほかのポーンもみな，ほかの駒によって守られているので，マハラジャは，それら両端のポーンがクイーンに成るのを妨げることはできない．そして，その後，クイーン 3 個と 2 つのルークを利用すれば，ゲームは簡単に決してしまう．

この特殊ルールがあったとしてもマハラジャが勝つ見込みは乏し

---

*4　*The Fairy Chessmen.*

94

いと思うかもしれないが，マハラジャの機動性は非常に高いため，果敢に俊敏に動いていって，ゲームの早い段階で相手を詰めてしまうこともよくある．あるいは，盤上の相手の駒をすっかりとり去ってから，孤立したキングを隅に追い込んで詰めることもある．

標準的なチェス盤（8×8盤）を使うゲームは何百と発明されてきたが，チェスとチェッカー以外で広く普及しているものはない．そのような中で最高のゲームの1つと私が思うのは，いまでは忘れられたゲーム，リバーシである*5．使うのは64枚の同じピースで，各ピースは，表と裏が別々の色，たとえば赤と黒になっている．粗製のものなら，厚紙に片面だけ色をつけて小さい円を切り出せば作れるし，もう少しよいものは，チェッカー用の駒かポーカー用のチップで安価なものを買ってきて，2枚ずつ糊づけして赤黒のピースを用意すればできる．こうした手間をかける価値はある．家族誰もが夢中になれるゲームになりうるからだ．

リバーシは，盤に何も置いていないところからはじめる．一方のプレーヤーがもつ32枚のピースは，赤を上面とし，他方がもつ32枚は黒を上面とする*6．プレーヤーたちは交互に1枚のピースを以下のルールに準拠するように盤上に置いていく．

（1）　最初の4枚のピースは，中央の4つのマスに置かなければならない．経験によれば，先手は自分の2枚めのピースを，最初に置いたピースの上か下か横に置く（一例を図30に示している）ほうが斜め隣に置くよりもよいが，義務ではない．同じ理由で後手は最初

---

*5　〔訳注〕以下の部分を読みはじめると「何だ，オセロゲームとほぼ同じものではないか」と思う読者も多いであろう．オセロゲームが販売開始されたのは1973年であり，本章の本文が書かれたのは1960年であることを踏まえて読んでいただければと思う．1995年に加えられた本章の付記では，リバーシとオセロとの関係も直接に論じられている．
*6　〔訳注〕実際には，以下で見る「パス」の可能性があるため，通常のルールでは，片方のプレーヤーが32枚よりも多くのピースを使う場合が出てくる．

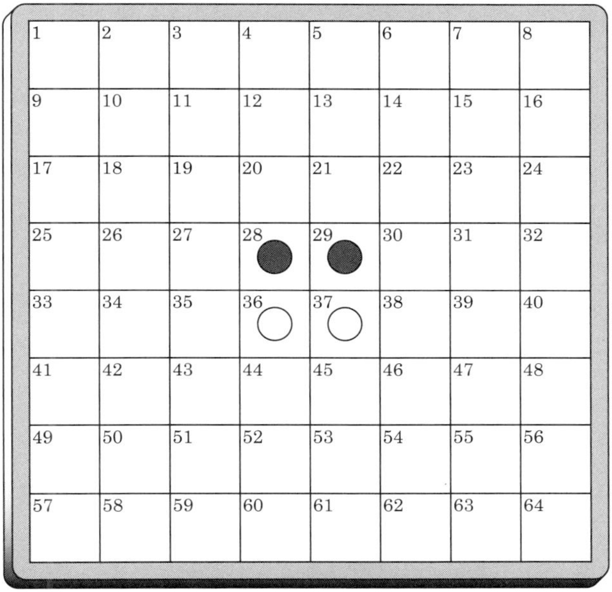

6 ボードゲーム 95

図 30　リバーシというボードゲームの序盤の一例．数字は
参照のためだけに記した．

の手を，先手の初手に対して斜めには打たないほうが賢い．相手が
初心者の場合は特にそうだ．後手がそうすれば，先手が2手めで，
先手本人が実は不利となる斜めの手を打つ可能性が残るからであ
る．熟練者どうしでは，ゲームの開始はつねに図30に示される配
置となる．
　（2）　中央の4つの正方形を埋めたあとは，プレーヤーたちは
ピースを1枚ずつ置いていく．各ピースは，すでに置いてある味方
のピースと対にして，敵方のピースを1枚以上挟める場所に置かな
ければならない．挟むのは縦横斜めいずれの方向でもよく，その線
上で最も近い味方のピースとの間に隙間なく並んだ1枚以上の敵方
のピースを挟むことができる．挟んだ敵方のピースは，ひっくり返

して味方のピースにする．1度置かれたピースの場所はゲーム終了まで変わらないが，表裏は何度も変わる可能性がある．

（3）　ピースを置いたときに複数の方向で敵方のピースを挟むことができた場合は，そうして挟んだピースは全部ひっくり返す．

（4）　ピースが相手にとられるのは，敵方の手番で敵方が置くそのピースによって挟まれるときだけである．別の原因で結果的にピースが相手のピースに挟まれる位置関係になったとしても，それらのピースはとられない．

（5）　置ける手がないプレーヤーは，パスをする．置ける手ができるまでパスを続ける．

（6）　ゲームが終わるのは，64個のマス目がすべて埋められたときか，埋まらずとも，両プレーヤーともに合法的な手が打てなくなったときである．勝者は，その時点でより多くのピースが盤上にあるほうである．

次の2つの具体例を見れば，ルールは明確になるであろう．図30では，黒が打てるのは43, 44, 45, 46のマスだけである．どの場合も，黒は相手のピース1枚を挟んでひっくり返す．図31では，赤が22に打ったら，6枚のピース：21, 29, 36, 30, 38, 46をひっくり返すことになる．その結果，その前は黒が大勢を占めていた盤面が，一気に赤が大勢を占める状態に変わる．色の劇的な逆転が繰り返されるところが，この独特のゲームの特徴であり，どちらが優勢であるか，最後の数手になるまで言いがたいこともよくある．途中の段階で盤上のピースが少ないほうが有利な状況であることもしょっちゅうである．

初心者向けのヒントをいくつか述べておく．序盤のうちは，できるだけ中央の16個のマスのうちのどれかに打ち，特に19, 22, 43, 46のマスをとるようにする．先にこの範囲の外に置かなければならなくなったプレーヤーのほうがたいていは形勢が悪い．中央の16個のマス以外でとる価値が最も高いのは，盤の四隅のマスであ

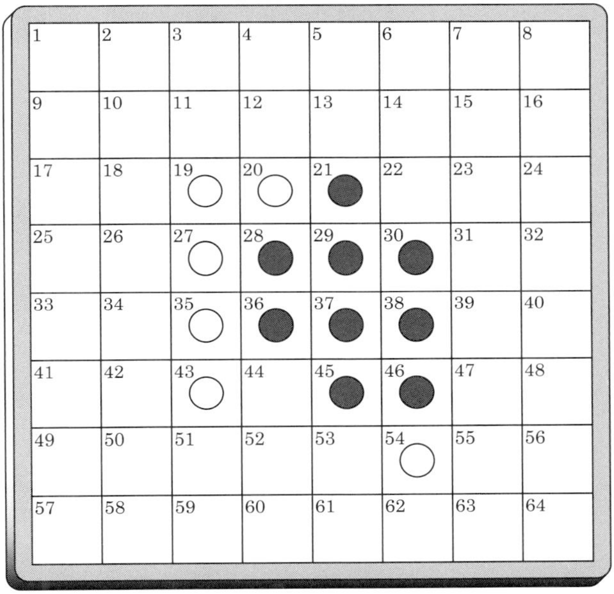

6 ボードゲーム 97

図 31　赤のプレーヤー（図では白ピース）が次の手を打つ
と，6 枚のピースをとることができる．

る．そのため，10, 15, 50, 55 のマスに打つのは賢くない．なぜな
ら，そこに置くと，隅のマスがとれる可能性を相手に与えてしまう
からである．隅の次によいのは，隅から 1 つ空けて隣の位置にある
マス（3, 6, 17, 24, 41, 48, 59, 62）である．そこに置ける可能性を相手
に与えないようにせよ．初心者の段階から先へ進んでいけば誰で
も，戦略に関して，もっと深い法則が自然とわかってくる．

　分析という点では，リバーシに関して発表されたものはほとん
ない．先手か後手のどちらかが本当は有利なのだとしても，4 × 4
盤の場合でさえ，どちらが有利なのかをいうのは難しい．次の問い
は，喜んで取り組んでみようとする読者もいるであろう．一方のプ
レーヤーが 10 手も打たないうちに，敵方のピースを盤上からすべ

てなくして勝つ，ということは起こりうるだろうか． 〔解答 p. 101〕

　2 人のイギリス人，ルイス・ウォーターマンとジョン・W・モレットは，どちらも自分が唯一のリバーシ発明者だと主張した．どちらも相手のことをペテン師とよんだ．1880 年代の終わりに，このゲームがイギリスで大人気となったとき，競って出版された手引書も，競って商品を製作した会社も，この 2 人の一方からお墨付きを得ていた．だが，誰が発明したにせよ，リバーシは，手の進み方の複雑さと，実にうれしいルールの単純さとを兼ね備えており，忘れ去られるべきでないゲームだ．

6 ボードゲーム 99

追記
(1966)

　マハラジャのゲーム（R・C・ベルの本[7]で私は知った）では，通常ピースを使う側のプレーヤーが，盤面によく気を配りながら打っていけば勝つ．リチャード・A・ブルー，デニス・A・キーン，ウィリアム・ナイト，ウォレス・スミスといった方々は全員，マハラジャ側が対抗しえない戦法を送ってきてくれたが，最も効率のよい手筋を寄越してくれたのは，ウィリアム・E・ラッジという，当時はエール大学で物理を専攻していた学生であった．ラッジの戦法は無欠に思えるが，実際にもそうだとしたら，マハラジャは必ず，25手以下でとることができる．

　その戦法は，M（マハラジャ）がどう動くかとはほとんど独立で，3回だけ場合分けが出てくる．マハラジャを攻める側の手だけを示していくと，次のとおりである[8]．

　（1）a4 にポーン．（2）a5 にポーン．（3）a6 にポーン．（4）a7 にポーン．（要するに，ここまでは，左端のポーンを奥から2つめの列まで直進させる．）（5）e3 にポーン．（6）h3 にナイト．（7）f4 にナイト．（8）d3 にビショップ．（9）キャスリング（g1 にキング，f1 にルークが来る）．（10）h5 にクイーン．（11）c3 にナイト．（12）d5 に左のナイト．（13）a6 にルーク．（14）b4 にポーン．この時点で M は，奥の（M にとっては手前の）2列に行かざるをえなくなる．（15）h3 にポーン．ただし，この手は M がこの時点で g7 にいたときにのみ打つ．M は h8 には行けないので，M がその時点でいた盤の対角線上から外れたところに行くことになり，以下の手が可能となる（M がもとから g7 にいなければ(15)は省略して，以下の手を打つ）．（16）b2 にビショップ．（17）a1 にその右方にいたルーク．（18）e6 にルーク．（19）a6 にその下方にいたルーク．（20）e7 にルーク．M は，一番奥の（M にとっては一番手前の）

---

[7] *Board and Table Games.*
[8] 〔訳注〕原文では，駒の位置や駒の動きは伝統的な棋譜の方法（「記述式」）で示されていたが，以下の翻訳では，現在主流の「代数式」を基本とし，さらに（やや冗長ながら）チェスをあまり知らない人にもわかりやすく言葉を少し補って表記している．代数式では，縦の列を左から右へ a, b, ⋯, h で表し，横の列を手前から 1, 2, ⋯, 8 で表す．したがって，たとえば a4 は，最も左の列の手前から4番めのマスを表す．

列へ撤退せざるをえなくなる．（21）e6 にその左方にいたルーク．（22）g7 にビショップ．ただし，この手が必要なのは，M がこの時点で f8 か g8 にいたときだけである．（23）c3 にポーン．ただし，この手は（22）を打ったあとに M が g8 に来たときにのみ打つ．（24）e8 にクイーン．これで，マハラジャがどこへ動いてもとることができる．

1 手めから 4 手めと，5 手めから 9 手めは，それぞれの中での手順を保ったままなら，順番を入れ換えてもよい．この順番の入れ換えは，マハラジャがポーンの動きを阻害する[*9] ときには，不可欠になるかもしれない．15 手めと 22 手めは時間稼ぎの手であり，それぞれの手の説明の際に述べたマスにマハラジャがいるときにだけ必要である．23 手めを打つのは，盤の右側（マハラジャから見ると左側）にとどまろうとするマハラジャを左側に行くよう強いなければならないときにだけ必要である．

リバーシの初期の歴史はあまりよくわかっていない．どうやら最初に世に出たのは，1870 年にロンドンで「ゲーム・オブ・アネクセーション」という名で出たものであり，それは十字型の盤を使って行うものであった．その変種として，標準的な 8 × 8 のチェッカー盤を使うものは，「アネックス──ア・ゲーム・オブ・リバーシズ」とよばれた．1888 年には，すでにその名はリバーシになっており，イギリスではちょっとした流行になった．このゲームに関する複数の記事が，『ザ・クイーン』という名のロンドンの新聞に 1888 年の春に載っている．少しのちには，「ロイヤル・リバーシ」という名の凝った製品で，異なった色の面をもつ立方体を使っているものも，ジャック・アンド・サンというロンドンの会社によって製造された．（ロイヤル・リバーシの説明と，その盤を描いた図は，筆名「プロフェッ

[*9] 〔訳注〕チェスのポーンの動きは将棋の歩兵に似ているが，まっすぐ目の前の敵のピースをとることはできないので，目の前にピースを置かれると動きがとれなくなる場合がある．

6　ボードゲーム　101

サー・ホフマン」，本名アンジェロ・ルイスによる本[10]を参照されたい．）

　もっと最近になってから，リバーシや，そこから派生したゲームが，アメリカではいろいろな名前で発売されてきた．1938 年にミルトン・ブラッドリー社は，カメレオンという名のロイヤル・リバーシの変種を売り出した．トライン・プロダクツ社は 1960 年ころ，リバーシを「ラスベガス・バックファイア」という名のゲームとして発売した．エグジットという，イギリスに 1965 年に登場したゲームは，各マスが円形になっている盤を使うリバーシである．この盤は，各マスに固定されたカバーを回すとセルの色を赤，青，白（ピースを置いていないことに対応）に変えることができるので，ピースを用意する必要がない．

解答　●リバーシにおいて，自分の手数が 10 手に満たないうちに，敵方のピースを全部なくして勝つことは可能か．答えはイエスである．サイエンティフィック・アメリカン誌に載せたコラムで私が紹介したのは，最短手数のリバーシゲーム（チェスの「フールズメイト」[11]にあたるもの）だとそのときの私が考えていたもので，それだと先手が自分の 8 手めで勝利する（私はそのゲームをリバーシの古い手引書で見つけた）．だが，2 人の読者がそれより短い手数のゲームを見つけてくれた．

　オックスフォード大学ジーザスカレッジの D・H・ペレグリンは，先手の 6 手めで終了する次の手順を送ってきた．

---

[10] *The Book of Table Games*, pp. 621-623.
[11] 〔訳注〕チェスではゲーム開始から後手の 2 手めで後手が勝利する（チェックメイトの手を打つ）ゲームが可能（たとえば，f3 に先手のポーン，e5 に後手のポーン，g4 に先手のポーン，h4 に後手のクイーンで，先手のキングは詰む）で，そのゲームをフールズメイトという．

先手	後手
28	29
36	37
38	45
54	35
34	27
20	

　カリフォルニア州メンロパークのジョン・ピーターソンは，ほんの少し違う次の6手で勝つ方法を送ってきた．

先手	後手
36	28
37	29
21	30
39	44
35	45
53	

後記
(1995)

　私が驚いたのは，1976年にアメリカの玩具会社ガブリエルがオセロという名のゲームを発売し，それがその年に最も売れたボードゲームになったことである．なぜ驚いたかといえば，オセロは，ささいなルールの違いを除いてリバーシそのものだからである．リバーシでは，最初に中央の4マスへピースを置くときに可能な2種類の配置のうち，どちらを選んでもよかった．これに対しオセロでは，図**30**に示した配置を禁じており，同じ色のピースを斜めに置くパターンしか認めない．

　タイム誌（1976年11月22日号，97ページ）の記事によれば，オセロは1971年に，日本の製薬会社で営業職を務めていた長谷川五郎という人物が「発明」していたとのことであった．1975年までに日本では4百万個を売り上げたという．ガブリエルはこのゲームの権利を買ったわけだが，買ったものが実はとっくに公有財産になっていたものだったとは知らなかった（リバーシに関する私のコラムが世に出たのは1960年のことで

ある）．ガブリエル社がニューヨーク・タイムズ・マガジン誌
（1976 年 10 月 31 日号）に載せた同一の 3 つの広告では，この
ゲームを「新しいボードゲーム」と称していたが，むろん，実
際に新しかったのは名前だけだったということになる．

タイム誌（1976 年 12 月 27 日号）は，オセロとリバーシは同
一のものだと指摘する読者からの手紙を 2 通紹介している．そ
のうちで，エリザベス・カーター氏は，この件における日本人
の主張を，ソ連人による電球発明の主張になぞらえた．さら
に，自分が 1920 年代の前半に叔母と一緒にこのゲームをした
ときには，当時の牛乳瓶に用いられていた厚紙製の蓋を使った
とのことであった．

このあたりのことについて私は，ロアノーク・タイムズ・ア
ンド・ワールドニュース紙のジョー・ケネディから取材をされ
たことがある（1977 年 10 月 25 日日曜版）．記事の見出しは「オ
セロの正体はイギリスの古いゲームの新名」だった．ケネディ
には，私がガブリエル社のトップと電話で話したことも伝え
た．ガブリエル社のトップがいうには，オセロが古くからの
ゲームだと知っても気にしない．なぜなら，自分が支払ったの
は，権利保護された新名の価値と，この商品の日本での「予備
テスト」の価値に対してだから，とのことであった．

年次で行われるオセロ大会が世界中で開かれるようになり，
いまでもそれは変わらない．いろいろなところでコンピュータ
プログラムが書かれ，一握りの上級者以外の誰をも破ることが
できるようになった．フィデリティ・エレクトロニクス社は，
リバーシ・チャレンジャーという名で，リバーシを指す機器
を 156 ドルで発売した（雑誌『ゲームズ』の 1983 年 11 月の広告
参照）．

ランダムハウス社を興した著名な編集者・著述家であるベ
ネット・サーフの息子ジョナサン・サーフが，ゲームズ誌に委
託されて，オセロに関する記事を書くことになったことがあ
る．取材のためにサーフが初期のころのあるオセロ大会に参加
したところ，魅力にとりつかれ，このゲームを徹底的に研究す

るようになった. そしてついにサーフはオセロのアメリカチャンピオンになり, さらに1980年には, 日本人以外で世界選手権を制したはじめての選手となった. その後, サーフ以外にも2人のフランス人が世界チャンピオンになった例があるが, それ以外のチャンピオンは全員日本人である*12. サーフはいまでは, プレーヤーとしては引退している.

1979年にサーフは, 季刊誌『オセロ・クオータリー』を創刊し, 初代の編集者になったが, これは, イギリスやヨーロッパの国々で発行されている数あるオセロ関係定期刊行物のうちで, 最初のものであり, 最良のものである. オセロ・クオータリー誌を編集しているのは, 1986年以降はクラレンス・ヒューレットであり, 出版元はアメリカオセロ協会*13 である*14.

コンピュータ雑誌『バイト』(1980年7月号)では, ノースウェスタン大学で行われた, 人間もコンピュータも参加するはじめてのオセロ競技会のことが報告されている. 優勝者は井上博という, 日本から来た当時の世界チャンピオンであった. 2位になったのは, ダン・スプラクレンとキャサリン・スプラクレンが書いたプログラムであったが, 2人はチェスのプログラム「サルゴン」で特に有名である.

オセロ盤やピースは, いまではほとんどすべての先進国で売られている. 世界選手権も引き続き毎年あり, 毎回異なった国で開催される. 2008年の世界チャンピオンはイタリア人のマイケル・ボラッシであった. その2008年世界大会の開催地はノルウェーのオスロであった.

1987年に私は, デンマークのピーター・ミケルセンからの魅力的な手紙を受けとった(手紙に住所が書いていなかったので,

---

*12 〔訳注〕現在では, 日本人以外の世界選手権優勝者はもっと増えており, ガードナー自身もこの数段落あとの記述(もとは1995年版)を全集版(2009年)のときに書き換え, 2008年にイタリア人が優勝した例を挙げている. その一方, いまでも日本人チャンピオンが圧倒的に多い. たとえば, 2015年大会までの最近の成績でいうと, 2009年から7年連続で優勝者は日本人である.

*13 住所は, 920 Northgate Avenue, Waynesboro, Virginia 22980.

*14 〔訳注〕現在ではこの季刊誌は廃刊になっている.

お礼の手紙は書けなかった). ミケルセンがいうには, リバーシの名前はデンマークでは何十種類もあり, トゥルネ, クラーク, オムスライ, ……などとよばれる. 話によれば, いくつかの根拠から, このゲームの起源は中国であって, 発明者が誰かに関して争っていた 2 人のイギリス人が現れるより前からこのゲームはあったらしい. 中国版のものは「反面」とよばれ, 原語は反転の意を表している.

　私は追記の中で, 最短で終わるリバーシゲーム 2 つを記したが, どちらも, 最初のほうの手がオセロのルールでは禁じられているものだった. ミケルセンによれば, イギリスのデイヴィド・ヘイグが, 同様のはじめ方で同じ手数で終わるゲームがあと 2 つあることを示している. オセロのルールを用いた場合には, 先手が自分の 7 手め*15 で勝てる方法が 57 通りある. それらの手順は, 1975 年に丸尾学によって見つけられ, コンピュータによって検証された*16.

付記
(2009)
　Wikipedia (英語版) の「リバーシ」の項には, このゲームの戦法に関するすぐれた論考, このゲームの歴史, 簡単な参考文献表が載っている. 日本人オセロ発明者がゲームの名前をオセロとしたのは, シェイクスピア劇「オセロ」に因んだものであり, この劇では, 主人公である黒い肌のムーア人オセロが, 白人のデスデモーナと結婚するので, リバーシのピースの両面を象徴するというわけである.

　チェッカーの場合と同様, もう何年も前から, オセロ・コンピュータは人間の名人より強くなっている. 1997 年には, ロ

---

*15 〔訳注〕ここでの手数の数え方は, ほかの箇所で用いている数え方とは同じだが, オセロを行うときの通常の数え方とは大きく異なるので注意が必要である. オセロの場合, 最初の 4 ピースを置くまでは手数に入れず, その一方, 相手の打った手も入れて「何手め」と数える. ここでいう「先手が自分の 7 手め」とは, 盤上にピースを後手が 6 枚, 先手が 7 枚の合計 13 枚置き終わったところのことなので, オセロでいえば, 13 − 4 = 9 手めである.

*16 〔訳注〕実際には, コンピュータが先に発見した解もあったが, 丸尾氏が手でも検証して 57 解が確定された.

ジステロという名のプログラムが世界チャンピオンの村上健^{たけし}を
6 対 0 で破っている．チェッカーは，対戦者がともに最善手を
打った場合には引き分けになることが最近証明されたが，それ
とは異なり，リバーシについて最善の場合がどうなるかは未解
決である．ただし，引き分けになるだろうというのが大方の予
想である．4×4 や 6×6 といった小さい盤の場合には，後手
が勝つことがわかっている．最近は，ディスプレー画面上で行
うリバーシもたくさん発売されている．Wikipedia の一覧表に
は，大半は日本人だが，毎年の世界チャンピオンの名前も載っ
ている．

文献　*A History of Board Games other than Chess.* Harold James
Ruthven Murray. Oxford University Press, 1952.

Board and Table Games, Vol. 2. R. C. Bell. Oxford University
Press, 1969.

●リトモマキア関係

"Rithmomachia, the Great Medieval Number Game." David Eu-
gene Smith and Clara C. Eaton in *Number Games and Num-
ber Rhymes*, pp. 29-38. Columbia University Teachers College,
1914. もとは次誌に載ったもの．*American Mathematical
Monthly*, April 1911.

"Boissière's Pythagorean Game." John F. C. Richards in *Scripta
Mathematica* 12 (September 1946): 177-217.

"Ye Olde Gayme of Rithmomachy." Charles Leete in *Case Insti-
tute's Engineering and Science Review* (January 1960): 18-20.

●東洋のチェス関係

*Korean Games, with Notes on the Corresponding Games of
China and Japan.* Stewart Culin. University of Pennsylva-
nia, 1895. 復刻版は *Games of the Orient* by Charles E. Tuttle
Co., 1958.

A Manual of Chinese Chess. Charles F. Wilkes. Yamato Press, 1952.

Japanese Chess, the Game of Shogi. E. Ohara. Bridgeway (Tuttle) Press, 1958.

●フェアリーチェス関係

Chess Eccentricities. Major George Hope Verney. Longmans, Green and Co., 1885. 英語文献としては最良のもの.

Les Jeux d'Echecs Non Orthodoxes. Joseph Boyer. 著者自身による出版, 1951.

"Fairy Chess." Maurice Kraitchik in *Mathematical Recreations*, pp. 276-279. Dover, 1953. 〔邦訳:『100 万人のパズル 下』(モリス・クライチック著;金沢養訳, 白揚社, 1968 年) pp. 156-158 の「フェアリー・チェス (変わりチェス)」.〕

Nouveaux Jeux d'Echecs Non Orthodoxes. Joseph Boyer. 著者自身による出版, 1954.

Les Jeux de Dames Non Orthodoxes. Joseph Boyer. 著者自身による出版, 1956.

"Variations on Chess." V. R. Parton in *The New Scientist* (May 27, 1965): 607.

Guide to Fairy Chess. Anthony Dickins. Dover, 1971.

Album of Fairy Chess. Anthony Dickins. Q Press, 1976.

●リバーシ関係

"Reverses." 著者不明. 掲載されたのは, イギリスの定期刊行物 *The Saturday Review*, August 21, 1886. 次誌に再掲. *The Othello Quarterly* (Fall 1982): 34.

A Handbook of Reversi. Jacques & Son, 1888. ルイス・ウォーターマンによるお墨付きのルールを載せた小冊子で, ゲームと一緒に販売されたもの.

The Handbook of Reversi. F. H. Ayres, 1889. 対抗していたもう一方の発明者ジョン・W・モレットによるルールを載せた小冊子で, 競合メーカーが発行し, 独自版のゲームとともに販売していたもの.

Reversi and Go Bang. "Berkeley" (W. H. Peel). F. A. Stokes Co., 1890. ウォーターマンがお墨付きを与えた. 72 ページの本. このゲームについて参照するのに最良の文献.

"Reversi." "Professor Hoffmann" (Angelo Lewis) in *The Book of Table Games*, pp. 611-623. George Routledge and Sons, 1894.

Reversi. Alice Howard Cady. American Sports Publishing Co., 1896. 44 ページのペーパーバックで, これには前身となる本があって, 基本的にはそれを短く書きなおしたもの.

"Othello." Ed Wright in *Creative Computing* (November/December 1977): 140-142. コンピュータ・プログラム.

"Programming Strategies in the Game of Reversi." P. B. Meyers in *Byte* (November 1979): 66.

"Simulating Human Decision Making on a Personal Computer." Peter W. Frey in *Byte* (July 1980): 56-72.

"A World-Championship-Level Othello Program." Paul S. Rosenbloom in *Artificial Intelligence* 19 (1982): 279-320.

Othello/Reversi. François Pingaud. Editions du Rocher, 1983. 著者の Pingaud はオセロのフランスチャンピオン.

"The Othello Game on an $n \times n$ Board in PSPACE-complete." Shigeki Iwata and Takumi Kasai in *Theoretical Computer Science* 123 (1994): 329-340.

Othello Brief and Basic. Ted Landau. Othello Players Association. 出版年不明.

|7|

球を詰め込む

　同じ大きさの球をたくさん積んだり詰め込んだりするには多様な方法が可能であり，一部の方法がもつ特徴は，魅力的なレクリエーション数学に結びつく．それらの特徴を理解することは実モデルなしでも可能かもしれないが，読者が同じ球を 30 個以上揃えられるなら，理解の助けに大いになるであろう．この目的には，おそらくピンポン玉が最適である．ピンポン玉なら，ゴム糊のたぐいを塗って互いをつなげて乾かしておけば，形が崩れない模型を作ることができる．最初は，2 次元の配置を手短に片づけておこう．球を正方形に配列（図 32 の右図参照）すれば，ボールの個数はもちろん 4 角数（平方数）になる．3 角形（図 32 の左図参照）を作れば，ボールの個数は 3 角数になる．これらは，古代に「図形数」と名付けられたものの最も単純な例である．図形数は，昔の数学者たち（図形数に関する有名な論考には，ブレーズ・パスカルが書いたものがある）によって詳しく研究され，こんにちではほとんど注目を浴びないものの，いまでもいろいろな面で，初等的な数論の直観的な洞察を提供してくれる．

　たとえば，図 32 の左側を一目見るだけでわかるように，正の整

〔訳注〕本章の本文は，いわゆるケプラー予想（3 次元空間へ球を詰め込むときの密度は，「最密」充填といわれている方法による密度が本当に最大である，ということを主張する予想）がまだ証明されていない時期に書かれたものであることに注意されたい．「付記」では，証明後のことにも触れられている．

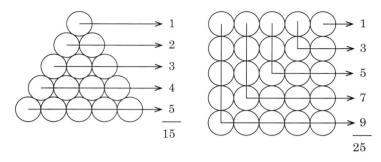

図 32　3 角数（左）と 4 角数（右）の作り方.

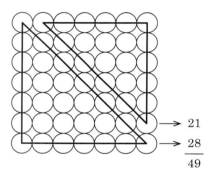

図 33　4 角数と 3 角数とは関連がある.

数を 1 からはじめて順に並べたものの和が 3 角数になっている．図 32 の右側を一目見てわかるのは，4 角数は，奇数を 1 からはじめて順に並べて足して作られるということである．図 33 から瞬時に明らかになるのは，古代ピタゴラス学派によって知られていた次の興味深い定理である．すなわち，どの 4 角数も，隣り合った 3 角数の和である．そのことを，代数を用いて証明するのも簡単である．1 辺が n 単位の 3 角数は $1+2+3+\cdots+n$ という和であり，それを算式で表せば $\frac{1}{2}n(n+1)$ となる．その 1 つ前の 3 角数の算式は $\frac{1}{2}n(n-1)$ である．この 2 つの算式を足して整理すれば，そ

の結果は n^2 になるという次第である．同時に 4 角数であり 3 角数である数はあるだろうか．答えはイエスで，そういうものは無限にある．（1 はあらゆる図形数に属するので，それを除くと）最小のものは，36 であり，そのあとは 1225, 41616, 1413721, 48024900, · · · と続く．この数列の項を次々に求めていく簡単な再帰的手順がいくつかある．一例は，最後の項から 1 を引き，その結果を 2 乗したものを 1 つ前の項で割る*1 というもの．別の例は，最後の項に 34 を掛け，そこから 1 つ前の項を引いて最後に 2 を足す*2 というもの．図形数についてのさらなる話題については，本全集第 12 巻 2 章を参照されたい．

3 次元で（平面）図形数に対応するものは，球を角錐状に積み上げていくことによって得られる．底面も側面も正 3 角形の 3 角錐は，4 面体数とよばれる数を表すモデルである．そこから形成される数列は 1, 4, 10, 20, 35, 56, 84, · · · であり，式で表せば $\frac{1}{6}n(n+1)(n+2)$ と書ける．ここで n は，4 面体の稜に並ぶボールの個数である．底面が正方形で側面が正 3 角形の 4 角錐（つまり，正 8 面体の半分）が表すのは，4 角錐数 1, 5, 14, 30, 55, 91, 140, · · · である．その算式は $\frac{1}{6}n(n+1)(2n+1)$ である．4 角数を表す正方形を 1 本の線で分けることによって隣り合った 3 角数を表す 2 つの 3 角形にすることができたのとまったく同様に，4 角錐を平面で分けることによって，隣り合った 4 面体数を表す 2 つの 4 面体にすることができる．（接着剤を使わずに 4 面体数等の実モデルを作る場合は，最下層はボールが転がっていかないように保持しておかなければならない．そのためには，物差しなり，薄くて細長い木の棒なりを底面の各辺に沿って据えておけばよい．）

古くからあるパズルの中には，この 2 つの角錐数の性質を利用したものがたくさんある．たとえば，裁判所庁舎にでも置くようなモニュメントを，砲丸大の球を積み上げて作ることとして，球を地面

---

*1 〔訳注〕つまり，第 n 項を a_n とすれば，$a_n = (a_{n-1} - 1)^2 / a_{n-2}$ ということ．
*2 〔訳注〕$a_n = a_{n-1} \times 34 - a_{n-2} + 2$ ということ．

に並べるとちょうど正方形になり，積み上げるとちょうど4角錐ができる個数の球を用意するとすれば，そのような個数の最小値はいくつか．その答え (4900) に関して驚く点は，それが条件を満たす唯一の数だということである（その証明は難しく，1918年になってようやく示された）．別の例は次のとおりである．果物売り場にあるオレンジが，2つの4面体の山になるように積んである．両方の山のオレンジをまとめると，大きな4面体1つにすることができる．そうしたことが可能なオレンジの総数の最小値はいくつか．実は，もとの2つの4面体が同じ大きさなら，条件を満たす数は20のみである．大きさが異なるという条件をつけたなら，答えはいくつか．

〔解答 p. 119〕

さて，非常に大きな箱，たとえばピアノを運ぶためのコンテナを思い浮かべ，できるだけたくさんのゴルフボールでその箱を一杯にしたいのだとしてみよう．どのような手順で詰め込んでいくべきで

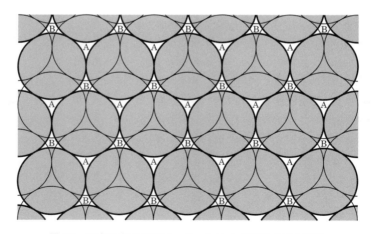

図 34　六方最密充填では，ボールは A の印をつけた窪みに置く．立方最密充填では，B の印をつけた窪みに置く．

あろうか．最初の層は，図34において塗りつぶしなしの円で示したようにボールを詰め込む．第2層は，同図において灰色で塗りつぶした太線の円によって示したように，第1層でできた窪みに交互にボールを置いていく．第3層を作る際には，選択肢として，2つの異なった手順がある．

（1）　各ボールを第1層のボールの真上に位置する窪みAに置く．その先もずっと同様にして，各層のボールを2つ下の層のボールの真上に置いていくとすれば，できあがるのは六方最密充填とよばれる構造である．

（2）　各ボールを窪みBに入れ，第1層の窪みの真上に来るようにする．どの層でもこの手順に従っていく（すると，各ボールは，3層下のボールの真上に来る）と，その結果できるのは立方最密充填（面心立方充填）とよばれるものとなる．4角錐も4面体もこの充填構造をもっている．ただし，4角錐のほうは，いま説明した充填構造の各層は，底面でなくて側面に平行である

最密な充填となるように各層を作っていく際，六方最密のやり方と立方最密のやり方との間を，いつでも好きなときに行ったり来たりして，両者がさまざまな仕方で混ざりあった形の最密充填を作ることができる．こうしてできる形態——立方最密，六方最密，混ざりあったもの——のどれにおいても，各ボールは，その周りの12個のボールと接しており，充填密度（全空間に対して球の体積が占める割合）は $\pi/\sqrt{18} = 0.74048$ 強であり，ほぼ75パーセントである．

これが実現可能な最大の密度であろうか．これよりも密度の高い詰め込み方は知られていないが，1958年に発表された（最密充填と細かい泡の集まりとの関係に関する）論考の中でトロント大学のH・S・M・コクセターが示唆したのは，最も密度の高い詰め込み方はおそらくまだ見つかっていない，という驚くべき見解であった．1つのボールのまわりに同じ大きさのボールを12個より多く用意して，

そのどれもが中央の球と接するように配置することができないのは
たしかであるが，13個めのボールをほぼ間近の位置に追加するこ
とは可能である．12個のボールを配置したときにこうして残る大
きな余地は，平面上に円を最密充填したときにまったく余地が残ら
ないのとは対照的であり，もしかしたら規則的でない何らかの詰め
込み方が存在し，密度が0.74を超えるかもしれない，ということ
が示唆されるのである．とはいえ，密度がより高い詰め込み方が可
能であるということも，密度を最大にするためにはどの球も12個
の球と接している必要があるということも，まだ誰も証明してい
ない．コクセターの予想を受け，トロント大学のジョージ・D・ス
コットは最近，ランダムな詰め込み方の実験として，丸底フラス
コに多数の小鉄球を入れて重さを量って密度を求めた．その結果，
ランダムに詰め込んで安定させたものの密度は，およそ0.59から
0.63であることがわかった．したがって，密度が0.74よりも大き
い詰め込み方があるとしたら，それは，これまで誰も考えたことが
ない仕方で注意深く組み立てていかなければ実現できないものなの
であろう．

　いわゆる「最密」充填が本当に最大密度での詰め込み方であると
仮定するとして，自分の詰め込みの技量を試してみたいと思う読者
のために，きわめて巧妙な次の小問を紹介しておく．ある直方体の
箱の内寸は，縦横ともに10インチで深さが5インチである．その
空間内に詰め込むことができる直径1インチの鉄球の最大数はいく
つか．
〔解答 p.119〕

　平面上に最密充填した円を一様に押し広げて隙間を埋め尽くす
と，できあがるのは，洗面所の床面などでおなじみの正6角形タイ
ルの敷き詰めとなる（このことから理由がわかるが，この模様は自然界に広
く共通して現れる．蜂の巣，接近した2枚の平板の間の細かい泡，網膜色素，
ある種の珪藻植物の表面，……）．閉じた容器の中で最密充填した球を
一様に押し広げていくと，あるいは，球を最密充填したところに外

から一様に圧力をかけて縮めていくと,どうなるか.そのときは,各球は多面体になり,その各面は,ほかの球との接点でその球に接している平面によって作られる.立方最密の場合には,変形によって各球は菱形 12 面体(図 35 の左の図参照)となり,その 12 面は合同な菱形である.六方最密の場合には,各ボールは台形菱形 12 面体(図 35 の右の図参照)となり,6 面が菱形で 6 面が台形である.この立体を図中の灰色の面で半分に切って一方を 60 度回転させると,菱形 12 面体となる.

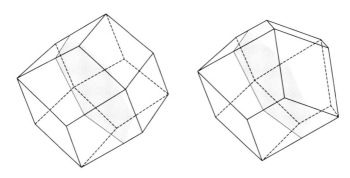

図 35　詰め込んだ球を押し広げていくと 12 面体となる.

1727 年にイギリスの生理学者スティーヴン・ヘールズが書いた『植物の静力学』によれば,ヘールズが生のエンドウ豆をいくつか容器に入れて圧縮したところ「見事に均整のとれた 12 面体」ができたという.この実験は(ビュフォン伯爵がのちに類似の実験について書いたことから)「ビュフォンの豆」として知られるようになり,大半の生物学者たちは,コロンビア大学の植物学者エドウィン・B・マッケが同じ実験を繰り返してみるまでは,その実験結果をずっと疑わずにいた.実際には,エンドウ豆というものは大きさも形も不揃いで,密度も一様ではないし,容器に注ぎ込むときにランダムに詰め込まれるということもあって,圧縮したあとのエンドウ豆の形はばらつきが非常に大きく,一律に記述できるようなものではないの

である．1939 年に報告された実験によると，マツケが鉛の小さな
球（散弾）を圧縮してみたところ，最初に球を立方最密に配置して
おけば菱形 12 面体ができあがるが，ランダムに詰め込んだ場合に
は不揃いな 14 面体が大半を占めた．マツケが指摘するには，これ
らの結果は，あぶくの構造や未分化組織内の生細胞の構造などの研
究と重要なつながりがある．

　最密充填の問題からは，反対の問いも促される．最も緩い詰め込
み方はどういうものか．すなわち，形が崩れない構造で，最も密度
が低いのはどういうものか．形が崩れないためには，各球は少なく
ともほかの 4 つの球と接していなければならず，その接点すべて
が，ある半球に収まっていたり，ある赤道上に収まっていたりして
はいけない．ドイツで 1932 年に最初に出版された『直観幾何学』
の中でダフィット・ヒルベルトが提示しているのは，最も緩い詰め
込み方だと当時は考えられていたもので，密度が 0.123 の構造で
あった．しかしその翌年，オランダの 2 人の数学者[*3] ハインリヒ・
ヘーシュとフリッツ・ラーベスが詳細を発表したある構造は，そ
の密度がもっとずっと小さく，たったの 0.0555 であった[*4]（図 36 参
照）．これよりももっと緩い詰め込み方があるかどうかもまた大変興
味深い問題であり，最密充填の問題と同様，決着がついていない．

[*3] 〔訳注〕実際は 2 人ともドイツ人．また，ラーベスは「ラーベス相」などで有名な
人物で，数学者というよりは，化学者（鉱物学者，結晶学者）．
[*4] 〔訳注〕これが記録更新と考えたのはガードナーの間違いで，この構造では各球は
3 つの球としか接していないので，少なくともここでいう意味での「最も緩い」構造で
はない．しかし，このガードナーの記述はそのまま鵜呑みにされ，各球が 4 球と接して
いる「最も緩い」構造として流布している場合があるので注意されたい．たとえば，少
なくとも本書訳出時点では，Wolfram の MathWorld はガードナーの記述を鵜呑みに
してしまい，Wikipedia（英語版）もそれに引きずられて間違っていた．

7 球を詰め込む 117

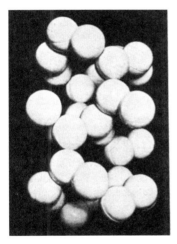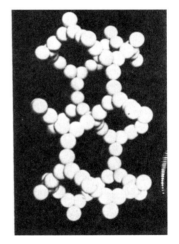

図 36 ヘーシュとラーベスによる緩い詰め込み方. 最初に大きな球を左図のように詰め込み, 次に各球を 3 個の小さな球で置き換えると, 右図の詰め方となる. その密度は 0.055 強である.

追記
(1966)

　正方形にも 4 角錐にもなるボールの個数は 4900 が唯一の答えであるという証明は G・N・ワトソンによってなされ，それを記した論文は 1918 年の論文集[5] に収められている．この予想は，遅くも 1875 年に，フランスの数学者エドゥアール・リュカによってなされている．ヘンリー・アーネスト・デュードニーも同じ推測を，1917 年の著書に載せたある問題[6] の答えの中で述べている．

　3 角数にも 4 角数にもなる数については，多くの文献がある．その要点をまとめた記述が，『アメリカ数学月報』1962 年 2 月号 169 ページにある，問題 E1473 に対する編注の中にあり，そこでは，n 番めの 4 角 3 角数（平方 3 角数）を表す次の式も与えられている．

$$\frac{(17 + 12\sqrt{2})^n + (17 - 12\sqrt{2})^n - 2}{32}$$

　規則正しい配置に限定した場合に，最も密度の高い詰め込み方がどういうものであるかは，8 次元以下の空間についてはすべて解決している．3 次元空間でのこの問題の答えは，本文で述べた規則的な最密充填であり，その密度は 0.74 強である．ところが，コンスタンス・リードも 1959 年の著書[7] の中で指摘しているように，9 次元空間について考えたとたんに様相が急に謎の変化を遂げるが，そういう変化は，高次のユークリッド幾何学ではよく起こることである．ともかく，調べた限りでは，9 次元空間に超球を規則正しく最密充填する方法はまだ誰にもわかっていない．

　9 次元空間が同じく転換点になる関連問題に，合同な球が何個までであれば，同じ大きさの別の 1 つの球に同時に接することができるか，というものがある．この問題は，1953 年になってようやく，K・シュッテと B・L・ファン・デル・ヴェル

---

[5]　*Messenger of Mathematics*, new series, Vol. 48, 1918, pp. 1-22.

[6]　Problem 138, *Amusements in Mathematics*.

[7]　*Introduction to Higher Mathematics*.

デンにより（ある論文*8 で）3 次元空間での答えが 12 であることがはじめて証明された（そのあとになされた証明だが，ジョン・リーチの 2 ページで済む論文*9 も参照）．平面でこれに対応する問題には，6 という明白な答え（つまり，6 枚より多くのセント硬貨が 1 枚のセント硬貨に同時に接することはできない）があり，線分のことを退化した「球」と考えるなら，1 次元空間に対する答えは 2 である．4 次元においては，24 個の超球が同時に 25 番めの超球に接することができると証明されており*10，5, 6, 7 次元空間については，超球の最大数はそれぞれ 40, 72, 126 であると予想されている*11．8 次元空間では，その数は 240 であることがわかっている．9 次元空間についての問題は未解決である*12．

解答
●異なる大きさの 4 面体 2 つにもなるし，大きな 4 面体 1 つにもなるオレンジの個数の最小値は 680 である．これは 4 面体数で，2 つの 4 面体数 120 と 560 に分けることができる．3 つの 4 面体それぞれの 1 辺の長さは 8 と 14 と 15 である．
●1 辺 10 インチの正方形の形をした深さが 5 インチの箱に直径 1 インチの鉄球を最密充填するには驚くほどたくさんの方法があり，その方法によって，入るボールの数が異なる．最多である 594 個のボールを入れるには，以下のとおりにする．箱を横向けにして側面を下にし，最初の層を，奥から鉄球 5 個

---

*8 "Das Problem der dreizehn Kugeln" in *Mathematische Annalen*, Vol. 125, 1953, pp. 325-334.
*9 "The Problem of the 13 Spheres." John Leech in *Mathematical Gazette* 40, No. 331, February 1956, pp. 22-23.
*10 〔訳注〕いまでは，この 24 個が最大であることもわかっている．
*11 〔訳注〕5, 6, 7 次元空間では，ここで紹介された数（40, 72, 126）以上が答えであることだけがわかっている．
*12 〔訳注〕「未解決」と述べただけでは，9 次元が（本段落冒頭にいう）「転換点」であることの意味がわからないと思われる．実は，1 次元から 8 次元までのそれぞれの場合の（超）球の（これまで知られている）最大数 2, 6, 12, 24, 40, 72, 126, 240 はすべて規則正しい配置（いわゆる格子配置）によって得られるのだが，9 次元では（最大数は確定していないものの）規則正しくない配置が最大数を与えることがわかっており，8 次元以下とは様相が大きく異なるのである．

の列，4 個の列，5 個の列，……という具合に作っていく．すると 11 列（5 個のものが 6 列，4 個のものが 5 列）でき，あわせて 50 個のボールとなり，手前に 0.3 インチ以上の余裕が残る．2 層めも，4 個の列と 5 個の列が交互に並ぶ計 11 列になるが，今度の場合は，4 個の列ではじまり 4 個の列で終わるので，この層のボールは 49 個だけとなる（最後の 4 個の列は第 1 層の手前の縁よりも 0.28 インチ強出っ張るが，0.3 インチよりは小さいので，そのぶんの余裕はある）．こうして箱の中に 12 層（合計の高さは 9.98 インチ強）できるまで，50 個の層と 49 個の層を積んでいくと，ボールの総計は 594 個となる．

後記
(1995)

　4 次元空間では，1 つの球に，それと等しい大きさの球が最多で何個まで接するかを表す「接吻数」は 24 か 25 であるというところまでわかっている[*13]．スタニスワフ・ウラムから 1972 年に聞いた話だが，ウラムの見るところ，同一の凸立体を密度高く詰め込もうとしたとき，球が最も効率が悪そうだが，そのことを証明するのは難しいだろうとのことだった．球を詰め込む方法で，4 次元空間から 13 次元空間までについて知られている限りの最善の方法については，本全集第 8 巻 3 章を参照されたい．[*14]

付記
(2009)

　1611 年にヨハネス・ケプラーは，球の六方最密充填——何世紀もの間，あらゆる中で最も密度が高いと考えられていた詰め込み方——が実際にも最も密度が高い，という予想を述べた．1991 年のはじめにウ・イ・シアンが大小いくつかの論文を書き，それらによってケプラーの予想の証明を成し遂げたとしたが，誤りが見つかり，結局その証明は間違っていた，というのがいまの一致した見解である．1998 年にトマス・ヘールズ（当時はミシガン大学所属で，いまはピッツバーグ大学所属）が

[*13]〔訳注〕すでに注 10 に記したように，いまではこれは 24 だとわかっている．
[*14]〔訳注〕原書にあった本後記の 1 段落めは，本全集版で追加された内容（付記）からすると情報が古く，本来削除されるべきものであったと判断して省略した．

説得力のある証明を発表した．コンピュータの力を借りたその結果は合計でおよそ250ページの長さの論文にまとめられ，かくしてケプラーの有名な予想は，400年経ってついに確証された．その後ヘールズはある共同プログラムを立ち上げたが，その名はFlyspeck（「綿密に検査する」の意）といい，F, P, Kがその順で現れる英単語として選ばれたものであり，それらの文字はFormal Proof of Kepler（「ケプラーの形式的証明」）の頭文字である[*15]．

　数学者たちというよりも物理学者たちから出た話だが，いろいろな経験的証拠によれば，次元がずっと高くなっていくと，単位球をランダムに詰め込んでいったほうが，秩序正しく詰め込むよりも密度が高くなりそうなのだ．学術誌[*16]に載ったこの驚異の予想に関する論文の要点は，『サイエンスニュース』2006年10月14日号に載っている．

文献　"In the Twinkling of an Eye." Edwin B. Matzke in *Bulletin of the Torrey Botanical Club* 77 (May 1950): 222-227.

"Close Packing and Froth." H. S. M. Coxeter in *Illinois Journal of Mathematics* 2 (1958): 746-758. この記事の文献表には，当時の文献が30項目載っている．

"The Packing of Equal Spheres." C. A. Rogers in *Proceedings of the London Mathematical Society* 8 (1958): 609-620.

"Covering Space with Equal Spheres." H. S. M. Coxeter in *Mathematika* 6 (1959): 147-157.

"Close Packing of Equal Spheres." H. S. M. Coxeter in *Introduction to Geometry*, pp. 405-411. Wiley, 1961. 〔邦訳：『幾何学入

[*15] 〔訳注〕2003年に立ち上げられたこのプロジェクトは，コンピュータを使って，ケプラー予想の証明のプロセスをすべて論理的にチェックしていくというもので，2014年8月に完了した．すなわち，いまやヘールズの証明が正しいことは，コンピュータによっても確かめられた．実は，ヘールズが証明を発表したのち，人間の査読チームは4年の歳月をかけてヘールズの論文を査読した結果，「証明が正しいことは99パーセントまで確信ができたが，完全な確信には至らなかった」としていた．それゆえ，証明が正しいことの確証がはじめて得られたのは，2014年のことというべきなのかもしれない．
[*16] *Experimental Mathematics* 15, No. 3, 2006.

門下』（H・S・M・コクセター著，銀林浩訳．ちくま学芸文庫，
2009 年）pp. 332-344 の「等球のパッキング」．〕

"Simple Regular Sphere Packing in Three Dimensions." Ian Smalley in *Mathematics Magazine* (November 1963): 295-300.

"The Closest Packing of Equal Spheres in a Larger Sphere." Nelson M. Blachman in *American Mathematical Monthly* 70 (May 1963): 526-529.

Regular Figures. L. Fejes Toth. Macmillan, 1964. pp. 288-307 を見よ．

"Spheres and Hyperspheres." Martin Gardner in *Mathematical Circus*, Chapter 3. Knopf, 1979. 1992 年に改訂版が出ており，その出版元は Mathematical Association of America. 〔本全集第 8 巻 3 章〕13 項目載っている文献表を見よ．

"The Packing of Spheres." N. J. A. Sloane in *Scientific American* 250 (January 1984): 116-125.

Leech Lattice, Sphere Packings, and Related Topics. J. H. Conway and N. J. A. Sloane. Springer-Verlag, 1984.

"Kepler's Spheres and Rubik's Cube." James Propp in *Mathematics Magazine* 61 (October 1988): 231-239.

"Curves for a Tighter Fit." Ivars Peterson in *Science News* 137 (May 19, 1990): 316-317.

"The Status of the Kepler Conjecture." Thomas Hales in *Mathematical Intelligencer* 16 (1994): 47-58.

The Pursuit of Perfect Packing. Tomaso Aste and Denis Weaire. Institute of Physics, 2000.

"Foams and Honeycombs." Erica G. Klarreich in *American Scientist* 88 (2000): 150-161.

"Nothing to Sphere but Sphere Itself." Barry Cipra in *What's Happening in the Mathematical Sciences* 5, pp. 22-31. American Mathematical Society, 2002.

Kepler's Conjecture. George G. Szpiro. Wiley, 2003. 〔邦訳：『ケプラー予想』ジョージ・G・スピーロ著，青木薫訳．新潮文庫，2014 年．〕

"The Honeycomb Conjecture." Thomas C. Hales in *Proceedings of Computational Geometry* 25 (2003): 1-21.

"Does the Proof Stack Up?" George G. Szpiro in *Nature* 274 (July 3, 2003): 12-13.

"In Math, Computers Don't Lie, or Do They?" Kenneth Chang in *The New York Times*, April 6, 2004, pp. 1 and 4.

"Kissing Numbers, Sphere Packings, and Some Unexpected Proofs." Florian Pfender and Günter M. Ziegler in *Notices of the American Mathematical Society* 51 (September 2004): 873-885.

"Oddballs." Erica Klarreich in *Science News* (October 2, 2004): 219-221.

"Kepler's Conjecture and Hales's Proof." Frank Morgan in *Notices of the American Mathematical Society* 52 (January 2005): 44-47.

"On Sphere Packings of Arbitrarily Low Density." Werner Fischer in *Zeitschrift für Kristallographie* 220 (2005): 657-662. 球の緩い詰め込み方については多くの文献があるが,そのほとんどがドイツ語で書かれており,本論文はその最近の一例である.

"Historical Overview of the Kepler Conjecture." Thomas C. Hales in *Discrete and Computational Geometry* 36 (July 2006): 5-20.

| 8 |

超越数 π

> π の顔はマスクの下にあり，それをじっと見つめたら誰も生きのびることはできないと考えられていた．だが，マスクの下の鋭い目のほうは外を睨んでいた．無慈悲で冷たく謎めいていた．
> ——バートランド・ラッセル『著名人たちの悪夢』の中の「数学者の悪夢」

　円の直径に対する円周の比は，ギリシャ文字の π で表され，円に無関係なあらゆる種類の場所にポンと飛び出してくる．イギリスの数学者オーガスタス・ド・モルガンがあるときに π について書いた文章の中には「この不思議な 3.14159··· は，あらゆる扉や窓から入ってきて，あらゆる煙突から下りてくる」とある．一例だが，正の整数の集合から 2 つの数をランダムにとってきたとき，それらが 1 以外の公約数をもたない確率はいくらか．その驚きの答えは $6/\pi^2$ である．とはいえ π は，円との関係があるからこそ，無数にある超越数の中で最もよく知られるものとなったのはたしかである．

　超越数とは何か．それは，無理数のうち，有理数係数代数方程式の根とならないものである，と説明される．2 の平方根は無理数だが「代数的無理数」であり，それは，その数が $x^2 = 2$ という方程式の根だからである．数 π は，そのような方程式の根として表現することは不可能であり，何らかのたぐいの無限操作をした極限の値

8 超越数 π 125

としてしか表現できない．π を 10 進数で表せば，ほかのあらゆる
無理数と同様，表現に終わりはなく，途中から循環するということ
もない．

　分母も分子も整数であるどんな分数も厳密には π と等しくはな
りえないが，簡単な分数でも，驚くほど近い値になるものがたくさ
んある．とりわけ注目すべきものは，5 世紀に祖沖之という中国の
天文学者によって記録されているものであり，それは，西洋ではそ
の千年後まで発見されなかったものである．その分数を得ることが
できる一種の数秘術がある．奇数を小さいほうから 3 つ，2 回ずつ
書いて，1, 1; 3, 3; 5, 5 とし，後ろの 3 つを最初の 3 つの上に載せ
ると分数 355/113 ができる．信じがたいことだが，この分数は，π
の値を小数点以下 6 桁まで正確に与えるのである．いくつかの根の
たぐいも π に近くなる．10 の平方根（3.162…）が古代には π の値
として広く使われていたが，31 の立方根（3.1413…）のほうがずっ
と近い（また数秘術をいえば，31 は π の最初の 2 桁を成している）．体積が
31 立方インチの立方体を作ったとしたら，1 辺の長さの π インチ
との差は 1000 分の 1 インチに満たない．また，2 の平方根と 3 の
平方根との和は 3.146 強であり，これも悪い近似ではない．

　π の厳密な値を求めようとする古い時代の試みは，円の正方形
化という古典的な問題を解こうとする試みと密接につながってい
た．与えられた円の面積と厳密に等しい面積をもつ正方形を，コ
ンパスと定規だけを使って作図することは可能であろうか．もし π
が，2 次方程式の根の公式を繰り返し用いることで表現できる値だ
としたら，与えられた円の円周と厳密に等しい長さの線分を作図す
ることが可能である．この場合，円の正方形化はすぐにできる．そ
れには，まず，縦の長さが円の半径に等しく，横の長さが円周の半
分に等しい長方形を作図する．この長方形の面積は円の面積に等し
いので，あとは，知られている単純な作図手順により，長方形をそ
れと面積の等しい正方形に変形すればよい．逆に，もし円を正方形
化することが可能だとしたら，長さが厳密に π である線分を作図す

る方法が存在することになる．しかしながら，鉄壁の証明により，πが超越数であることも，超越数の長さをもつ線分はコンパスと定規だけでは作図できないことも，いまでは確立されている．

πを近似的に作図する方法は何百とあり，そのうちで最も正確な部類に入る方法の一例は，先に触れた中国の天文学者の分数に基づいたものである．半径の長さが1の四分円の中に，図37に示すように線を引き，BC の長さは 7/8，DG の長さは 1/2，DE は AC と平行，DF は BE に平行となるようにする．FG の距離は，容易に示せるように 16/113 すなわち 0.1415929 強である．355/113 は 3 + 16/113 であるから，半径の長さの3倍の直線を，FG の延長上に描けば，π との差が単位長の 100 万分の 1 未満の長さの線分が得られる．

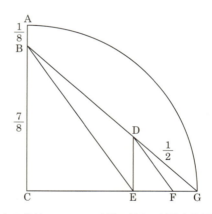

図 37　π との差が 0.0000003 未満の長さの線分を作図する方法．

円の正方形化問題に取り組み，自分はπの厳密な値を発見したと考えた者はごまんといるが，その中で，イギリスの哲学者トマス・ホッブスこそは知性の高さと無知の深さとの共存が最もはなはだしかった人物である．イギリスの教養人は，ホッブスの時代には数学

を習っておらず，ホッブスも 40 代になるまでユークリッドに目を通したことがなかった．ピタゴラスの定理の主張を目にしたとき，ホッブスは最初「こんなことは絶対ありえない」と叫んだ．しかしそのあとで，与えられている証明を逆に辿っていき，最終的にその主張が正しいことを確信した．それからの残りの長い人生の間，ホッブスは恋に落ちたごとくの情熱を傾けて幾何学に取り組んだ．のちに書いた文章の中でホッブスは「幾何学にはワインのようなところがある」と述べているし，伝えられるところでは，図を描くのにほかによいものがないときは，いつも自分の太ももやシーツに幾何学図形を描いていたという．

　もしもホッブスがアマチュア数学者に留まっていることに満足できていたら，その後半生はもっと穏やかなものになっていたはずであるが，その極端な自己過信から，自分には数学上の偉大な発見をする能力があると思い込んでしまった．1655 年，そのとき 67 歳のホッブスがラテン語で書いて出版した『物体論』という本には，円を正方形化する独創的な方法を記している箇所がある．その方法は見事な近似を与えるのであるが，ホッブスはそれが厳密な値を与えるものだと信じていた．イギリスの数学者で暗号研究者だった著名なジョン・ウォリスは，ホッブスの間違いを小冊子で人びとに知らしめたのだが，その結果はじまったのが，2 人のすばらしき頭脳の持ち主どうしの間でなされたものとしては史上最悪ともいいうる，長期にわたる滑稽で無益な論争であった．論争はほぼ四半世紀の間続き，互いに言葉の限りの皮肉と悪口とを応酬しあった．ウォリスがこれをずっと続けたのには遊び半分の部分もあったが，主たる目的は，この論争によってホッブスを愚かに見せ，結果としてホッブスの宗教観や政治観に疑いの目を向けさせることであり，実はそれらの面でのホッブスの考えこそ，ウォリスが忌み嫌っていたものであった．

　ホッブスが，ウォリスからの最初の攻撃に対してとった対応は，もとの本を英語で再版し，それに付録として「……数学教授たちへ

の6つの教訓」(延々と長い17世紀流のタイトルを多少端折って記しても読者は許してくれると信じている)を載せたことであった. ウォリスはこれに対する返答として「ホッブス氏の唱える教訓が正しいと言わずにすむために学校の規律において当然なされるべき同氏の考えの修正」と題するものを書いた. これに対しホッブスは「ジョン・ウォリスのばかげた幾何学と田舎の言葉とスコットランド教会的政略と蛮行」と題するものを書いて反論し, ウォリスはこれを打ち返すものとして「ホッビアーニ・プンクティ・ディスプンクティオすなわちホッブス氏の論点の無効化」と題するものを書いた. ホッブスはさらに数編の小冊子を出した (その間にパリで, 立方体倍積問題に対するばかげた解法も匿名で発表した) のち, 次のように書いている.「私だけが狂っているか, 彼ら [数学教授たち] がみな正気を失っているかのどちらかであり, それゆえ, 第三の意見はとりようがない. どちらも全員狂っているのだと誰かがいうのでもない限り」

「これに対しては論駁は不要である」というのがウォリスの答えであった.「ホッブス氏が狂っているなら, 理性によって説得することはできないであろうし, 反対にわれわれが狂っているなら, われわれも論駁をしようとする立場にないからである」

闘争は, 束の間の休戦は何度かあったものの, 結局はホッブスが91歳で没するまで続いた.「ホッブスという男は, 誰かを憤慨させるようなことはつねに控えていた」と, ウォリスを攻撃するために最晩年に書いたある文章の中でホッブスは書いている (事実として, 社交上のホッブスは, 極端に臆病であった).「だが, 自分が憤慨するようなことをされたときは, ご存じのとおり, あなたと同じくらい筆先は鋭くなる. あなたの言ってきたことはみな間違いであり, 暴言である. それは, 強烈な臭気であって, 満腹のお腹をひどくしめつけられた駄馬が発するものと変わらない. 私もやることはやってきた. いままではあなたのことを考えてきたが, 2度と考えることもあるまい」

ここでは詳しく立ち入らないが, ホッブスは奇妙なまでに, ウォ

8 超越数 π 129

図 38 円を正方形化する方法が書いてある本のうちの 1 冊のタイトルページ.

リスの言葉でいう「自分が何を知らないかを聞いて理解する能力の欠如」があった.生涯にホッブスは,円を正方形化する方法を十数個発表した(発表した本の一例を図 38 に示した).ホッブスが最初に発表した,ほかと比べれば最良ともいえる方法を,図 39 に示す.単位正方形の中に弧 AC と BD を描く.それらはどちらも,半径の長さが 1 の四分円の弧である.弧 BF を点 Q で 2 等分する.線分 RQ を正方形の辺に平行になるように描き,それを延長して QS と RQ の長さが等しくなるようにする.F と S を直線で結び,それが正方形の辺と交わるところまで延長し,交点を T とする.ホッブスの主張では,BT の長さは弧 BF の長さと厳密に等しい.弧 BF は単位円の円周の 1/12 であるから,π は BT の長さの 6 倍である.この方法だと π の値は 3.1419 強となる.

 かの哲学者が陥っていた主な困難のうちの 1 つは,抽象的に捉えたときの点や線や面は 3 次元よりも低い次元をもつ,ということ

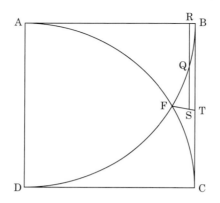

図 39 ホッブスが最初に発表した，円を正方形化する方法．

が理解できなかったことである．「どうやら死ぬまで変わらなかったようだが……」と，のちのイギリス人文筆家アイザック・ディズレーリが著書[*1]に書いている．「生前に幾何学者たちが与えてくれた議論に全部目を通してなお，対象の表面には必ず奥行きも厚みもあるとホッブスは固く信じていた」．このホッブスという古典的な事例が見せてくれるように，天才が，十分な備えのないまま科学の一分野に無理に入り込んでしまい，そのせっかくの偉大な力を，無意味な擬似科学に浪費してしまう，ということがときに起こるのだ．

円そのものは正方形化できないが，縁が円弧だけから構成される図形が正方形化できる事例は少なくない．その事実があるため，円を正方形化しようと取り組む人たちに，間違った期待がいまだに抱かれるのである．面白い一例を図 40 に示す．花瓶の形の下のほうは，直径（たとえば）10 インチの円周の 4 分の 3 である．上半分の縁は，同じ寸法の四分円の弧 3 つから成っている．読者はいかに素早く，この図形と同じ面積をもつ正方形の 1 辺の厳密な長さを，最後の 1 桁まで正確に計算できるであろうか． 〔解答 p. 136〕

[*1] *Quarrels of Authors.*

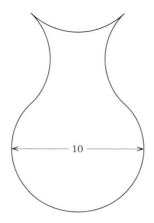

図 40　この図形の面積は何平方インチか.

円の正方形化を試みる人たちの親類に，π 計算者たち，すなわち，π の小数点以下の数値を何年もかけてひたすら手で計算し，それまで計算されているよりも先の桁を目指していく人たちもいた．そうした計算を続けていくこと自体はもちろん，π に収束していく無限列のどれを使っても可能である．ウォリスその人も，π に収束していく表現で，次のようなきわめて簡明なものを発見している．

$$\pi = 2\left(\frac{2}{1} \times \frac{2}{3} \times \frac{4}{3} \times \frac{4}{5} \times \frac{6}{5} \times \frac{6}{7} \times \frac{8}{7} \times \frac{8}{9} \times \cdots\right)$$

分子には偶数が順番に 2 回ずつ並ぶ（まったくの偶然ながら，分母の最初の 5 つの数字は中国の天文学者が見つけた分数と似ていることに注意されたい）．この発見から数十年後，ドイツの哲学者ゴットフリート・ヴィルヘルム・ライプニッツが，次のようなこれまた美しい公式を見つけている．

$$\pi = 4\left(\frac{1}{1} - \frac{1}{3} + \frac{1}{5} - \frac{1}{7} + \frac{1}{9} - \cdots\right)$$

π 計算者の中で最も根気があったのは，イギリスの数学者ウィリアム・シャンクスだった．シャンクスは 20 年以上の歳月をかけ，

何とか小数点以下 707 桁まで計算した．だが，かわいそうなこと
に 528 桁めのところで間違いを犯したので，残りは全部正しくない
（この間違いは 1945 年まで発見されなかったため，シャンクスの 707 桁の数字
をそのまま載せている本が，本章のもとのコラムが書かれた時点ではまだたく
さんあった）．1949 年には，電子計算機 ENIAC を使い，実行に 70
時間かけて π の値が 2000 桁以上計算された．のちに別の計算機で
3000 桁以上が求められたときの実行時間は 13 分であった．1959
年までのところでは，イギリスの計算機やフランスの計算機が π を
10000 桁まで計算している．

　シャンクスの求めた 707 桁の値がもつ変わった特徴のうち，特
に目立つものの 1 つは，数字の 7 が抑制されているように見え
るところである．ほかの各数字は，最初の 700 桁のうちにおよ
そ 70 回ずつ現れ，さもありなんだが，7 だけは 51 回しか現れな
い．ド・モルガンいわく「このことを知っても，円の狂信者たちと
黙示録の狂信者たちが，この現象に関して全員一致の評決に達する
までは内々の議論をいつまでも続け，考えが 1 つになるまで何も発
信しないでいてくれるなら，同胞からすると大変ありがたい」．急
ぎ補足しておけば，π の 700 桁までの正しい値では，不足していた
ぶんの 7 はちゃんと補充されている．数学的直観主義者の主張で
は，ある言明について「それは真または偽である」といえるのは，
その言明の真偽を検証する方法が知られている場合に限られるのだ
が，彼らがかつてつねに使っていた使い古しの例に「π を 10 進数
で表したときに 3 つの 7 が連続して並ぶところがある」という言明
がある．これはいまでは「5 つの 7」に変更しないといけない．更
新された π の 10 進数表現の中には，期待される頻度で各数字の 3
連続の並びが現れるだけでなく，7777（や期待値からすれば現れそうも
ない 999999）も見つかっている[*2]．

[*2] 〔訳注〕これらの記述は，π が数千桁ないし 1 万桁程度までしか判明していない時
代のものである．現在では，「5 つの 7」はとうに見つかっている．「5 つの 7」の代わ
りに「100 個の 7」くらいに変更しておけば，しばらくは無難であろう．

現在までのところ π は，ランダムネスの統計的検定にすべて合格している．このことに当惑する人たちもいて，彼らの感覚では，円のように単純で美しい曲線は，周囲の長さと横切った長さとの間の比がそれほど乱れてはいないはずなのである．その一方，大方の数学者たちは，π の小数展開の中にはいかなる種類のパターンも規則も決して見出されることはないだろうと考えている．もちろん各桁の数字は，それらが全体で π を表しているという意味ではランダムではないが，その意味では，カリフォルニアのランド研究所が発行している有名な 100 万桁の乱数の各桁の数字もランダムではない．それらの数字が全体で表しているのはある数であり，しかも整数である．

π に現れる数字が本当にランダムだとすると，おそらく，ある種のパラドックス言明が正当化される．念頭にあるのは，一団の猿がタイプライターを延々と打っているうちにいつかシェイクスピア劇をすべてタイプすることになるという有名な主張である．スティーヴン・バーが提示した類似の話でいえば，2 本の棒を製作することと長さを測定することにおいて精度をいくらでも高めることができるとすれば，何の印もつけていない 2 本の棒を使って，ブリタニカ百科事典の全情報を伝えることが可能である．片方の棒は単位長とする．他方の棒は単位長よりも長く，その差の小数は，非常に長い 10 進数表現で表される．そしてその数字の列は，ブリタニカ百科事典をコード化したものなのだが，そのためには，その言語表現に現れるあらゆる語や句読点記号のたぐいにそれぞれ別々の数（ただし，どの桁にも 0 が現れないもの）を単純に割り当てておけばよい．0 は，各コードを表す数どうしの間を空けるために用いる．こうすればたしかにブリタニカ百科事典全体は，1 個の，ただし，とても把握できないような長さをもつ数にコード化できる．そしてその数の前に小数点をつけ，それに 1 を加えれば，第 2 の棒の長さが得られる．

このことのどこに π が関係するのか．実は，π に現れる数字が本当にランダムだとしたら，この無限の長さのパイのどこかしらの部

分を切りとれば，そこにブリタニカ百科事典が収まっているはずなのである．もっといえば，これまで書かれたいかなる本も，これから書かれる本も，書かれた可能性があっただけの本も，どこかしらに収まっているはずなのである．

追記
(1966)

　本章のもとのコラムがサイエンティフィック・アメリカン誌に載った1年ほどあとの1961年7月29日のこと，πの計算が100265桁まで行われた．計算機はニューヨークのIBMデータセンターに置かれたIBM7090システムである．この仕事を成し遂げたのはダニエル・シャンクス（ウィリアム・シャンクスとは無関係であり，またもやπの歴史に付きまとう奇妙な数秘術的一致の一例にすぎない）とジョン・W・レンチ・ジュニアであった．計算時間は，8時間と1分であり，その後，追加で42分かけて，2進数で得た結果を10進数に変換した．πを数千桁程度計算させるというのは，いまとなっては，新しい計算機のテストや新人プログラマーの訓練によく使われるたぐいの課題となっている．フィリップ・J・デイヴィスの著書[*3]の言葉を借りれば「神秘的で不思議なπは薄められ，計算機は，それでうがいをして喉を整える」のである．

　おそらくπが100万桁までわかるのはそう遠いことではないであろう．そのことを見越して，かの数秘術者マトリックス博士は私に手紙を寄越し，πの100万桁めの数字は5と判明するという自分の予言を，私に記録しておくように頼んできた．博士の計算根拠は，欽定訳聖書の第3の書（レビ記）14章16節（そこでは数7が言及されており，同節の7番めの単語は5文字から成る）の記述と，オイラーの定数や超越数 e を含む正体不明の計算とを結びつけた結果だという．（のちの付記：マトリックス博士によるこの有名な予言が最初に載ったのは，本書の前身となった1966年版の本である．博士は100万桁めの数字と述べていて，10進数で100万桁めの数字とは述べていないことに注意されたい．博士の予言は，1973年に確証された．）

　3月14日を「πの日」とよぶ地域や団体がある．この日はアインシュタインの誕生日である．

　オタワのノーマン・グリッジマンは手紙で，スティーヴン・バーの2本の棒は，1本の棒に傷を1箇所つけることで済ませ

[*3] *The Lore of Large Numbers.*

られる点を指摘してくれた．傷は棒を 2 つの長さに分けるが，その長さの比が，本章本文で説明した仕方でブリタニカ百科事典をコード化していればよいのである．

|解答| ●読者に課題として出したのは，図 41 に示す花瓶の形の図形と面積が等しい正方形の 1 辺の長さを求めることであり，この図形の縁を形作っているのはどこも円弧で，その直径は共通して 10 インチであった．実は答えもまた，10 インチである．図のような破線の正方形を描けば明らかなとおり，A, B, C の部分がそれぞれ A', B', C' の部分にちょうどあてはまって正方形が 2 つできあがり，その合計面積は 100 平方インチとなる．

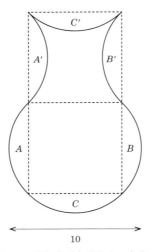

図 41　花瓶を正方形化する方法．

図 42 では，花瓶の「正方形化」を，切り分けたときにたった 3 片ですむ方法で行い，その結果，1 辺 10 インチの正方形ができあがることを示している．

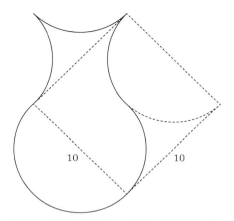

図42　花瓶と正方形の3片での裁ち合わせ．

後記
(1995)

If inside a circle a line	円の中に線を引き
Hits the center and goes spine to spine,	真ん中通ってわたりきり
And the line's length is d,	線の長さが d ならば
The circumference will be	周囲の長さの公式は
d times 3.14159.	d かける 3.14159

——作者不明

　1989年のこと，東京大学の金田康正は π の値の計算で10億桁の壁を越え，1 073 740 000 桁まで求めた．この記録が破られたのは1991年で，そのときは，ロシア出身[*4]の兄弟で，コロンビア大学のコンピュータ科学者であるデイヴィド・チュドノフスキーとグレゴリー・チュドノフスキーが，π の値を2 260 821 336 桁まで計算した．

　チュドノフスキー兄弟が用いた非常に高速なアルゴリズムの基礎にあるのは，ラマヌジャンが発見したある近似式と関係の深い公式である．その近似式は，e のべき乗で，べきを π と

[*4]〔訳注〕実際は，ウクライナ出身．ソビエト時代にアメリカに亡命．

163 の平方根との積としたものは，信じられないくらいある整数に近い（本全集第 12 巻 10 章参照）という内容のものである．彼らのアルゴリズムでは，最終段階を除くと，整数の演算だけが行われる．計算途中では 1 段階あたりおよそ 14 桁ずつ精度が上がっていく勘定となり，また，途中で端数を捨てるということもないので，精度を上げていく際に，それまでの計算を繰り返す必要もない．したがって，誰でも卓上コンピュータを使えば簡単に，時間の許す限り延々と，新たな 14 桁の数字を求めていくことはできるのである[*5]．

金田がいうには，π を計算するのは「それがそこにある」からである．デイヴィド・チュドノフスキーがいうには，自分たち兄弟はただ「ドラゴンのしっぽの先をもっと見」たいのである．

チュドノフスキー兄弟の人となりを楽しく紹介する記事が雑誌『ザ・ニューヨーカー』（1992 年 3 月 2 日号）[*6] に載った．チュドノフスキー兄弟が，当時の記録を打ち立てたときに使ったスーパーコンピュータは，通販で買った部品を用いて自分たちのアパートで組み立てたものである．これまでのところ π の中には何のパターンも発掘されていない．デイヴィドがいうに「僕らには 1 兆桁必要だ」．

π にまつわる変わった話や偶然の一致を集めたものとしては，私が書いたもの[*7] があるので参照されたい．

ルイス・キャロルは『円を正方形化しようとする人たちにとってのありのままの事実』というタイトルの本を書く計画を立てていたが，それが本にまとまることはなかった．別の本[*8]

[*5] 〔訳注〕この部分はガードナーに何らかの誤解があったようで，こうしたことを実行するには，実際には数値計算に関する高度な知識が必要であり，「誰でも」ができるようなものではない．とはいえ，スーパーコンピュータを使わなくてもそうした計算が可能であることはたしかであり，実際，近藤茂氏は，この方法を用いて 2010 年に自作パソコンで π の値を 5 兆桁まで求め，その後も次々に記録を更新している．

[*6] "The Mountains of Pi" by Richard Preston.

[*7] "Slicing Pi into Millions" in *Gardner's Whys and Wherefores*.

[*8] *A New Theory of Parallels*.

の序文にはキャロルによる次のような話が紹介されているが，これは，角の3等分や円の正方形化に入れ込む輩に悩まされたことがある数学者なら誰でも，まさに然りとうなずきそうな内容である．

> これら2人の見当違いの幻想家たちの一方の者と接しているうちに私は，これまでに成し遂げた人がいたと聞いたためしがない離れ業を達成してやろうという野心で一杯になった．すなわち，円の正方形化に入れ込んでいる者に，その間違いを納得させるという離れ業だ．わが友人がπの値として選びとっていたのは3.2であり，これだけ大きな間違いであれば，その間違いを立証するのは簡単だろうという気になったのである．そして20通以上の手紙のやりとりをしたのち，悲しいことに私は，やはりどうしても無理だということを悟ったのだった．

付記
(2009)

2002年，金田とその同僚たちのπの計算は，何と1兆2410億桁にまで達した．実行時間は600時間であった．彼らが用いたのは，1995年に発見された次の公式であり，収束がきわめて早い[*9].

$$\pi = \sum_{k=0}^{\infty} \frac{1}{16^k} \left[\frac{4}{8k+1} - \frac{2}{8k+4} - \frac{1}{8k+5} - \frac{1}{8k+6} \right]$$

この公式を使うとπの2進数表記が得られるので，そのあとで10進数表記に変換する．

同様の公式はいまではたくさん知られており，もとの公式は，公式を見つけた3人の頭文字をとってBBP公式とよばれ，同様の公式はBBP型公式とよばれる．この手の公式をう

[*9] 〔訳注〕この部分には，情報の錯綜があるようである．この公式が1995年に発見されたこと，金田らが比較的新しく発見された公式を使って計算したこと，使った公式は収束がきわめて早いものであったこと，これらはみな正しい．しかし，ここに紹介されている公式の収束は大して早くなく，実際これは，金田らが2002年の計算に用いたものではない．その2点を除けば，この公式に関する以下の記述にはおかしな点は見当たらない．

まく使うと，（たとえば，BBP 公式であれば 16 進数表記や 2 進数表記での）n 桁めの数字を決定するために，それより前の桁の数字を一切計算しなくて済むのだ．

π の 17 387 594 880 桁めからは，何と，数字が 0123456789 と順に並んでいる．もちろん，どうやら，有限の長さのいかなる数字の並びも，それがどんなに長かろうが，π の中のどこかに，また，e その他いろいろな無理数のそれぞれのどこかにも，「眠って」いるのである．

私はある本の中[*10]で「ビュフォンの針」をとりあげた．それは，距離 k ずつ離れた平行線群の上に長さ k の針を落として π の値を求めるという変わった計算方法である．このとき，針が線と交差する確率は $2/\pi$ である．ビュフォンの針のことがよくわかる解析や，平行線の上に落とすものを正方形その他の多角形のものとする興味深い一般化が，ジュリアン・ハヴィル著『反直観の数学パズル』7 章に載っている．ハヴィルは，イタリアの数学者ラッザリーニによるごまかしの結果についても触れているが，ラッザリーニは，針を 3000 回超投げた結果，何と，π の値を小数点以下 6 桁まで得たと主張した．だが，そんなに都合よく精度が得られる見込みは 100 万に 1 つ[*11]なのだ．

私が本章の冒頭近くで言及した神秘的な事実は，正の整数の集合から 2 つの数をランダムに選んだとき，それらが公約数をもたない確率は $6/\pi^2 = 0.608\cdots$ であるというものだった．クリフォード・ピックオーバーは『メビウスの帯』の中で，こ

[*10] Chapter 10 of *Science: Good, Bad, and Bogus*.
[*11] 〔訳注〕「100 万に 1 つ」というのは単に修辞表現なのかもしれないが，確率の値だとすると，その根拠は不明．ガードナーが引いているハヴィルの本では，ラッザリーニが記している実験結果は，どれもこれも理論上の期待値にぴたりと沿いすぎているものであることを指摘した上で，そのような結果が得られる見込みについては，さらに別の文献から，3×10^{-5} 未満という計算結果のみを引いて紹介している．これに対し，ガードナーの本文が述べている範囲のこと，すなわち，ラッザリーニが，針を 3000 回超投げた結果，π の値を小数点以下 6 桁まで得たということだけについていえば，もし，ラッザリーニの実験が，針を 3500 回投げるまでにたまたま小数点以下 6 桁まで精確な π の値が得られた瞬間があったらそこで実験を止める，というものだったとしたら，思惑どおりの結果をラッザリーニが得る確率は，計算してみると，約 30% である．

の数とその逆数が，円とは関係のないたくさんの驚くような数学分野で不意に出てくることを指摘している．たとえば，$6/\pi^2$ は，ランダムに選んだ整数が平方因子をもたない確率，すなわち，（1 を除く）どんな平方数によっても割り切れない数である確率も表す．さらに，その逆数 $\pi^2/6$ は，正の整数の 2 乗の逆数すべての和に等しいのだ．

666/212（現れる 2 数のどちらも回文的であることに注意せよ）は，π の値を 5 桁まで与えることに注意されたい．

2006 年に東京の原口證は，π を何と 10 万桁暗唱した．これには 16 時間かかった．

$2n$ 次元空間では，単位超球の体積は $\pi^n/n!$ である．このことから，偶数次元空間の単位超球の体積値をすべて（形式上，0 次元も含めて）加えた値は，e^π となる．これを見ると私は，以前こしらえた次の 4 行連句を思い出す．

Pi goes on and on and on,	π は続くよどこまでも
And e is just as cursed.	e も同じくだらだらだら
I wonder, how do they begin	いったいどこから始まるの
When their digits are reversed?	数字を逆に並べたら

文献

Famous Problems of Elementary Geometry. Felix Klein. Ginn and Co., 1897. Reprinted by Stechert, 1930. 現在ではドーヴァー版が入手可能．

"The History and Transcendence of π." David Eugene Smith in *Monographs on Topics of Modern Mathematics*, ed. J. W. A. Young. Longmans, Green, 1911. ドーヴァー版の発行は 1955 年．

Squaring the Circle: A History of the Problem. E. W. Hobson. Cambridge University Press, 1913. 再刊版は by Merchant Books, 2007.

"The Number π." H. von Baravalle in *Mathematics Teacher* 45 (May 1952): 340-348.

"Circumetrics." Norman T. Gridgeman in *Scientific Monthly* 77

(July 1953): 31-35.

"The Long, Long Trail of π." Philip J. Davis in *The Lore of Large Numbers*, Chapter 17. Mathematical Association of America, 1961.

"Squaring the Circle." Heinrich Tietze in *Famous Problems of Mathematics*, Chapter 5. Graylock Press, 1965（ドイツ語原書1959 年改訂版の英訳）.

A History of π. Petr Beckman. Golem Press, 1970.〔邦訳：『π の歴史』ペートル・ベックマン著，田尾陽一・清水韶光訳．ちくま学芸文庫，2006 年.〕

"Is π Normal?" Stan Wagon in *Mathematical Intelligencer* 7 (1985): 65-67.

"The Ubiquitous π." Dario Castellanos in *Mathematics Magazine* 61 (April 1988): 67-98; continued in *Mathematics Magazine* 61 (May 1988): 148-163.

"Slicing π into Millions." Martin Gardner in *Gardner's Whys and Wherefores*, Chapter 9. Prometheus, 1999. この記事は，もともとは π の値の計算に関するものだったが，5 ページにわたる付記に，π にまつわる話で好奇心をくすぐるもののうちあまり知られていないものを，どっさり入れておいた.

The Joy of π. David Blatner. Walker, 1999.〔邦訳：『π（パイ）の神秘』デビッド・ブラットナー著，浅尾敦則訳．アーティストハウス，1999 年.〕

"A Passion for π." Ivars Peterson in *Mathematical Treks*. Mathematical Association of America, 2002.

π: *A Biography of the World's Most Mysterious Number*. Alfred S. Posamentier and Ingmar Lehmann. Prometheus, 2004.〔邦訳：『不思議な数 π の伝記』Alfred S. Posamentier, Ingmar Lehmann 著，松浦俊輔訳．日経 BP 社，2005 年.〕

The Number π. Pierre Eymard and Jean-Pierre Lafon. American Mathematical Society, 2004.

π: *A Source Book*, 3d ed. Lennart Berggren, Jonathan Borwein, and Peter Borwein (eds.). Springer, 2004. この驚くべき本は，

797 ページあり，π とその歴史や性質に関する 70 編ほどの文章が
寄せられている．π の 10 万桁までの表，740 桁まで暗記するた
めの詩，π が無理数であることを示すイヴァン・ニヴェンによる
簡単な証明，π の値を計算するための最近の高速アルゴリズムも
載っている．

"Digits of π." Barry Cipra in *What's Happening in the Math-
ematical Sciences* 6, ed. Barry Cipra and Dana Mackenzie.
American Mathematical Society, 2006.

● π の値の計算関係

*Contributions to Mathematics, Comprising Chiefly the Rectifica-
tion of the Circle to 607 Places of Decimals.* William Shanks.
London, 1853.

"Statistical Treatment of the Values of First 2,000 Decimals Dig-
its of *e* and π Calculated on the ENIAC." N. C. Metropolis,
G. Reitwiesner, and J. von Neumann in *Mathematical Tables
and other Aids to Computation* 4 (1950): 109-111.

"The Evolution of Extended Decimal Approximations to π." J.
W. Wrench, Jr. in *Mathematics Teacher* (December 1960):
644-649.

"Calculation of π to 100,000 Decimals." Daniel Shanks and John
W. Wrench, Jr. in *Mathematics of Computation* 16 (January
1962): 76-99. π の最初の 10 万桁の数字を与える表が載っている．

"An Algorithm for the Calculation of π." George Miel in *Amer-
ican Mathematical Monthly* 86 (October 1974): 694-697.

"Ramanujan and π." J. M. Borwein and P. B. Borwein in *Scien-
tific American* (February 1988): 66-73.

"Ramanujan, Modular Equations and Approximations to π, or
How to Compute One Billion Digits of π." J. M. Borwein and
P. B. Borwein in *American Mathematical Monthly* 96 (1989):
201-219.

"Recent Calculations of π: The Gauss-Salamin Algorithm." Nick
Lord in *Mathematical Gazette* 76 (July 1992): 231-242.

"On the Rapid Computation of Various Polylogarithmic Constants." David H. Bailey, Peter B. Borwein, and Simon Plouffe in *Mathematical Computation* 66 (1997): 903-913.

●ホッブス対ウォリス関係

"Hobbes' Quarrels with Dr. Wallis, the Mathematician." Isaac Disraeli in *Quarrels of Authors*. John Murray, 1814.

Hobbes. George Croom Robertson. William Blackwood, 1936. pp. 167-185.

The Mathematical Works of John Wallis. Joseph F. Scott. Taylor & Francis, 1938.

●日本語文献

『円周率──歴史と数理』中村滋著. 共立出版, 2013 年.

| 9 |

数学奇術家
ビクトル・アイゲン

> ……ルージンはなんの苦労もなく数種類
> のトランプ手品を憶え……．そのときに
> 知ったのは不思議な快感で，まだ計り知
> ることのできない喜びのかすかな予兆で
> もあり，巧妙かつ正確に手品が実現する
> ときはたまらない……
> ──ウラジーミル・ナボコフ『ディフェ
> ンス』[*1]

　増え続けている数学好きのアマチュアマジシャンたちが最近注目
するようになってきたのは「数学マジック」とよばれる，数学原理
に深く根ざしたマジックである．プロのマジシャンたちがそうし
たマジックから一定の距離を置く理由は，それらの内容が知的す
ぎ，また，大方の観客には退屈だからであるが，演技の主眼が，マ
ジックの派手さよりもパズル的な面白みに置かれたなら，そうした
マジックも人びとの興味をそそり，ずいぶん楽しめるものとなりう
る．私の友人ビクトル・アイゲンは，電子工学の専門家だが，アメ
リカ魔法杖振り師組合の元会長で，この興味深い分野の発展に関
する最新情報をつねに押さえており，本欄にふさわしいちょっと変
わった話の種が見つかるかもしれないと期待して，自宅まで訪問さ

---

*1　〔訳注〕若島正訳，河出書房新社．

せてもらった.

玄関の扉を開けたアイゲン——50代半ばのよく太った白髪交じりの男である——は,目尻にしわを寄せて笑顔で出迎えてくれた.「キッチンに座ってもらってもいいかな」と,私を部屋の中に導きながらいった.「妻がテレビをいま夢中で見ているものだから,その番組が終わるまで邪魔しないのが無難だと思うんだ.バーボンを飲むかい?」

キッチンのテーブルに向かい合って座り,互いのグラスをカチンと合わせた.「マセマジックに乾杯」と私はいい,「新しいネタは?」と聞いた.

アイゲンは瞬時にシャツのポケットから一組のトランプを取り出した.「トランプで最新の話題といえばギルブレス原理だね.それが基づいているのはかなり風変わりな定理で,発見したのはノーマン・ギルブレスというカリフォルニアの若いマジシャンだ」といいながら短い指で器用にトランプを並べ換え,端から端まで赤と黒が交互になるようにした.「いいかい,自信をもっていうけれど,リフルシャッフル*2というのは,カードをばらばらにする方法としてはとんでもなく非効率だね」

「いや,そんなこと感じたことないぞ」

アイゲンは驚いた顔をしてみせた.「おやおや.でもすぐに君は確信すると思うがね.このトランプを1回リフルシャッフルしてごらん」

私はトランプの山を2つに分け,リフルシャッフルした.

「トランプの表を見てみよう」とアイゲンはいった.「色が交互に並んでいた配置がすっかり崩れているのがわかるね」

「当然だね」

---

*2 〔訳注〕「リフルシャッフル」とは,カードの山を2つに分け,両手に片方ずつもって,ばらばらと落として交互に重なるようにする混ぜ方のこと.完ぺきに1枚ずつ落とす必要はない.

「では，これを 1 回カット*3 してもらおう」とアイゲンは続けた．「ただし，同じ色が並んでいるところの間でカットすること．カードをそろえたら，表を下にしてこちらに手渡してくれ」

私は指示どおりのことをした．アイゲンはトランプをテーブルの下にもっていき，本人からも私からも見えないところで保持した．「これから触感でカードの色を識別し，赤黒の対にしてカードを取り出してみることにする」とアイゲンはいった．たしかに，アイゲンが最初にテーブルの上に取り出した対は，1 枚が赤で 1 枚が黒だった．2 つめの対も同様だった．アイゲンは，10 対ばかり同様に取り出し続けた．

「でも，どうやって……？」

アイゲンは笑って手をとめた．残りのカードをテーブルの上にぱんと置いてから，山の上から 1 度に 2 枚ずつ取り出し，表にしながら机の上に放り投げていった．どの対も赤 1 枚と黒 1 枚だった．「これ以上単純なことはないだろうね」とアイゲンは説明しだした．「シャッフルしてカット——カットは同じ色のカードの間でないといけないことは頭に入れておく——そうすると，赤と黒が交互に並んでいたのはすっかり崩れるけれど，カードの配列はかなり保たれたままだ．実際，2 枚ずつで見ると，両方の色が入ったままだ」

「とても信じられない」

「そうだねえ，少し考えてみればどうしてそうなるのか君もわかると思うけれど，二，三言でその証明を述べるのは簡単ではないね．ちなみに，僕の友人でベル電話研究所［現：ベル研究所］にいるエドガー・N・ギルバートが考えた面白いパズルに，同じような線に沿ったものがあって，本人が最近書いたシャッフルの仕方と情報理論とに関する未公刊の論文の中で紹介されているんだ．ほら，君のためにここに書き留めておいたよ」

---

*3 〔訳注〕「カット（してそろえる）」とは，カードの山を好きなところで 2 つに分けて上下を入れ替えること．

渡してくれた紙片には，次のように記されていた．

TLVEHEDINSAGMELRLIENATGOV
RARGIANESTYOFOFIFFOSHHRAVE
MEVSO

　アイゲンはいった．「それは，文字の並び順をごちゃごちゃにしたもので，もとの文は，5年前のサイエンティフィック・アメリカン誌の記事からとってきている．ギルバートはまず，1文字につき1枚のカードを作って山にして，上から下に読んでいくともとの文になるようにした．それから山を2つに分けてリフルシャッフルし，できあがった山に並んだ文字を上から下まで書き写したのがその文字列なのだ．ギルバートの話だと，ふつうの人でも30分ほどで，その文字列からもとの文を復元するそうだ．要するに，リフルシャッフルというものには，カードのもとの並び方がもっている情報を崩す力はその程度しかないんだ．それと，英語の種々の文字の組合せがもつ冗長性は非常に高くて，復元してみた文が正しいものと異なってしまう可能性——実は，ギルバートは論文の中でその正確な確率も計算している——はきわめて低いんだ」　　　〔解答 p. 159〕

　私がグラスを揺らすと氷が鳴った．

　「おかわりをする前に，予知に関する巧妙な実験をお見せしよう．必要なのは君のグラスとトランプ9枚だ」とアイゲンはいうと，1から9までのカードを用意し，テーブルの上におなじみの3×3の魔方陣を作った（図43参照）．カードは，真ん中に置いたスペードの5以外はみなハートだった．アイゲンはポケットから封筒を取り出し，魔方陣の脇に置いた．

　「君には，9枚のカードのうちのどれかの上にグラスを置いてもらいたいのだが，その前に説明しておけば，この封筒の中に入っている紙片には，ある一連の指示が書き留めてある．その指示は僕の予測に基づいたものであって，君がこれからどのカードを選ぶのか

9 数学奇術家ビクトル・アイゲン 149

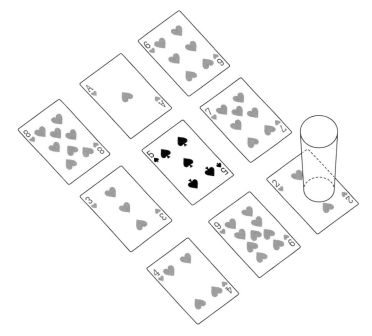

図43 予知を示すためのカードとグラスの配置.

や君がランダムにどのカードからどのカードにグラスを動かしていくのかを僕はすでに予測している．僕の予測が正しければ，君のグラスは最後には真ん中に来るはずだ」といいながら，アイゲンはスペードの5のところを指でとんとんと叩いた．「では，グラスをいずれかのカードの上に置いてくれ．お望みなら，真ん中のカードでもかまわないぞ」

私はグラスをハートの2の上に置いた．

「思ったとおりだ」とアイゲンはくすりと笑いながらいった．アイゲンは封筒から紙片を取り出し，私に以下の指示が読めるように保持した．

（1） 7を取り去る.

（2） 7歩動かしてから8を取り去る.

（3） 4歩動かしてから2を取り去る.

（4） 6歩動かしてから4を取り去る.

（5） 5歩動かしてから9を取り去る.

（6） 2歩動かしてから3を取り去る.

（7） 1歩動かしてから6を取り去る.

（8） 7歩動かしてからAを取り去る.

アイゲンの説明によると，「1歩」は，上下左右どれかのすぐ隣のカードへグラスを移動させることであり，斜めには移動させてはいけない．私は紙片に書いてある指示に注意深く従い，どの1歩もできるだけランダムになるようにした．大変驚いたのは，取り去れといわれるカードにその時点で留まることは決してできず，8枚のカードが取り去られたときには，私のグラスはスペードの5の上に留まっており，まさしくアイゲンの予言どおりになったのだ．

「まったくわけがわからないよ」と私は認めた．「はじめにグラスをハートの7に置いていたらどうなったんだ？ 最初のカードが取り去れないけれど……」

「白状しないといけないが……」とアイゲンはいった．「数学的ではないごまかしも少しあったんだ．魔方陣であることはこのトリックと無関係だ．カードの位置だけは重要だ．奇数番めの位置——四隅と中央——にあるカードが1つの集合となっていて，偶数番めの位置のカードが，偶奇が反対のもう1つの集合になっている．君が最初にグラスを置いたのが奇数番めの位置のカードだった場合には，君がいま見ている指示を見せる．偶数番めの位置のカードだった場合には，封筒の表裏をひっくり返してから紙片を取り出していたんだよ」

アイゲンは紙片の表裏をひっくり返した．裏面には，別の指示が書かれていた．それは以下のとおりである.

（1）　6を取り去る．
（2）　4歩動かしてから2を取り去る．
（3）　7歩動かしてからAを取り去る．
（4）　3歩動かしてから4を取り去る．
（5）　1歩動かしてから7を取り去る．
（6）　2歩動かしてから9を取り去る．
（7）　5歩動かしてから8を取り去る．
（8）　3歩動かしてから3を取り去る．

「ということは，この2通りの指示——一方は偶数の位置のカードからはじめたときに使い，他方は奇数の位置からはじめたときに使う——は，いつでもグラスを真ん中に導いていくということかい？」

アイゲンはうなずいた．「この紙片の両面を君のコラム欄で紹介して，このトリックがうまくいく理由を読者に解き明かしてもらったらどうだい？」

2人のグラスにおかわりを注いでからアイゲンは「非常に多くの超能力風マジックが偶奇性の原理を使っている．いまからやるのは，透視能力があるかに見えるものだ」といった．アイゲンは私に，何も書いていない紙と鉛筆を渡した．「僕が後ろを向いている間に君に描いてほしいのは，1つの複雑な閉曲線で，それ自身と少なくとも10回以上交差するものだ．ただし，同じ点で2度以上交わらないようにしてくれ」そういうとアイゲンは，椅子の向きを反対にして壁のほうに顔を向けたので，その間に私は曲線を描いた（図44参照）．

「各交点には別々のアルファベットの文字を振ってくれ」とアイゲンは肩越しにいった．

私はいわれたとおりにした．

「そうしたら，鉛筆の先を曲線上のどこかに置いて，曲線をなぞっていってくれ．交点に来るたびに，その文字を声に出していう

152

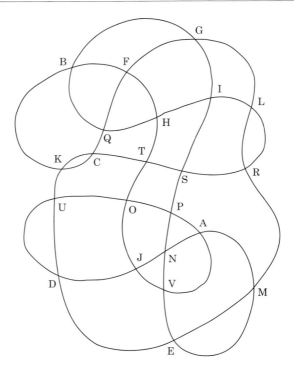

図44 透視能力を実験するためにでたらめに描いてから交点に文字を振った閉曲線.

んだ．そしてそれを，曲線全体をなぞり終わるまで続けてくれ．ただし，途中のどこかで——どこだってよい——2つの文字だけ，声に出していく順番を交換してくれ．その2つの文字は経路上で隣り合っていなければならない．いつ交換したかは告げないでくれ」

私は点Nからはじめて Pのほうへ上がっていき，曲線に沿って進んでは，文字に出合うたびにそれを声に出していき続けた．アイゲンがメモ用紙にそれを書き留めているのは見えた．Bに2度めに近づいて行ったとき，その次の文字がFだと確かめて，先にFといってからBといった．それらを交換するとき，私の読み上げる

間合いが崩れることは一切なかったので，いつ交換が行われたかについてアイゲンに手がかりを与えたはずはなかった．

私が読み上げを終えるとアイゲンはすぐさま「君が交換したのはBとFだ」といった．

「すごい！」と私はいった．「どうしてわかったんだい？」

アイゲンはくすりと笑いながら，私のほうに向きなおった．「このトリックのもとはトポロジーにおける定理で，結び目理論において重要なものだ」とアイゲンはいった．「その定理の手際よい証明は，ハンス・ラーデマッヘルとオットー・テープリッツの著書『数と図形』に載っている」というとアイゲンは，文字を書き留めていたメモをぽいと私に渡した．私が声に出した文字が水平線の上下に記されており，次のような見た目であった．

N S G Q I R T K D M L F C F H O V P U J A E
P I B H L S C U E R G Q K B T J A O D N M V

アイゲンが説明してくれた．「交換がないとすると，どの文字も1回は線より上，もう1回は線より下に現れる．演者がするのは，線より上に2回現れる文字と，下に2回現れる文字を探すことだけだ．それらの文字が交換された2文字というわけ」

「すばらしい！」と私はいった．

アイゲンはソーダクラッカーの箱を開けて2枚取り出し，テーブル上で，1枚は自分の右側に，もう1枚は左側に置いた．どちらのクラッカーにもアイゲンは，北側に座っている私に向けて矢印を描いた（図45参照）．左側のクラッカーを，図に示したように親指と中指で保持してから，クラッカーの表裏をひっくり返すために，右手の人差し指の先端で角Aのところを下向きに押した．するとクラッカーは，保持されている2つの角を結ぶ対角線を軸として回転して表裏が変わった．アイゲンはそのクラッカーに，ふたたび北を指す矢印を描いた．

次にアイゲンは，もう1枚のクラッカーを，先と同じようにして

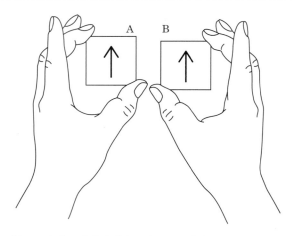

図 45 矢印の向きを変えるトリックをする際のソーダクラッカーのもち方.

今度は右手で保持し,角 B のところを左手の人差し指で押してクラッカーを回転させた.ただし今回は,北を指す矢印を描く代わりに,南を指す矢印を描いた.

「さあ準備万端だ」とアイゲンは微笑みながらいった.「これで正方形を対称的に回転させて行う愉快な妙技を見せることができる.この左側にあるクラッカーは,両面に北向きの矢印が書いてあることをよく覚えておいてもらおう」とアイゲンはいって,そのクラッカーを左手にとり,数回回転させて,どちらの面の矢印も北を指していることを示した.「そして右側のは,北向きの矢印と南向きの矢印が描いてある」といって,そのクラッカーを右手にとり,素早く数回回転させて 2 つの矢が反対向きであることを示した.

アイゲンはクラッカーをテーブルの上に戻した.それからゆっくりと,どちらの向きも変えないまま,2 枚のクラッカーの位置だけを交換した.「今度は君が回転させてごらん」とアイゲンは促した.「2 つとも北向きの矢印のクラッカーが,いまは,こちらから

見て右側にあり，もう一方のクラッカーが左側にあることを君に確かめてもらいたい」

アイゲンに手渡されたクラッカーを1枚ずつ，アイゲンがやったのとまったく同じ仕方で，一方は右手にもって，他方は左手にもって回転させた．たしかに，クラッカーの位置は交換されていた．

アイゲンはクラッカーを自分の目の前に置いてから，指を鳴らし，クラッカーに，目に見えない仕方でもとの位置に戻るように命令した．アイゲンは左側のクラッカーを回転させた．驚いたことに矢印は，今度はどちらの面でも北を指すようになったのだ．そしてもう一方のクラッカーを回転させると，矢印が指す向きが北から南へ行ったり来たりするようになったのだ．

「試してごらん」とアイゲンはいった．「放っておいてもうまくいくことがわかるから．実のところ，どっちのクラッカーもまったく同じように矢印が描いてある．見た目の違いは，どちらの手で保持しているかに完全に依存しているんだ．観客にクラッカーを吟味してもらう際にしっかりと確かめておくべきことは，演者の右側にあるクラッカーを観客が左手にとり，演者の左側にあるクラッカーを観客が右手にとることだ．そして，北と南を指すクラッカーを観客が机に戻すとき，表に出ている矢印が北を指している状態で戻してもらうことだ．

私はグラスの酒を飲み干した．ボトルに残っているのは，ちょうどハイボール1杯ぶんだけだった．キッチンが少しぐらついて見えた．

「今度はこの私が貴殿に1つお見せしよう」と私はいい，箱から別のクラッカーを1枚取り出した．「確率のテストだ．私はこのクラッカーをこれから宙に投げることにする．それで，ざらつきが多いほうの面が上を向いて落ちたら，君が残りのバーボンを飲んでよい．ざらつきが少ないほうの面が上を向いて落ちたら，やっぱり君が残りのバーボンを飲んでよい．どちらの面も上にならなかったら……」そういって私はクラッカーを机に垂直に立てて保持して見

せたが，そのことには言葉では触れずに「……その場合には，私が最後の1杯をいただく」とだけいった．

アイゲンは用心した顔をしながらも「いいだろう」といった．

私は拳の中でクラッカーを握りつぶしてから，くずになったクラッカーを宙に投げた．

完全な沈黙．冷蔵庫の振動まで止んだ．「見たところ，どっちの面も大半は君の頭の上に舞い降りたようだ」とアイゲンはにこりともせず，ようやく口を開いた．「そしてこう言わざるをえないね．君のは，旧友に向かって演じるものしては，まさしくくずトリックだ」

追記
(1966)

　ギルブレス原理そのものや，本章で述べたトリックでの利用について，はじめてノーマン・ギルブレスが説明を行ったのは「マグネティック・カラー」という記事においてであり，それは，あるマジック定期刊行物[*4]に1958年6月に掲載された．それ以来，何十という巧妙なカードトリックが，この単純な原理をもとに作られてきた．[*5]

　原理を形式張らずに証明するなら以下のとおりにすればよい．リフルシャッフルをするためにトランプを2つの山に分けたとき，2通りの可能性がある．すなわち，2つの山の底にあるカードが両方とも同じ色であるか違う色であるかである．まずは，色が違う場合を考えることにする．どちらかの山の1番下のカードを1枚だけ落としたとすると，その時点で2つの山の底にあるカードは同じ色であり，その色は下に落ちているカードの色と反対である．したがって，カードが次に滑り落ちるのが左右どちらの親指からであるかは何の違いも生まない．どちらにしても，反対色のカードがその前のカードの上に落ちる．これでテーブルの上には，色の一致していないカードが1対置かれる．その時点での状況は，以前とまったく同じである．手にしている2つの山の底にあるカードの色は一致していない．どちらのカードが次に落ちても，残りの山の底のカードはどちらもそれとは反対の色である，……という具合である．この議論は，手元のトランプが尽きるまで，すべての対について繰り返される．

　次に，トランプが最初に2つの山に分けられたときに底にある2枚のカードが同じ色の場合について考える．そのうちのど

[*4]　*The Linking Ring* 38, No. 5, July 1958, p. 60.

[*5]　マジック専門誌が手に入る人向けにいくつか参照文献を挙げれば以下のとおりである．*Linking Ring*, Vol. 38, No. 11, January 1958, pp. 54-58（トリックはチャールズ・ハドソンとエド・マーローによるもの）／ *Linking Ring*, Vol. 39, No. 3, May 1959, pp. 65-71（トリックはチャールズ・ハドソンとジョージ・ロードとロン・エドワーズによるもの）／ *Ibidem*（カナダのマジック定期刊行物），No. 16, March 1959（トリックはトム・ランサムによるもの）／ *Ibidem*, No. 26, September 1962（トリックはトム・ランサムによるもの）／ *Ibidem*, No. 31, December 1965（トリックはアラン・スレイトによるもの）．

ちらかのカードが先に落ちてもかまわない．その1枚を除くと，先の議論が，あとに続くすべての対に当てはまる．ただし，手元の最後の1枚は対にはならない．その1枚はもちろん，最初に落ちたカードと色が反対のはずである．リフルシャッフル後にそろえたトランプを，同じ色の2枚のカードの間（すなわち，作られた対と対の間）でカットすると，トランプの1番上と1番下が隣合わせになり，すべての対が無傷で揃うことになる．

　別の簡単な方法でギルブレスのトリックを演じるには，カードを交互に表と裏にしたトランプの山を用意しておけばよい．誰かがそのトランプを1回リフルシャッフルする．そのとき1番上と1番下のカードの向いている面が違った場合には，適当な場所でカットして，山の1番上と1番下のカードの向いている面が同じになるようにする．すると演者は，テーブルの下なり自分の背後なりでトランプの山を保持しながら，カードの対を次々に取り出し，どの対も，向いている面が反対どうしになっているようにすることができる．

　カードとグラスを使って行ったのと同じトリックを演じるには異なった方法がたくさんある．ニューヨーク州ロチェスターのロン・エドワーズが書いている方法では，まず，ランダムに選んだ9枚のカードを正方形に並べる．観客は，どくろの模型をいずれかのカードの上に置く．どくろのてっぺんには穴が空いており，そこには細く巻いた紙片を差しておくのだが，紙に演者があらかじめ書いておく予言は，真ん中のカードの名前である．適切な指示が書いてある紙片は，演者のポケット（2通りの紙片が別々のポケットに入っている）から取り出す．指示の中では，カードの（名前ではなくて）位置に言及して，各段階で該当するカードを取り除かせる．

　このトリックがサイエンティフィック・アメリカン誌のコラムに載ったのちに，ニューヨーク州ロチェスターのハル・ニュートンが編み出した演出方法は「別世界からの声」とよばれるものであり，レコードをかけると観客に対する指示が流れ，それに従って観客は駒を，惑星の名前が1つずつ書かれた

9 枚のカードの上で行ったり来たりさせる，というものである．レコード盤はもちろん，どちらの面をかけることもできるようになっている．このトリックは，1962 年にニューヨーク州バッファローのジーン・ゴードンのマジックショップから発売された．

解答

● カードをシャッフルして作った文章を解読すると次のとおりである．

The smelling organs of fish have evolved in a great variety of forms*6. （魚の嗅覚器官は，幅広い種類の形態をとって進化を遂げてきた．）

後記
(1995)

カナダのアルバータ大学のアンディ・リューが手紙で，自己交差する閉曲線に関する定理に対する巧妙な証明を知らせてくれた．その証明では最初に，閉曲線を地図だと見なして 2 色に塗り分ける．本章の本文で言及したラーデマッヘルとテープリッツの著書に載っている証明を，W・C・ウォーターハウスが『アメリカ数学月報』（1961 年 2 月号，p. 179）で，さくりと次のとおり要約している．

証明したいのは，どの 2 重点（交点）についても，その点を出発してから戻ってくるまでの経路を辿る間に，ほかの 2 重点をのべ偶数回通る，ということである．その間に辿ることになる曲線の部分（それ自身も閉曲線となる）を B とよび，残りの部分（これも閉曲線となる）を C とよぶ．B 自身の 2 重点を 2 度ずつ通ることはたしかなので，考える必要があるのは，B と C との交点だけである．だが，C の代わりに，C とほぼ重なる自己交差しない閉曲線で，B との交点はそのままであるものを考えることができる

---

*6 　次の記事の 73 ページ最後の段落の第 1 文："The Homing Salmon," Arthur D. Hasler and James A. Larsen in *Scientific American*, August 1955.

ので，ジョルダン曲線定理を使えば，B と C との交点は偶数個あることが示される．

同誌の編集者が付言しているが，この定理は，結び目理論で重要な役割を果たしている．

私が考えたカード9枚の偶奇性トリックには別の演じ方がたくさんあり，もとのトリックを私がはじめて説明したのちに，それらはマジック定期刊行物でとりあげられ，また，専用の装置つきで販売されてきた．1990年にはデビッド・カッパーフィールドが，ある巧妙な演じ方を，自身のテレビ特番の1つの中で披露した．カッパーフィールドがやった方法の説明は，シドニー・コルパスの記事[7] で読むことができる．ほかのいろいろな演じ方の簡単な説明を，私は著書[8] の中に記しておいたが，その本はマジックショップで売られている[9].

付記
(2009)

近年では，ギルブレス原理に基づいた何百もの巧妙なカードトリックが，カードマジックの幅広い分野で発表されてきた．原理の一般化については，本全集第7巻7章を参照されたい．

本全集第4巻以降でも，いろいろな数学原理に基づいたセルフワーキング・カードトリックをたくさん紹介する．特に，第5巻14章を参照されたい．

カード9枚の偶奇性トリックの1つで，10セント硬貨1枚と1セント硬貨8枚を使い，各マスに惑星の名前を書いた9マスの方眼の上で行うものについては，1987年に出した私の著書[10] の6章を参照されたい．

---

[7] "David Copperfield's Oriental Express Trick" in the *Mathematics Teacher* (October 1991, pp. 568-570).
[8] *Martin Gardner Presents* (Richard Kaufman and Alan Greenberg, 1993, pp. 149-153). 〔邦訳：『マーチン・ガードナー・マジックの全て』（マーチン・ガードナー著，壽里竜訳．東京堂出版，1999年）pp. 195-202.〕
[9] 〔訳注〕邦訳は幸い一般書店で入手可能である．
[10] *Riddles of the Sphinx*. 〔邦訳：『スフィンクスの謎』黒田耕嗣訳．丸善，1989年.〕

文献

Mathematics, Magic and Mystery. Martin Gardner. Dover, 1956. 〔邦訳：『数学マジック』マーチン・ガードナー著，金沢養訳．白揚社，1999 年.〕

"On Closed Self-intersecting Curves." Hans Rademacher and Otto Toeplitz in *The Enjoyment of Mathematics*, Chapter 10. Princeton University Press, 1957. 〔ドイツ語原書からの邦訳：『数と図形』（H・ラーデマッヘル，O・テープリッツ著，山崎三郎，鹿野健訳．ちくま学芸文庫，2010 年）10 章の「自分自身と交わる閉曲線について」．〕

Mathematical Magic. William Simon. Scribner's, 1964.

"The Gilbreath Principle." Julian Havil in *Impossible?*, pp. 136-142. Princeton University Press, 2007. 〔邦訳：『世界でもっとも奇妙な数学パズル』（ジュリアン・ハヴィル著，松浦俊輔訳．青土社，2009 年）pp. 171-177 の「ギルブレス原理」．〕

●日本語文献

『マーチン・ガードナー・マジックの全て』マーチン・ガードナー著，壽里竜訳．東京堂出版，1999 年.

『セルフワーキング・マジック事典』松山光伸著．東京堂出版，1999 年.

『数学で織りなすカードマジックのからくり』Persi Diaconis, Ron Graham 著，川辺治之訳．共立出版，2013 年.

|10|

4色定理

Hues
Are what mathematicians use
(While hungry patches gobble 'em)
For the 4-color problem.
〔色なるもの
数学者たちの使うもの
（飽くなき多片に呑まれつつ）
4色問題解かんとす〕
——諷刺4行詩，イギリスはサリー州
のJ・A・リンドン作

　数学における大きな未解決予想のうち，小さな子供でも理解でき
るという意味での単純さにおいて最も単純なのは，トポロジーの問
題に属する有名な4色問題である．どんな地図が与えられても，国
境を共有する国どうしが同じ色をもたないように塗り分けることが
できるためには，何色必要であろうか．4色が必要な地図は簡単に
作れるし，初等的な数学の知識さえあれば，5色で十分であること
の厳密な証明を理解することもできる．だが，4色というのは必要
かつ十分なのであろうか．別の問い方をするなら，はたして5色が
必要な地図を作ることは可能であろうか．この問題に関心をもつ数

〔訳注〕本章の本文は，4色定理がまだ証明されていない時期に書かれたものであるこ
とに注意されたい．「後記」では，証明後のことにも触れられている．

学者たちは，そのような地図はないと考えているが，確信があるわけではない．

数か月に1度くらいの頻度で私は，4色問題に対する長大な「証明」を手紙で受けとる．ほとんどの場合には，送り主が定理をもっとずっと簡単な命題と取り違えていることが判明する．その命題とは，5つの領域からなる地図で，どの領域もほかの4つの領域と隣接している（ただし，1点だけ共有するものどうしは隣接しているとは見なさない）ようなものは描けない，というものである．かくいう私も，少しばかりながらこの混乱の片棒を担いでしまったことがある．それは，「5色島」という題の SF を書いたときのことなのだが，その中で描いた架空の島は，ポーランドのあるトポロジー研究者によって5つの領域に分けられており，そのどの領域どうしも共通の境界をもっている，としてしまったのである．その種の地図が描けないことを示すのは難しくない．あらゆる地図に対する4色定理がその証明から自動的に帰結すると思う人もいるかもしれないが，それは正しくない．

どうしてそうなのかを見るために，図 46a に示してある単純な地図について考えてみる（各領域の実際の形はどうでもよく，お互いがどのようにつながっているかだけが重要である．4色定理がトポロジーの定理であ

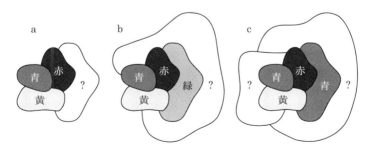

図46　4色の地図を作る際には，途中までうまくいっても，最初から別の色でやり直す必要が出てくる場合がよくある．

る理由は，定理が扱っているのが，平面図形の性質のうちで，図形を描いた面を歪めても変わらないものだけだからにほかならない）．その図の空白の領域には何色を使うべきであろうか．明らかに，青か第4の色かのどちらかを塗らなければならない．そこで第2の選択肢をとって，空白の領域に緑を塗ったのが図46bである．その地図にもう1つ別の領域を加える．すると，第5の色を使わないと地図の塗り分けはうまくいかない．そこで，図46aに戻って，空白に緑を塗る代わりに青を使う．だがその場合は，最初の4つの領域に2つの領域をつなげると困難に陥る．明らかに，その2つの空白の領域には，第4と第5の色が必要である．以上を総合すると，5色が必要な地図があることの証明になるだろうか．まったくそんなことはない．どちらの例も4色で大丈夫であり，ただ，領域を増やす前の段階に戻ってもとの色の配置を変えればよい．

　何十個も領域があるような複雑な地図に色を塗ろうとしているとこの種の袋小路に始終入り込み，そのたびに何段階かもとに戻ってやり直さないといけなくなる．したがって，4色定理を証明するためには，どんな場合でも必ず色の塗り直しがうまくいくことを示すか，うまい手順を見つけて，それに従えば途中で塗り直すことなくどんな地図でも4色に塗っていけることを示すかしなければならない．スティーヴン・バーが提案した，2人で対戦する楽しいトポロジーゲームで，色塗りの袋小路を予見することの難しさをもとにしたものがある．プレーヤーAが領域を1つ描く．プレーヤーBはそれに色を塗り，新たな領域を1つ加える．プレーヤーAはその新しい領域に色を塗り，3つめの領域を加える．同様に続けていき，一方のプレーヤーが5つめの色を使わざるをえなくなったところで，そのプレーヤーが負けとなってゲーム終了である．4色定理を証明することの難しさを認識するには，私の知る限り，この一風変わったゲームを実際にやってみるのが最も手っ取り早い．

　どんな地図を塗り分けるにも4色しか必要ないと最初に自覚した

のは地図製作者たちだったといわれることが多いが，そのことに疑問を投げかけたのは，カールトン・カレッジの数学者ケネス・O・メイであった．4色定理の起源について広範な研究をした結果，メイが調べた限り，この定理を表現する記述は地図製作法に関する古い文献の中には1つもなかったし，この定理を自覚していることを示唆するものも何もなかった．どうやら，この定理を最初に明示的に定式化したのは，当時エディンバラ*1の大学生だったフランシス・ガスリーである．ガスリーはそれを弟のフレデリック・ガスリー（のちに化学者*2となった）に伝えていたところ，今度はフレデリックがそれを，1852年のある日，数学者のオーガスタス・ド・モルガンに投げかけた．この数学上の予想が広く知られるようになったのは，偉大な数学者アーサー・ケイリーが1878年に，自分はこの定理の研究をし続けているがいまだに証明できないでいる，と明かしてからのことである．

1879年に，イギリスの法律家であり数学者である（のちにナイトの称号を受けている）アルフレッド・ケンプが，自分では証明だと考えたものを発表し，1年後にはイギリスの雑誌『ネイチャー』にも「地図を4色で塗り分ける方法」という過信したタイトルの小論を寄稿した．それから10年ほどの間は，数学者たちはこの問題には決着がついたと考えていたのだが，結局はP・J・ヒーウッドが，ケンプの証明の中の致命的な欠陥を指摘した．その指摘以来，数学の最高の頭脳たちがこの問題に取り組んできたがいまだに成功していない．この定理がじれったいのは，かなり簡単に証明されるべきであるように見えるところである．ノーバート・ウィーナーの自伝

---

*1 〔訳注〕正しくは，ユニヴァーシティ・カレッジ・ロンドン．
*2 〔訳注〕フレデリック・ガスリーを「化学者」と要約するのはあまり適切でない．たしかに化学でも業績があるが，もっと幅広い分野で活躍した人物で，すぐれた著作を数多く著し，そのほか，たとえばロンドン物理学会の設立にも携わっている．また，弟のフレデリックのほうだけ「化学者」と書いてあると，兄のフランシスは学問の世界から離れたと誤解すると思うが，フランシスも数学者であり植物学者であり，多くの業績を上げている．

『神童から俗人へ』によれば，ウィーナーも，ほかのすべての数学者たちと同様，4色定理の証明を見つけようとしたことがあったが，できたと思った証明は砕け散り，本人の表現によれば「金まがいのもの」だけが手元に残った．現時点では，領域の数が38以下のあらゆる地図については定理が確立されている．これは小さな数に見えるかもしれないが，領域が38個以下の地図でトポロジー的に異なるものを全部数え上げたら10^{38}は下らない，ということに気づけば，38が大した数ではないという感じは減る．現代の電子計算機でさえ，それらの配置すべてを現実的な時間内で吟味することはできないからである．

　4色定理が証明できていないことがより一層しゃくに触るのは，平面よりももっとずっと複雑な曲面に対する類似の定理の証明がすでに見つかっているという事実があるからである（ちなみに，球面は，この問題に関する限り平面と同じである．球面上に敷き詰めたどんな地図も，それと等価な平面地図に変形するには，任意に選んだ1つの領域内に穴を1つあけて広げ，球面を平らにすればよい）．向き付けが不可能な曲面のうちメビウスの輪，クラインの壺，射影平面などに敷き詰めた任意の地図を塗り分けるには，6色が必要にして十分であることが確立している．トーラス（円環面）の場合は7色である．トーラス上の地図を7色で塗り分ける例を示しているのが図47である．注意すべきは，各領域の境界は6本の線分からなっており，どの領域もほかの6つの領域と隣接している点である．なお，実のところ，平面より複雑な曲面のうち，これまできちんと研究がなされたものすべてについて，地図の塗り分け問題は解決済みである．

　このように，この定理は，平面ないし球面とトポロジー上で等価な曲面に対して適用しようとするときだけ，トポロジー研究者たちは，その得がたい証明にいらつく．さらにいらつくことに，その場合だけがどうして例外であるべきかについて，明白な理由も見当たらない．試みられたさまざまな証明は，薄気味悪いほど途中まで見事に機能していて，あともう少しで演繹の連鎖が完結しそうなのだ

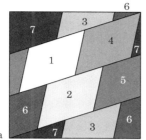
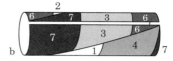

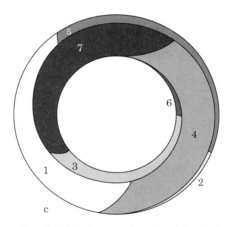

図47 7色で作られたトーラス上の地図（c）．まず正方形板（a）を巻いて円筒（b）にする．目的のトーラスは適当に引き延ばして作る．

が，あとわずか，何やら憎たらしい隙間が広がっているようなのである．この有名な定理について未来がどうなるのかを予測することは誰にもできないが，いま確信をもっていえるのは，世界的な名声が待ちかまえていることであり，その名声は，次の3通りの可能性のうちのいずれかの形で難関を最初に突破した者に与えられる．

（1）　塗り分けに 5 色が必要な地図が発見される．H・S・M・コクセターはそのすぐれた記事*3 の中で次のように述べている．「私が大胆にも数学上の予想を述べるとするなら，5 色が必要な地図は可能だが，そのような地図は最も簡単なものでも面が（何百だとか何千だとか）多すぎて，それを目前にしても，それが 4 色で塗り分けられる可能性を排除するのに必要な検証をすべて実行することに耐えうる人は誰もいない，と予測するだろう」

（2）　この定理の証明が見出される．もしかするとそれは，何か新しい技法によるものであり，その技法は，固く閉ざされているほかのたくさんの数学の問題についても，その扉を突如解錠してくれるかもしれない．

（3）　この定理が証明不可能であることが証明される．この可能性は奇妙に聞こえるかもしれないが，1931 年にクルト・ゲーデルが示したことによれば，算術を含むほど十分に複雑な演繹体系にはすべて，その体系内では「決定不能」な数学上の定理が存在する．これまでのところ，この意味で決定不能であることが示された数学上の大きな未解決予想はほんのわずかである．4 色定理はそのたぐいの定理であろうか．もしそうだとしたら，それを真として受け入れるためには，4 色定理そのものか，それと密接に関係するほかの決定不能な定理かのいずれかを，証明不要の新しい公理として採用し，演繹体系を拡張するほかない．

　残念ながら，平面上の地図には 5 色あれば十分だということや，より複雑な曲面の例で，6 色とかもっと多い色とかが必要にして十分だということの証明は，どれも長すぎてここに収めることはできない．だが，以下に示す 2 色定理の賢い証明方法を見れば，地図の塗り分けに関する定理を確立するためにどのようなことが可能かについて，読者もなにがしかのことはつかめるかもしれない．

---

*3　"The Four-Color Map Problem, 1840-1890."〔章末の文献欄参照.〕

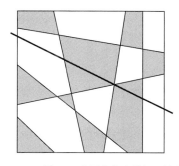 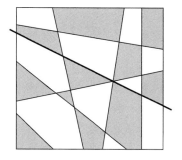

図 48 曲面全体を横切る線だけで描かれる地図ならどんなものでも 2 色で十分である.

　平面上に直線だけで作ることができるあらゆる地図を考えてみる．ふつうのチェッカー盤は見慣れた例である．よく見るものとは違う一例は図 48 の左図である．このような地図はすべて 2 色あれば足りるだろうか．答はイエスであり，それは簡単に示される．適切に塗り分けられた直線地図に，別の直線を 1 本（たとえば，同じ図の太線のように）追加したとすると，その直線によって平面は 2 つの別々の地図に分割され，できたそれぞれの地図は，別々に考えたときには正しく色分けされているが，一緒に考えたときには，追加した直線に沿って，同じ色をもった領域が隣接し合っている．地図全体に適切な色分けを取り戻すためにしなければならないのは，直線の（どちらでもよいから）片方の側の地図の 2 色を交換することだけである．その例は右図に示してある．この場合，太線の上側の地図の色を，ネガフィルムをポジに変えてプリントするときのように反転させているが，見てのとおり，新しい地図はいまや適切な色分けになっている．

　証明を完結させるために，1 本の直線で 2 つの領域に分けられた平面を考える．もちろんそれは，2 色で塗り分けられる．2 本めの線を引き，線の片方の側の色を反転させて新しい地図を塗り替える．3 本めの線を引き，同様にする．明らかにこの手順は線が何本

になってもうまくいくので,「数学的帰納法」とよばれる方法により,直線だけで描けるあらゆる地図についての 2 色定理が確立されたことになる.この証明を一般化して,もっと硬直性が少ない地図で,図 49 の例のように,地図全体を横切る線か単純な閉曲線か,いずれにせよ端のない線だけで描かれる地図に定理を拡張することができる.地図を横切る線を加えるときは,先と同じように線の片方の側の色を反転させる.新しい線が閉曲線の場合は,閉曲線の内側の領域すべての色を反転させるか,お好みならば,閉曲線の外側の色を反転させるかする.単純閉曲線だけでなくて,自己交差する閉曲線があっても定理は成り立つが,色の塗り替えの手順はもっと複雑になる.

図 49 地図を描く線が,全体を横切るものか閉曲線をなすものかのいずれかである場合も,2 色で十分である.

注意すべきは,ここまでに示したどの 2 色の地図に現れるのも偶点,すなわち偶数本の線が出ている頂点である.実のところ,平面上の地図が 2 色で塗り分けることができるのは,その地図内のすべての頂点が偶点である場合,そしてその場合に限る,ということまで証明できる.これは「2 色定理」とよばれている.同じことがトーラス上では成り立たないことは簡単に示せるが,それには,

正方形の紙片を（3目並べの盤のように）9個の小さな正方形に区切って，それを先に記述したのと同じ仕方で丸めてトーラスを作ればよい．このマス目模様のドーナツにあるのは偶点だけだが，3色必要である．

さて，知らないことを学んでもらうというより楽しんでもらうために用意した以下の地図の塗り分け問題3問は，難しくはないものの，それぞれにある種の「仕掛け」が仕組んであるので，答えは，一見したときに予想されるとおりではないものになっている．

（1） （イギリスのパズル家ヘンリー・アーネスト・デュードニーがこしらえた）図 50 の地図を，同じ色の2つの領域が境界を共有しないように塗り分けるためには，何色必要か． 〔解答 p. 175〕

図 50　この地図には何色必要か．

（2） スティーヴン・バーが作った話だが，ある画家が巨大な画布の上に，ある抽象画を完成させようとしており，その絵は図 51 のとおりの外形をもっていた．画家は，使う色は4つに限定し，各領域には一様な色を塗り，共有されている境界の両側は異なった色

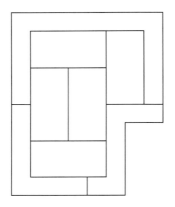

図 51　この抽象画には何色必要か.

とすることに決めた．各領域の面積は 8 平方フィートであるが，一番上の領域だけ例外で，そこだけはほかの 2 倍の大きさであった．画家がもっている絵の具の量を調べたところ，手元には以下の量だけあることがわかった．赤が 24 平方フィートぶん，黄色がそれと同量，緑が 16 平方フィートぶん，青が 8 平方フィートぶんである．これだけの絵の具で，画家はどうすれば絵を仕上げることができるだろうか．　　　　　　　　　　　　　　　　　　　　　　〔解答 p. 175〕

（3）　アルバータ大学の数学者レオ・モーザーが次の問題を出している．平面上にどのように 2 色の地図を描いたら，1 辺の長さ 1 の正 3 角形をその地図上のどこに置いても，3 つの頂点ともが同じ色の場所になるということが決してないようにすることができるか．　　　　　　　　　　　　　　　　　　　　　　　　〔解答 p. 175〕

追記
(1966)

5つの領域を平面上に描いたとき，どの2つも共通の境界をもつようにすることはできない，という主張は，メビウスが1840年の講義で述べている．メビウスがその主張を表現したときに使った物語では，東方のある国の統治者が登場し，自分の国を5人の息子に分け与えるに際し，分けた5つのどの領域もほかの4つの領域と境界を共有するという条件を満たすことを望んだ．この問題は，グラフ理論における次の問題と等価である．すなわち，平面上に点を5つ置いて，どの点もほかの4つの点と直線で結び，そのときに線がどこでも交差しないようにする，ということは可能か．そのようには点が置けないことの証明は難しくないし，初等的なグラフ理論の本を見れば載っている．理解しやすい証明の例は，ハインリッヒ・ティーツェの本の中[4]で与えられている．これと本質的に同じ証明の概要をヘンリー・デュードニーも，ある問題の解答の中[5]で与えている．デュードニーはさらに進んで，誤って，その証明は4色定理の証明にもなっていると論じてしまった．

4色定理を「ゲーデル決定不能」として語るときの私の言葉がきちんとしていなかったために，イギリスの宇宙論研究者デニス・シアマから次のような手紙[6]をいただいてしまった．

　　拝　啓
　　4色問題に関するマーティン・ガードナーの記事を楽しく拝読しました．[7]ただし一点申し上げておくと，4色定

---

[4]　"On Neighboring Domains" in *Famous Problems of Mathematics*.

[5]　Problem 140 in *Modern Puzzles*.

[6]　*Scientific American*, November 1960, p. 21.

[7]　〔訳注〕以下の文章は，「決定不能」とすべきところを「証明不可能」としている箇所があることをはじめ，必ずしも厳密な言葉づかいになっていないため誤った議論に見えるかもしれないが，その趣旨は次のようなものと解釈でき，論駁しがたい議論である．
　「ガードナーは，偽であることが証明される（第1の可能性）でも真であることが証明される（第2の可能性）でもない第3の可能性として「決定不能が証明される」という可能性を挙げている．しかし，反例を挙げることによって偽であることが証明できる種類の定理は，もし決定不能であることが証明されたならば，結果としてそれは，その定理が真であることの（メタレベルでの）「証明」にもなっているので，第2の可能性に帰着する．すなわち，この種の定理では，第3の可能性はありえない．」

理が「証明不可能であると証明される」という形で決着することはありえません．なぜなら，この定理が偽だとすると，4色で塗り分けられない地図を提示することによってそのことが明確に示せる，ということには疑いの余地がないからです．したがって，この定理が証明不可能だとすれば，それは真でなければなりません．つまり，この定理が「証明不可能であると証明される」という形で決着することはありえないのですが，それは，そのような証明であれば，この定理が真であることを証明したのと同じことになるので，真であると証明できずに決着するということに反することになるからです．同じことは，偽である場合にそれを反例によって示すことができるどんな定理，たとえばフェルマーの最終定理についても成り立ちます．そのような定理は証明不可能[*8]かもしれませんが，それは，それらが真である場合に限られるのです．そしてその場合には，それらが証明不可能であると知ることは決してできず，数学者たちは永遠にそれらを証明しようと努めることになるのです．これは，何とも恐ろしい事態です．物理学として取り組むというのがうまい代替案に思えるかもしれませんが，ゲーデル的なものはその領域にも侵攻してくるかもしれず……

後記
(1995)

4色定理に関しては，追記の最後に触れられた心配はいまではなくなった．1976年にイリノイ大学のヴォルフガング・ハーケンとケネス・アッペルが4色定理を証明した．彼らの証明には，実行に1200時間かかったコンピュータ・プログラムが必要だった．誰かがいつか，この定理を証明する単純でエレガントな方法を見つけるかもしれないし，これより簡単な方法は存

[*8] 〔訳注〕この手紙内のほかの箇所の「証明不可能」は原則として「決定不能」と読み換えておけば整合的であるが，以下の議論が成り立つには，ここの「証明不可能」だけは，「決定不能かつ，決定不能であることが証明不可能」という意味に解釈する必要がある．

10 4色定理 175

在しないのかもしれない．可能性としては，容易にわからない欠陥がハーケン–アッペルの証明の中に隠れていないとも限らないわけだが，何人もの最高の数学者たちが吟味し妥当だと宣言しているので，その可能性は極めて低いようである*9．地図の塗り分け問題のさらなる話題については，本全集第15巻6章を参照されたい．

解答　●地図の塗り分け問題3問の答えは以下のとおり（最初の2つの答えの中で言及されている図はどちらも，問題文のところにあったもの）．

（1）　卍模様の地図（図50）は，左下隅のほうにある短い横線が1本なければ，2色で塗り分けられた．だが，実際にはその部分で3つの領域が互いに接しているので，結局，3色必要である．

（2）　くだんの画家は，抽象画に色を塗る際，青の絵の具全部と赤の絵の具の3分の1とを混ぜて，画布上に16平方フィートぶん塗るに足る紫色を作った．そしてまず上部にある大きな領域と真ん中の領域とに黄色を塗れば，残りの領域を赤と緑と紫で塗り分けるのは簡単なことである．

（3）　平面を2色で塗り分け，同じ色のどの3点を見ても，それらが1辺の長さ1の正3角形の3頂点をなしていないようにするための最も簡単な方法は，幅が$\sqrt{3}/2$の平行な帯状に平面を分割し，できた帯に，図52に示すように黒と白を交互に塗っていくことである．ただし，それだけでは問題を解いたことにならず，解くためには，開集合と閉集合の概念を導入する必要がある．連続した実数の集合，たとえば0と1の間の実数の集合を考えると，その集合がもし両端の0と1も含むなら閉区間とよばれ，両方とも含まなければ開区間とよばれる．2つのうち一方だけ含んで他方を含まない場合には，一方は閉

---

*9　〔訳注〕その後もコンピュータを使わない証明方法は見つかっていないが，定理を証明するためのアルゴリズムはずっと簡単なものが見出されており，証明の検証は，いまではハーケン–アッペルのオリジナルのものよりずっと容易になっている．

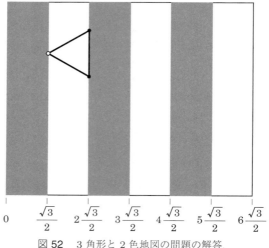

図 52　3 角形と 2 色地図の問題の解答.

じていて，他方は開いているという．

　地図上の各帯は，左側の縁は閉じていて，右側の縁は開いている．図 52 の左端の黒い帯の幅は，図の下部に引いた線上で測って 0 の目盛からはじまって $\sqrt{3}/2$ の目盛まで続く．ただし，0 は含むが $\sqrt{3}/2$ は含まない．その隣の帯の幅は，$\sqrt{3}/2$ は含むが $2\sqrt{3}/2$ は含まず，ほかの帯についても同様である．別の言い方をすれば，垂直方向のそれぞれの線は，その線の右側の帯にのみ属す．このように規定してはじめて，3 角形が図にあるように 3 頂点とも境界線に載っている場合にも，条件を満たすことができる．

　アルバータ大学のレオ・モーザーは，この問題の送り主であるが，そのモーザーによれば，平面上で単位長だけ離れた任意の 2 点が同じ色にならないように平面全体を塗るとして，そのために要求される色の個数がいくつであるのかはまだわかっていない，とのことである．4 色は必要であり，7 色あれば十分である，ということまでは示されている（7 色で十分なことは，

外接円の半径が単位長よりもわずかに短い正6角形を平面に敷き詰め，各6角形の周りの6角形6個が，囲んだ6角形とも，お互いとも色が異なるように配置してみれば，明らかである）．必要な個数である4と十分な個数である7との差は大きいので，解決するまでの道のりは遠そうである．図53は，モーザーによる「見るだけでわかる」素敵な証明であり，これにより，4色は必要だということが示される．

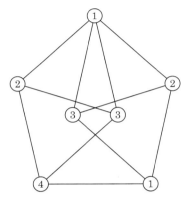

図53　4色は必要であることのレオ・モーザーによる証明．

文献　*The Four Color Problem.* Philip Franklin. Scripta Mathematica Library, No. 5, 1941.

What Is Mathematics? Richard Courant and Herbert Robbins. Oxford University Press, 1941．〔邦訳：『数学とは何か 原書第2版』R・クーラント，H・ロビンズ著，I・スチュアート改訂，森口繁一監訳．岩波書店，2001年．〕"The Four Color Problem," pp. 246-248〔邦訳 pp. 253-255 の「4色問題」〕と "The Five Color Theorem," pp. 264-267〔邦訳 pp. 271-274 の「5定理」〕を見よ．〔邦訳は1996年に出版された原書第2版の翻訳であり，「最近の発展」について書かれた章があって，pp. 508-513 には4色問題解決への経緯が書かれている．〕

"The Problem of Contiguous Regions, the Thread Problem, and the Color Problem." David Hilbert and S. Cohn-Vossen in *Geometry and the Imagination*, pp. 333-340. Chelsea, 1952（1932 年版のドイツ語原書の翻訳）.〔ドイツ語原書からの邦訳：『直観幾何学』（D・ヒルベルト，S・コーン-フォッセン著，芹沢正三訳.みすず書房，1966 年）pp. 362-370 の「隣接領域問題，線図問題，彩色問題」.〕

"The Island of Five Colors." Martin Gardner in *Future Tense*, ed. Kendell Foster Crossen. Greenberg, 1952. 次の本に再録されている. *Fantasia Mathematica*. Clifton Fadiman (ed.). Simon & Schuster, 1958.

"The Four-Color Problem." Hans Rademacher and Otto Toeplitz in *The Enjoyment of Mathematics*, pp. 73-82. Princeton University Press, 1957.〔ドイツ語原書からの邦訳：『数と図形』（H・ラーデマッヘル，O・テープリッツ著，山崎三郎，鹿野健訳. ちくま学芸文庫，2010 年）pp. 139-156 の「4 色問題」.〕

"Map-Coloring Problems." H. S. M. Coxeter in *Scripta Mathematica* 23 (1957): 11-25.

"Coloring Maps." Mathematics Staff of the University of Chicago in *Mathematics Teacher* (December 1957): 546-550.

"The Four-Color Map Problem, 1840-1890." H. S. M. Coxeter in *Mathematics Teacher* (April 1959): 283-289.

Introduction to Geometry. H. S.M. Coxeter. Wiley, 1961.〔邦訳：『幾何学入門 下』H・S・M・コクセター著，銀林浩訳. ちくま学芸文庫，2009 年.〕pp. 385-395〔邦訳 pp. 304-315〕を見よ.

Intuitive Concepts in Elementary Topology. Bradford Henry Arnold. Prentice-Hall, 1962. 〔邦訳：『トポロジー入門』B・H・アーノルド著，赤摂也訳. 共立出版，1964 年.〕"The Four Color Problem," pp. 43-55〔邦訳 pp. 20-32 の「4 色問題」〕と "The Seven Color Theorem on a Torus," pp. 85-87〔邦訳 pp. 58-61 の「トーラス上の 7 色定理」〕を見よ.

"Map Coloring." Sherman K. Stein in *Mathematics: The Man-Made Universe*, pp. 175-199. Freeman, 1963. 〔邦訳：『数学 =

創造された宇宙下』（シャーマン・K・スタイン著，三村護，三辺ユリ子訳．紀伊国屋書店，1977 年）pp. 58-88 の「地図の色わけ」.〕

"Map Coloring." Oystein Ore in *Graphs and Their Uses*. Mathematical Association of America, 1963. pp. 109-116 を見よ. ロビン・ウィルソンの手による改訂版が 1990 年に出版されている.〔改訂版の邦訳：『やさしくくわしいグラフ理論入門』オイステイン・オア著，ロビン・ウィルソン改訂，大石泰彦訳．日本評論社，1993 年. 関連箇所は，pp. 144-156 の「地図の彩色」.〕

Induction in Geometry. L. I. Golovina and I. M. Yaglom. D. C. Heath, 1963. 〔ロシア語原書からの邦訳：『幾何の帰納法』エリ・イ・ゴロヴィナ，イ・エム・ヤグロム著，松田信行訳．東京図書，1962 年.〕 pp. 22-44（邦訳 pp. 40-66）を見よ.

"Famous Problems of Mathematics". Heinrich Tietze. Graylock Press, 1965（1959 年版のドイツ語原書からの翻訳）. "On Neighboring Domains," pp. 84-89 と "The Four Color Problem," pp. 226-242 を見よ.

The Four-Color Problem. Oystein Ore. Academic Press, 1967.

"Thirteen Colorful Variations on Guthrie's Four-Color Conjecture." Thomas Saaty in *American Mathematical Monthly* 79 (January 1972): 2-43.

"The Four-Color Theorem for Small Maps." Walter Stromquist in *Journal of Combinatorial Theory* B19 (1975): 256-268.

"The Solution of the Four-Color Map Problem." Kenneth Appel and Wolfgang Haken in *Scientific American* (October 1977): 108-121.

"A Digest of the Four Color Theorem." Frank Bernhart in *Journal of Graph Theory* 1 (1977): 207-226.

The Four-Color Problem: Assaults and Conjectures. Thomas Saaty and Paul Kainen. McGraw-Hill, 1977.

"Every Planar Map is Four Colorable." Kenneth Appel and Wolfgang Haken in *Illinois Journal of Mathematics* 21 (December 1977): 439-567.

"The Four Color Problem." Kenneth Appel and Wolfgang Haken in *Mathematics Today*, pp. 153-180, ed. Lynn Arthur Steen. Springer-Verlag, 1978.

"The Coloring of Unusual Maps." Martin Gardner in *Scientific American* (February 1980): 14-22. 〔本全集第 15 巻 6 章は，このコラムをもとにしたもの.〕

Map Coloring, Polyhedra, and the Four-Color Problem. David Barnette. The Mathematical Association of America, 1984.

"The Other Map Coloring Theorem." Saul Stahl in *Mathematics Magazine* 58 (May 1985): 131-145. 扱う地図の塗り分けは，トーラスとメビウスの輪に対するもの.

The Four-Color Problem. Thomas L. Saaty and Paul C. Kainen. Dover, 1986.

"The Four Color Proof Suffices." Kenneth Appel and Wolfgang Haken in *Mathematical Intelligencer* 8 (1986): 10-20.

"The State of the Three Color Problem." Richard Steinberg in *Annals of Discrete Mathematics* 55 (1993): 211-248.

Four Colors Suffice: How the Map Problem Was Solved. Robin Wilson. Princeton University Press, 2002. 〔邦訳:『四色問題』ロビン・ウィルソン著，茂木健一郎訳. 新潮文庫，2013 年.〕

|11|

アポリナックス氏
ニューヨークを訪問

アポリナックス氏がアメリカを訪問したとき
その笑い声がみなのティーカップに響いた
――T・S・エリオット

　P・バートランド・アポリナックスは，フランスの著名な数学者ニコラ・ブルバキの下で学んだ才能豊かな数学者であり，これまではフランス国内でも無名だったが，1960年春に事態は変わった．周知のとおり，このとき数学界は震撼した．フランスの数学雑誌に載った，いまではアポリナックス関数とよばれるものによってである．この驚くべき関数を使って，アポリナックスは一気に（1）フェルマーの最終定理を証明し，（2）トポロジーにおける有名な4色定理に対する反例を（5693個の領域をもつ地図の例で）与え，（3）結果として3か月後にチャニング・チーターがなした大発見につながる基礎を作った．チーターが発見したのは，ある5693桁の数であり，それは史上はじめて見つけられた奇数の完全数である．

　読者もわかってくれると思うが，ニューヨーク大学のチーター教授が自宅で開く午後のお茶会に私を招待してくれたときには大いに興奮した．そのお茶会にはアポリナックスが主賓としてやってくるのだ．（教授の住居は，大学と同じグリニッジビレッジで，5番街の通りから少し離れた，ブラウンストーンを張った豪勢な大邸宅の中に間借りしたものである．邸宅の持ち主のオーヴィル・フラッカス氏夫人は，有名資本家の未亡人で

あり，その建物は，近くを通るニューヨーク大学の学生たちからフラッカス宮殿とよばれている．） 私が到着したときには，お茶会はすでに盛り上がっていた．ニューヨーク大学数学科の知っている顔が数人いて，ほかにそこにいた若者の多くは大学院生たちだろうと思われた．

誰がアポリナックスかは迷いようがなかった．文字どおり，みなの注目の的であった．見た目30代前半の独身男で背は高く，骨ばった顔はハンサムとは決していえないが，それでもなお，みなぎる精力が巨大な知性と相まって，強烈な印象を発していた．とがったあごひげを少し生やし，耳は大きめでダーウィンの突起が目立っている．ツイードのジャケットの下からは派手な赤いベストを覗かせていた．

フラッカス夫人が私に紅茶を淹れてくれているとき，若い女性の言葉が耳に入った．「アポリナックスさん，指にはめている銀の指輪，それ，メビウスの輪ですか」

アポリナックスは指輪を外してその女性に見せようと手渡した．「そう．作ったのは芸術家の友人でね．パリの左岸地区で宝石店をやっているんだ」ハスキーな声で，フランス訛りがあった．

「変わっていますね」その娘は，指輪を返しながらいった．「ひねって一回りしたら指が消えてしまわないかと心配にならないんですか」

アポリナックスは失笑した．「それが変わっていると思うなら，一層変わっていると思うものがあるよ」そういって，上着のわきのポケットに手を入れ，正方形の平たい木箱をとりだした．その中には白いプラスチックピースが17個，ぴったりと収まっていた（図54の左側の図）．ピースの厚みは，中央に5個ある各小ピースがちょうど立方体となる厚みであった．アポリナックスは立方体の個数を覚えておくようにいってから，近くのテーブルの上にピースをぶちまけ，すぐにまたそれらのピースを箱の中に戻し，図54の右側に示すような配置にした．これでピースは，取り出す前と同じようにぴったり収まったのだが，そこには立方体が4つしか入っていな

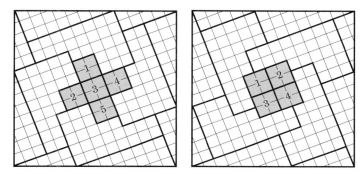

図 54　ピースが消える謎.

い．1個の立方体は完全に消失してしまったのだ． 〔解答 p.193〕

　かの若い女性はとても信じがたいとその配置を睨みつけ，それからそのままの目でアポリナックスを見上げた．アポリナックスは体を揺らしながら高い笑い声を上げていた．「しばらく考えてみていいですか」と女性はいいながら，アポリナックスの手から箱を受けとった．そしてそれをもって，部屋の隅の誰もいないところへ向かって行った．

　「いまのかわいい娘は誰ですか」とアポリナックスはチーター教授に尋ねた．

　「誰のことかね」と教授．

　「スウェットシャツの娘ですよ」

　「ああ，ナンシー・エリコットだよ．ボストン出身でね．数学科の学部生だよ」

　「とても魅力的です」

　「そう思うかね？　ジーンズに薄汚いスウェットシャツといういでたち以外見たためしがない」

　「私はこの界隈の非協調主義者たちに惹かれるのです」とアポリナックスはいった．「彼らはみなとてもよく似ています」

　「でも，場合によっては……」と誰かが口をはさんだ．「非協調主

義を奉じているのか，神経症によって社会的不適応を起こしているのかの区別は難しいですよ」

「それを聞いて思い出したのですが……」と今度は私が口をはさんだ．「答えに算式が出てくるこんななぞなぞを最近聞きました．精神病の人と神経症の人との違いは何でしょう」

誰も答えなかった．

私は続けた．「精神病の人は 2 足す 2 が 5 だと思っている．神経症の人はそれが 4 だと知っているが，そのことが不安でたまらない」

何人かが社交的に笑ってくれたが，アポリナックスは悲しげな顔をした．「神経症の人には不安を感じるだけの理由があるのです．アレグザンダー・ポープだったでしょうか，詩の中でこういっています．『ああ神よ，どうして 2 足す 2 が 4 であるべきなのでしょう』と．本当にどうしてなのでしょう．トートロジーがトートロジーであるのがどうしてかを誰がいえるでしょうか．もっと単純な算式でさえ，それが矛盾を免れていると誰がいえるでしょうか」アポリナックスは小さなノートをポケットから取り出し，次の無限級数を書きとめた．
$$4 - 4 + 4 - 4 + 4 - 4 + 4 \cdots$$

アポリナックスは問いかけた．「この級数の和はいくらでしょうか．数を
$$(4 - 4) + (4 - 4) + (4 - 4) \cdots$$
というように組にして計算すれば，その和は明らかに 0 です．ですが，
$$4 - (4 - 4) - (4 - 4) - (4 - 4) \cdots$$
というように組にすれば，和は明らかに 4 です．さらに別様にして，
$$4 - (4 - 4 + 4 - 4 + 4 - 4 \cdots)$$
と考えたらどうでしょう．今度は，この級数の和は，4 から同じ級数の和を引いたものに等しいということです．言い換えれば，級数の和の 2 倍が 4 に等しいということですから，級数の和は，4 の半分すなわち 2 と等しくなければなりません」

私は口をはさもうとしたが，ナンシーが人をかき分けて戻ってき
ていった．「ピースを見ていたら頭が変になってきました．5番め
の立方体はどうなってしまったんですか」

　アポリナックスは涙が出るほど笑った．「君はいいねえ．ヒント
をあげるよ．きっとどこか高次元空間へ入り込んでしまったんだ」

　「私をからかっていますね」

　「そうだったらよかったのだけれど……」とアポリナックスは嘆
じてみせた．「ご存じのとおり，4番めの次元は，3次元空間の3本
の座標軸に垂直な第4の座標軸方向の延長のことだ．では，立方体
はどうなっているだろう．立方体には主対角線が4本あって，それ
らは，それぞれある頂点から出発し，立方体の中心を通って反対側
の頂点に達する線だ．そして立方体の対称性からすれば，それぞれ
の対角線はほかの3つと直角をなして然るべきだ．そしてそうであ
れば，立方体がここぞというときに第4の次元に沿って動いていっ
てはどうしていけないのだろうか」

　「でも，物理学の先生に教わったことからすると……」とナン
シーは不満げにいった．「時間が第4次元です」

　「まったくばかげているね」とアポリナックスは鼻で笑った．「一
般相対性は，ドードー鳥と同じ絶滅種だよ．君の先生は，ヒルバー
ト・ドングルが最近発見した，アインシュタイン理論の致命的欠陥
の話を聞いたことないのかな」

　「そんな説は信じかねます」とナンシーは応じた．

　「説明は簡単だよ．やわらかいゴムでできた球体を高速で回転さ
せると，その赤道付近はどうなるかといえば，むろん膨らむ．相対
性理論では，その膨らみは2つの異なった仕方で説明できる．まず
は，宇宙全体を固定した基準系——いわゆる慣性系——だと想定す
ることができる．その場合は，球体が回転し，慣性によって赤道付
近が膨らむ，という言い方になる．その一方，その球体を基準系と
し，宇宙全体が回転していると見なすことも可能だ．その場合は，
運動する天体の質量が重力テンソル場を定め，その重力場によっ

て，回転していない球体の赤道部分がほかの部分よりも強く引っ張られる，という言い方になる．もちろんこれが……」

「私ならもう少し違った説明をするね」とチーター教授が割って入ってきた．「私の言い方では，球体と星々との相対的運動がありきであって，その相対運動は，宇宙の時空構造にある変化を及ぼす．その時空行列のもつ，いわば圧力こそが，膨らみを生み出す．その膨らみは，重力によるものと見ることも慣性によるものと見ることもできる．どちらにしても，場の方程式はまったく同じになる」

「大変結構」とアポリナックスは応じた．「もちろんこれが，アインシュタインのいう等価原理，すなわち重力と慣性は等価だという原理だ．ハンス・ライヘンバッハの好みの言い方でいえば，この2つの間に真の区別はない．だが，次の問いを立ててみよう．相対性理論によれば，物体は光速よりも速い相対運動をすることはできなかったのではないだろうか．ところが，ゴムボールを基準系にしたとすれば，ボールをゆっくり回転させただけで，月の相対運動は光速よりも速くなってしまうのだ」

チーター教授は最初は笑って受け流すそぶりを見せたが，急に納得した．

「おわかりになったとおり……」とアポリナックスは続けた．「球体をじっとさせてその周りで宇宙を回転させるなどということは，まったく無理なのだ．つまり，ボールの回転は絶対的なものであり，相対的なものではないと見なさなければならない．天文学者たちも，彼らが横ドップラー効果とよぶ現象に関して同種の困難にぶつかる．地球が回転しているとすると，観測所と遠方の星からの光線との間の横方向の相対速度は大変小さいため，横ドップラー効果も小さい．だが，宇宙全体が回転していると見るとしたら，遠方の星は，観測所に対して横方向に巨大な速度をもつことになり，ドップラー効果もそれに応じて巨大になる．実際は横ドップラー効果は小さいのだから，回転しているのは地球のほうにほかならないと想定しなければならない．もちろん，この事実によって，相対性理論は

窓から捨て去られるのだ」

「そうだとして……」とチーター教授がとまどった声を発した．顔からは少し血の気が引いている．「マイケルソン—モーリーの実験で，固定した宇宙に対する地球の相対運動を検出することができなかったという事実はどう説明するのかね」

「実に簡単」とアポリナックスはいった．「宇宙は無限である．地球は太陽の周りを公転しながら自転し，太陽は銀河を疾走し，銀河は重々しく，ほかのいくつもの銀河と相対的な運動をし，銀河の集まりは銀河団をなして，ほかのいくつもの銀河団と相対的な運動をし，さらにそうした銀河団が集まって超銀河団をなす．こうした階層が限りなく続く．では，ランダムな速さと向きをもつベクトルの無限列の項を全部加えると何が起きるだろうか．それらは互いに打ち消し合うことになる．ゼロと無限大は近い親類なのだ．例で説明しよう」

アポリナックスはテーブルの上の大きな花瓶を指差した．「あの花瓶が空っぽだと想像してみよう．そこに数を入れていく．お好みなら，数が書かれた小片を入れていくと考えてもよい．正午1分前に数1から10までを花瓶に入れ，そこから数1をとりだす．正午の1/2分前に数11から20まで入れ，数2をとり出す．正午の1/3分前に21から30まで入れ，3をとり出す．正午の1/4分前に31から40まで入れ，4をとり出す．以下同様に続ける．正午の時点で花瓶に入っている数はどれくらいあるだろうか」

「無限にあるわ」とナンシー．「毎回取り出すのは1個で，入れるのは10個ですから」

アポリナックスは，手に負えない雌鶏が出すような甲高い声を立てて笑った．「花瓶の中には何もないはずなのだよ．4は花瓶の中にあるだろうか．いやいや，それは4番めの操作で取り出した．518は花瓶の中にあるだろうか．いやそれは，518番めの操作で外へ出た．正午に花瓶の中にある数は空集合をなしている．これで，無限がいかにゼロに近いかがわかったね？」

チーター教授夫人が，いろいろとりそろえたクッキーとマカロンを載せたお盆をもってきてくれた．あごひげをいじりながらアポリナックスはいった．「私としては，ツェルメロの選択公理の演習として，これらを各種 1 個ずつとってみることにしよう」

「相対性理論は死んだというお考えだとして……」と，私は数分後に声をかけた，「現代の量子理論に対してはどのようなお立場ですか．素粒子のふるまいは，根本的にランダムネスを含むとお考えですか．それともランダムネスは，根底にある法則に対する私たちの無知の現れでしょうか」

「そうした現代の理論は問題ないものと思っています」とアポリナックスはいった．「実のところ，私はもっと極端な考えをもっていて，カール・ポパーと同じく論理的な理由から，もはや，決定論を真に受けることはできないと考えています」

「それは信じがたい」と誰かがいった．

「それならこう言い直しましょうか．たとえ宇宙の状態についての全情報を人が得たとしても，未来の一部は，正しく予測することが原理的に不可能である，と．そのことをいま証明してみせましょう」

アポリナックスは，ポケットから白紙のカードを取り出し，自分が何を書いているかがほかの人から見えないように保持しながらカードに何かを書きつけ，書いた側を下に向けて私に渡した．「それをあなたのズボンの右ポケットにしまってください」

私はいわれたとおりにした．

「カードには，ある未来の出来事を記述しました．その出来事はまだ起きていませんが，それは明確に，起きたか起きなかったかがわかるものであって，どちらであるかは……」と，アポリナックスは腕時計を見てからいった．「……6 時までには判明します」

アポリナックスは別の白紙のカードをポケットから取り出し，私に手渡した．「あなたには，さきほど私が書いた出来事が起きるかどうかを推測していただきたい．起きると思うなら「イエス」とお

手元のカードに書いてください．起きないと思うなら「ノー」と書いてください」

　私はさっそく書こうとしたが，アポリナックスが私の手首をつかんだ．「おっと，まだですよ．私があなたの予測を見たら，それが外れるように私は何かするかもしれません．私がうしろを向くまで待ってください．そして，ほかの人たちにもあなたが書くことを見せないでください」　そういうと，アポリナックスはくるりとうしろを向き，私が書き終わるまで天井を見上げていた．「書き終えたら，それを左のポケットに入れてください．誰にも見えないように注意しながらです」

　それからアポリナックスは私に向き直った．「私はあなたの予測を知りません．あなたは私の書いた出来事が何か知りません．あなたの予測が正しいかどうかは2つに1つです」

　私はうなずいた．

　「ここで私は，次のような賭けをあなたに持ちかけることにします．あなたの予測が間違っていたら，あなたは私に10セント払わないといけません．予測が正しければ，私はあなたに100万ドルを支払います」

　みなが驚きの顔を見せた．「いいでしょう，請け合いましょう」と私はいった．

　「時が来るまでの間……」とアポリナックスはナンシーに向けて語りはじめた．「相対性理論の話に戻ろう．相対的にきれいなスウェットシャツをつねに着ることができる方法を知りたくないかい．仮にスウェットシャツを2枚しかもっておらず，どちらもずっと洗わない場合でも通用する方法を」

　「ぜひとも傾聴しますわ」とナンシーは笑顔でいった．

　「君の容姿にはもっと別の面もあって，とてもかれんなところもある．でもいまは，君のもっているあの汚いスウェットシャツどもの話だけしよう．一番きれいなのがスウェットシャツAだとして，まずそれを着続けることにすると，そのうちスウェットシャツBよ

りも汚くなる．そうしたら A を脱いで，相対的にきれいなスウェットシャツ B を着る．そして今度は，B のほうが A より汚くなる瞬間に，B を脱いで相対的にきれいなスウェットシャツ A を着る．以下同様だ」

ナンシーは顔をしかめた．

「ここで 6 時までのんびりしてはいられないなあ」とアポリナックスはいった．「暖かい春の夕方に，せっかくこのマンハッタンに来ているのだから．もしかして，セロニアス・モンクの演奏が今夜マンハッタンのどこかであるかどうか知っているかい」

ナンシーは目を大きくした．「もちろん，ええ，まさにこのグリニッジビレッジで演奏がありますよ．モンクの演奏スタイルが好きなのですか」

「ぞっこんさ」とアポリナックスはいった．「いまから，この近くにあるレストランを教えてくれたら，君のぶんはおごるからそこで一緒に食事して，そう，木箱のピースの謎の説明も君にしようと思うし，それでそのあとで一緒にモンクの演奏を聴きに行こうじゃないか」

こうしてアポリナックスがナンシーと腕を組んで出て行ったあと，アポリナックスと私の間で予測に関する賭けをしていた話は部屋中のみなにすぐに伝わった．6 時になったとき，みなで集まって，アポリナックスと私が何を書いたかを見てみた．アポリナックスは正しかった．その出来事の成否を正しく予測することは，論理的に不可能であった．私はアポリナックスに 10 セントの借りができたのだった．

読者にとっては，アポリナックスが未来の出来事としていったい何をカードに書いたかを考えてみることは，一興になるかもしれない．

〔解答 p. 193〕

追記
(1966)

　アポリナックスのことは,(「ブルバキの下で学んだ」と私は述べていたのであり,ブルバキは有名な,人物としては架空のフランスの数学者だからアポリナックスも架空なのだが,それにもかかわらず)実在の人物だと真に受けた読者が多数いて,「アポリナックス関数」のことをどうやって調べたらよいか問い合わせてきた.アポリナックスやナンシーをはじめ,お茶会に居合わせたほかの人の名も,直接の出所は,T・S・エリオットが書いた2つの詩「アポリナックス氏」と「ナンシー」であって,両詩は,エリオットの詩集*1 に,見開きで一緒のところに収録されていた.

　ちなみに,「アポリナックス氏」という詩は,バートランド・ラッセルに関する詩である.ラッセルが1914年にハーバード大学を訪れたとき,エリオットはラッセルが行った論理学の講義を聴き,そのあと2人はある茶会に同席した.それが,エリオットが詩の中で描写するお茶の席である.ケンブリッジ大学トリニティ・カレッジのある数学者が手紙で,「フラッカス (Phlaccus)」という名前は,「萎えた (flaccid)」と「陰茎 (phallus)」の混成語だろうかと聞いてきたことがあったが,これは,エリオットの詩の釈義に少しばかり資するものとして言及しておく次第である.ヒルバート・ドングルという名のもとになっているのはハーバート・ディングルであり,ディングルはイギリスの物理学者で,相対性理論の時計のパラドックスが真だとすると相対性理論は真ではない,という議論を近年ずっと展開している(私が書いた『ガードナーの相対性理論入門』*2 の中にある,時計のパラドックスについての章(第9章「ふたごのパラドックス」)参照).セロニアス・モンクは,実在のセロニアス・モンクである.

---

*1 *Eliot's Collected Poems: 1909–1962* (Harcourt Brace, 1963).
*2 〔訳注〕ガードナーが原文で挙げていたのは,同書の初版のものだが,その後,改訂版が(ときにタイトルも変えて)何度も出ている.邦訳(かつて絶版になっていたものが復刊.白揚社,2007年)は1976年版に対するもの.原書の最新版は,1997年にドーヴァーから出版された *Relativity Simply Explained*.

アポリナックスが論じた，ナンシーの汚いスウェットシャツに関する話は，ある短い詩から借用したものだが，その詩の作者は，本書では組みひも理論について論じた章で登場した，あのピート・ハインである．花瓶の中に入っている数に関するパラドックスはJ・E・リトルウッド著『数学雑談』からとってきた．この例が示すのは，超限数アレフゼロをアレフゼロの10倍から引いたときにゼロになる場合があるということである．数が記された小片を花瓶から 2, 4, 6, 8, ··· という順番に取り出した場合には，アレフゼロ無限のもの，すなわち，すべての奇数が残る．また，小片の無限集合を取り除いたときに，望みどおりの有限個数の小片を残すようにすることも可能である．たとえば，ちょうど 3 個だけ残したければ，ふつうに昇順で，ただし 4 からはじめることにして数を取り除いていくだけのことである．こうした諸例から不思議ながら示されるのは，アレフゼロからアレフゼロを取り除いた結果は不定だという事実である．つまり，その結果は，ゼロにも無限にもどんな望みの正の整数にもすることができ，それは，そこに登場する当の 2 つの無限集合がもつ性質次第なのである．

立方体が消失するパラドックスを起こすピース配置のもとになっている原理は，あまり知られていないものだが，ニューヨーク市のポール・カリーが発見した原理であり，詳しいことは，私の本『数学マジック』の中の「図形消滅」に関する 2 つの章で論じられている．

予測に関するパラドックスを私が描いたものでは，酒場での賭けとして描いたものが，カナダの奇術雑誌『イビデム』23 号（1961 年 3 月，p.23）に最初に載った．少し形を変えて，カードを友人に送るという内容にしたものを，ある学術誌に寄稿[3]したこともある．

---

*3 *The British Journal for the Philosophy of Science* 13, May 1962, p. 5.

解答

● P・バートランド・アポリナックスが見せた，ピース消失のパラドックスを説明すれば，以下のとおりである．17個のピース全部で正方形をなしているとき，その正方形の各辺は完全にまっすぐではなくて，見てもわからないくらい小さく外側に出っ張っている．立方体を1個取り除いて16個のピースで正方形を作り直すと，できあがる正方形の各辺は，先と同じだけ，見てもわからないくらい小さく内側に凹んでいる．見た目の面積の変化はこうして説明される．さらにパラドックスの演出効果を高めるために，アポリナックスはちょっとしたマジシャンの技法を使い，第5の立方体をパームして隠しながら，ピースの並べ換えを行ったのである．

● 予測に関する賭けにおいては，アポリナックスはカードに次のように書いた．

> あなたがズボンの左ポケットに入れるカードには「ノー」と書かれているでしょう．

同じパラドックスを最も簡単に提示するには，誰かに向かって，「あなたが次に口にするのは『ノー』であるか」をイエスかノーで答えてもらうようにお願いすればよい．カール・R・ポパーが，未来の一部は原理的に予測不可能であると考える理由は，このパラドックスのような，昔からの嘘つきパラドックスの単純な変種をもとにしたものでなく，もっとずっと深い考察に基づくものである．その考察は，ポパーの1950年の論文[4]で与えられており，ポパーが現在出版準備中の本[5]で，より詳細な議論が展開されている．アポリナックスによる予測のパラドックスと本質的に同じで，人とカードがコンピュータと扇風機に置き換わっている点だけが違う話が，ジョン・G・

---

[4] "Indeterminism in Quantum Physics and in Classical Physics," in *The British Journal for the Philosophy of Science* 1, Nos. 2 and 3, 1950.

[5] *Postscript: After Twenty Years.* 〔訳注：実際にはこの本はなかなか出版されず，大幅に手が加えられ，最終的にはW・W・バートリーの編集で1982年から1983年にかけて3巻の本に分けて出版された．3巻のうち内容的に該当するのは，*The Open Universe: An Argument for Indeterminism.*〕

ケメニーの 1959 年の本の中[6] で議論されている.

　4 の足し算と引き算が繰り返される無限級数のパラドックスに対する説明は，この級数の和は収束せず，ゼロと 4 の間を行ったり来たりして振動する，というものである．相対性理論における回転体のパラドックスを説明するとしたら，どうしても相対性理論に深く入り込みすぎてしまう．この古典的な難問に対する現代的な取り扱い方を興味深い形で紹介しているものとしては，デニス・シアマの近著『相対性・重力・宇宙』がお薦めである.

後記
(1995)　私の考えたピース消失パズルは，中国製のものが 1990 年代にアメリカで販売された．販売元はケンタッキー州ルイビルのプレイタイム・トイズ社で，商品名は「パズルマニア」であった．原案者に関する表示は何もなかった.

付記
(2009)　ピース消失パズルをマジックの種として用いる方法の例は，マジックの定期刊行物『MUM』の 2005 年 3 月号[7] に載っている.

---

[6] Chapter 11 of *A Philosopher Looks at Science.* 出版元は D. Van Nostrand.
[7] "Puzzle Routine," by Lee Woodside.

|12|

パズル9題

|問題1 ヒップゲーム

「ヒップ」というゲームを考えてみた．この名前は，1940 年代に当世風の生活スタイルで一世を風靡した「ヒップスター」たちが，クールなものを「ヒップ」とよび，クールでないものを「四角」（かたぶつ，旧式といった意味）とよんだことにひっかけたものである．ヒップは大きさ 6×6 のチェッカー盤の上で次のように進める．

一方のプレーヤーは 18 個の赤いコマをもち，相手は 18 個の黒いコマをもつ．2 人は，コマをチェッカー盤の上の空いたマスに交互に置いていく．各プレーヤーは，コマを置いたとき，自分の色の 4 つのコマが正方形を形作らないようにする．正方形の大きさや角度は問わない．こうした正方形は 105 通りあり，そのごく一部を図 55 に示した．

プレーヤーは，この 105 通りの正方形のうちいずれか 1 つを相手に作らせて「四角」にしたら勝ちである．このゲームはチェッカー盤上に実際のコマを置いて遊んでもよいが，紙と鉛筆でも十分遊べる．盤面を描いて，各マスに○と×を書き込んでいけばよい．

このゲームを考案して数か月の間，私はこれを引き分けに終わらせるのは不可能だろうと信じていた．ところが，オクラホマ大学の数学科の学生である C・M・マクローリーが，このゲームが引き分

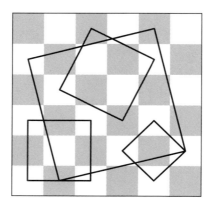

図 55 ヒップゲームで,「正方形」ができる 105 通りのうちの 4 つ.

けで終わりうることを示してくれた. この, ゲームが引き分けに終わる配置を見つけることが問題だ. つまり 36 個のマスを 18 個ずつの 2 つの集合に分けて, 同じ集合に入るどの 4 つのマスも正方形を作らないようにしてもらいたい. 〔解答 p.204〕

問題2 入れ換えパズル

鉄道車両の効率よい入れ換えは, オペレーションズ・リサーチの分野で扱う問題であるが, やっかいなことが多い. 図 56 に示した入れ換えパズルは, 単純さと, 驚くほどの難しさが結び付いている点がすばらしい.

トンネルは, 機関車が通り抜けるには十分な大きさだが, 各貨車が通れるほど大きくはない. 問題は, この機関車を使って貨車 A と B の位置を入れ換え, そして機関車を元の位置に戻すことだ. 機関車は, 前後どちらを使っても貨車を押したり引いたりできる. また必要なら, 2 つの貨車を互いに連結することもできる.

操作回数が最少のものを最もよい解答としよう. ここでいう 1 回

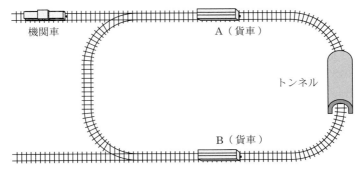

図56　オペレーションズ・リサーチのパズル．

の「操作」とは，停車した機関車が動いて次に停車するまでの間の動きであり，機関車は移動の方向を変えるとき，貨車を連結するとき，引いた貨車を切り離すときに停車する．分岐点におけるポイント切替えは操作としては数えない．

手軽にパズルを解くには，1セント硬貨・5セント硬貨・10セント硬貨の各コインをイラストの上に置き，これを線路上でスライドさせればよいだろう．ただし機関車に対応するコインだけがトンネルを通過できることを忘れてはならない．このイラストの描かれ方では，各貨車が切替えポイントにいささか近すぎる．問題を解くときには，どちらの貨車も線路に沿って十分なだけ東に寄っていて，機関車やほかの貨車の連結に必要なスペースが十分に確保されているものとしよう．

なお「素早いポイント切替え」操作は禁止だ．たとえば，機関車で貨車を，連結させることなく押していって，貨車のみが通過した瞬間に素早くポイントを切替えて，貨車と機関車が別々の方向に行く，といった操作は許されない． 〔解答 p.206〕

198

問題3　高速道路のビールの看板

　スミス氏は妻を乗せて，高速道路を調子よく飛ばしていた．「あのうっとうしいフラッツビールの看板は，道に沿って等間隔に並んでいるようだね」彼は言った．「どのくらいの間隔なのかな」

　スミス夫人は腕時計に目をやり，フラッツビールの看板が1分間にいくつ通り過ぎるかを数えた．

　「あら，なんておかしな偶然かしら」大声でスミス氏に言った．「看板の数に10を掛けると，ちょうど私達の車の時速（マイル/時）と同じよ」

　車は一定速度で走っていて，看板は等間隔に並んでいるとしよう．また，スミス夫人が1分間を測り始めたときも測り終えたときも，連続する看板のちょうど中間にいたとする．このとき，2つの看板の間隔はどのくらいだろうか．　　　　　　　　〔解答 p.207〕

問題4　立方体の断面とドーナツの断面

　3次元構造を想像することが得意なあるエンジニアが，コーヒーとドーナツをいただこうとしていた．角砂糖をカップに入れる前に，彼はこの立方体をテーブルの上に置き，ふと思った．「この立方体の中心を通るように水平に平面を置いたとすると，断面は当然，正方形だ．平面を垂直にして，立方体の中心と4つの角を通るようにすると，断面は長方形になる．じゃあ平面をこういう具合に置くと……」驚いたことに，彼の心の中に浮かんだ断面は正6角形だった．

　さて，どう切断したのだろうか．立方体の1辺の長さを1/2インチとすると，正6角形の1辺の長さは何インチだろうか．

　この立方体をコーヒーに沈めたあと，彼は皿の上に置かれたドーナツに注意を向けた．「中心を通る水平面では」彼は独り言をいった．「断面は2つの同心円になる．中心を通る垂直な平面だと，断

面は穴の幅だけ離れた2つの円になる．でも，もし平面をこんな具合に……」彼は驚いた．断面は，交差する2つの真円になったのだ．

さて，どう切断したのだろうか．ドーナツが完全なトーラスで，外周の円の直径は3インチ，穴の直径は1インチとすると，交差する2つの円の直径はいくらだろうか． 〔解答 p.207〕

問題5 陰陽の2等分

2人の数学者がマンハッタンの西3丁目の中華レストラン「陰陽」で夕食をともにしていた．そしてレストランのメニューに載っていた陰陽の図案（図57）について雑談を始めた．

図57 陰陽の全体像．陰は暗い部分，陽は明るい部分である．

「これは世界でも最も古い宗教的シンボルの1つだろうね」と一方が言った．「自然の中の両極性をこれほど魅力的に象徴化する方法はほかにはなかなかないだろう．善と悪，男と女，インフレとデフレ，微分と積分」「ノーザン・パシフィック鉄道のシンボルマークもこれだったっけ」「そうだ．確か，鉄道会社のチーフエンジニアの1人が1893年のシカゴ万国博覧会で韓国旗の紋章を見て，これを使うように会社に進言したんじゃなかったかな．蒸気エンジンを動かすのに必要な，対極にある2つの要素，火と水を象徴するん

だとか」

「現代の野球のボールの作り方にも影響があったと思うかい」

「そうかもね．ところで君は知っているかい．この円を通過する直線を描いて，陰陽の領域をどちらも正確に 2 等分するエレガントな方法があるんだが」

陰と陽を分割する線は 2 つの半円弧をつないだものであるとして，1 本の直線を引くだけで，陰と陽を同時に 2 等分する方法を示してもらいたい． 〔解答 p. 209〕

問題 6　青い目の姉妹たち

ジョーンズ家の姉妹のうちの 2 人にたまたま出くわすと（その 2 人はジョーンズ家の姉妹すべての集合からランダムに選ばれていると仮定している），2 人とも青い目をしている確率が五分五分だとする．このとき，ジョーンズ家には，青い目の姉妹は何人いると予測するのが一番妥当だろうか． 〔解答 p. 211〕

問題 7　薔薇色の街の年齢は

2 人の教授がいた．1 人は英語が専門で，もう 1 人は数学が専門だ．彼らは教員用バーで飲んでいた．

「興味深いことに」英語教授が言った．「詩人の中には，どうしたわけか，不滅の 1 行以外には何も価値あるものを残せないという人たちがいるね．たとえばジョン・ウィリアム・バーゴンだ．彼の詩はあまりにも月並みだったので，こんにちでは誰も見向きもしないが，それでも英語詩の中で最高の 1 行を残しているからね．『薔薇色の街，その齢は時の齢の半分』だ」

数学教授は，即興パズルを作って友人を困らせるのが好きだったので，しばらくの間考えて，グラスを掲げてこんな詩を暗唱した．

薔薇色の街 その齢は時の齢の半分
10 億年前 薔薇色の街の齢
いまから 10 億年後の 時の齢と較べたら
ちょうど五分の二だったとさ
薔薇色の街はいま何歳？

　英語教授は，代数なんかとっくの昔に忘れてしまっていたので，すぐに話題を変えてしまったが，本書をお読みの読者なら，この問題はなんなく解けるだろう．　　　　　　　　　　　〔解答 p. 211〕

問題8　高校別対抗戦

　3 つの高校（ワシントン校，リンカーン校，ルーズベルト校）が陸上競技で競い合った．各校とも，すべての種目にそれぞれちょうど 1 人ずつ参加した．リンカーン校のスーザンは野外席に座ってボーイフレンドを応援していた．彼は砲丸投げの学内チャンピオンなのだ．

　スーザンがその日の遅くに帰宅すると，父親がその日の彼女の高校の結果を尋ねてきた．

　「砲丸投げはうまくいって，私たちが勝ったのよ」彼女は言った．「でも対抗戦全体ではワシントン校が優勝したわ．彼らの最終スコアは 22 点だったの．私たちは 9 点で，ルーズベルト校と同点よ」

　「それぞれの種目はどういう具合に点数づけされたんだい」父親は尋ねた．

　「うーん，正確には覚えてないけど」スーザンは答えた．「でもどの種目でも，1 位はそれなりの点数を得ていたし，2 位は，もうちょっと少ない点数をもらっていたし，それに 3 位も，もっと少ないけれど，とりあえず点数はもらえていたわ．それに，すべての種目で点数は同じだったはずよ」（スーザンが「点数」と言っているとき，もちろんこれは正の整数を意味している．）

「全部で何種目あったんだい」

「あぁ，そんなの知らないわ，お父さん．私が見ていたのは砲丸投げだけだもの」

「走り高跳びはあったのかい」スーザンの兄弟が尋ねた．

スーザンはうなずいた．

「どこが勝ったんだい」

スーザンは知らなかった．

　一見すると信じがたいかもしれないが，すでに与えられた情報だけで，次の質問に答えることができる．走り高跳びで勝ったのは，どこの高校だろうか． 〔解答 p. 212〕

問題 9　シロアリと 27 個の立方体

　同じ大きさの 27 個の小さな木製の立方体を糊付けした 1 つの大きな立方体を想像してもらいたい（図 58）．外側のある小立方体の面の中央から，1 匹のシロアリが穴を開けて掘り進み，それぞれの小立方体を 1 度ずつ通り抜けるとする．シロアリはいつでも大きい立方体の面と平行に動き，斜めに移動はしない．

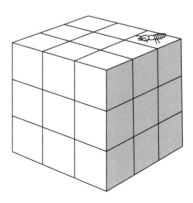

図 58　シロアリと立方体の問題．

さてシロアリは，26 個の外側の立方体をそれぞれちょうど 1 度ずつ通り抜け，最後に初めて中心の小立方体にたどり着くことができるだろうか．もしできるなら，どうすればよいか示し，もしできないなら，それを証明してもらいたい．

シロアリは，ひとたび小立方体に入り込んだら，大きい立方体の内部だけを掘り進んでいくものとする．さもないと，大きい立方体の表面を這うことができてしまい，表面に沿って移動したあとで，まったく別のところから入り込むことができる．もちろんこれが許されるなら，そもそも問題にならない． 〔解答 p. 213〕

|解答

1. 図59にヒップが引き分けに終わる状況を示した．美しく，かつ見つけるのが困難なこの解を最初に発見したのはオクラホマ大学の数学科の学生であったC・M・マクローリーだ．彼は，自分の先生の1人であるリチャード・アンドレー経由で私の問題を知った．

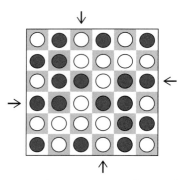

図59　ヒップゲームにおける引き分けの盤面．

2人の読者（ニューヨーク州スコシアのウィリアム・R・ジョーダンとペンシルバニア州トワンダのドナルド・L・ヴァンダープール）は，可能な場合を網羅的に列挙して，矢印で示した4か所の赤と黒の配置について少し選択肢があるものの，それを除けば，解は一意的であることを示してくれた．引き分けの盤面にするには，4つすべてが同じ色でさえなければどの色でも構わない．ただし各プレーヤーは，ちょうど18個のコマをもっているので，4マスのうち2つは一方の色で，残りの2つは他方の色だ．ここでは，盤面の赤と黒を反転しても同じパターンになる配置にしておいた．

大きさ6の盤面は，引き分けになりうる最大のものだ．証明は，1960年に当時オレゴン大学の大学院生だったロバート・I・ジュエットが与えた．彼は，大きさ7の盤面については，終了時のコマの数が26対23でも24対25でも引き分けがありえないことを示している．それより大きな盤面は，大きさ7×7

の盤面を含んでいるので，その場合も引き分けはありえない[*1].

　実際に遊べるゲームという視点では，大きさ 6 の盤面上でのヒップは，まったくもって四角で退屈なゲームだ．バークレーにあるカリフォルニア大学ローレンス放射線研究所の化学の教授デイヴィド・H・テンプルトンは，単純な対称戦略をとれば，後手はいつでも引き分け以上に持ち込めることを指摘してくれた．後手は，相手の最後の手に対して，盤面の中央の線に関して線対称な位置に置き続ければよい．あるいは盤面の中心に対して，うまく 90 度回転させた位置に置き続けるとうまくいくこともある（この戦略で，図示した引き分けの配置にもたどりつける）．あるいは別の戦略として，相手の直前の手に対して，盤面の中心を挟んだ反対側に置くというものもある．後手の対称戦略は，ミズーリ州リッチモンドハイツのアラン・W・ディキンソンとテキサス A&M カレッジのマイケル・メリットも知らせてくれた．こうした戦略は，大きさが偶数のどんな盤面にも適用でき，かつ 6 よりも大きな盤面に引き分けはないため，大きさ 8 以上の偶数サイズの盤面で，対称戦略は後手の必勝戦略となる．大きさ 6 の盤面でも，盤面の中央の線に関する線対称戦略は必勝戦略だ．なぜなら，唯一の引き分けパターンは，線対称性をもたないからである．

　対称戦略は，奇数サイズの盤面では中央のマスがあるため，うまくいかない．奇数サイズの盤面に有効な戦略は知られていないので，実際の対戦には大きさ 7 の盤面が最適だ．引き分けに終わることはありえず，また，それぞれが合理的な戦略をとったとき，先手と後手のどちらが勝つのか，現時点ではわかっていない．

　1963 年，ウースター工科大学の土木工学部の学生だったウォルター・W・マッシーは，期末レポートとして，デジタルコンピュータ IBM 1620 上でヒップの対戦プログラムを作成した．このプログラムは，コンピュータが先手も後手も担当でき，盤

---

*1　〔訳注〕この議論にはギャップがある．実際には終了時のコマの数によらず，大きさ 7 の盤面に引き分けがないことを示す必要があるが，これは 1970 年に解決されている．

面のサイズは 4 から 10 までに対応している。コンピュータが先手のときは、最初にランダムなマスにコマを置く。それ以外のときは対称戦略を取るが、打つと正方形ができてしまうときには、安全なマスが見つかるまでランダムに探索する。

大きさ $n \times n$ の正方形の盤面で、4 つのマスで作られる異なる正方形の数は全部で $(n^4 - n^2)/12$ 個である。この公式や、長方形盤面についての公式は、ハリー・ラングマンの論文で導出方法が示されている[*2]。

私が知る限り、3 角格子上での同様の「3 角形を作らない」彩色問題は研究されていない。

2. 機関車が貨車 A と B を入れ換えて最初の位置に戻るには、次のような 16 回の操作手順がある。

（1） 機関車は右に動いて、貨車 A を連結する。
（2） 貨車 A を下まで引いていく。
（3） 貨車 A を左に押し込んで、連結を切り離す。
（4） 右に移動する。
（5） 時計回りに回ってトンネルを通過する。
（6） 貨車 B を左に押し込んで、3 両とも連結する。
（7） 貨車 A と貨車 B を右に引きだす。
（8） 貨車 A と貨車 B を上に移動する。貨車 A を貨車 B から切り離す。
（9） 貨車 B を下に移動する。
（10） 貨車 B を左に押し込んで、切り離す。
（11） 反時計回りに回ってトンネルを通過する。
（12） 貨車 A を下に移動する。
（13） 左に移動して貨車 B を連結する。
（14） 貨車 B を右に移動する。
（15） 貨車 B を上に移動して切り離す。
（16） 左に移動して、最初の位置に戻る。

[*2] *Play Mathematics*, Hafner, 1962, pp. 36–37.

この手続きは，機関車の前の部分で貨車を引っ張ることを禁じられていてもうまくいく．ただしこのとき，最初の配置で，機関車の後部が貨車側を向いていなければならない．

ニューヨーク市のハワード・グロスマンやフロリダ州マイアミのモイゼス・V・ゴンザレスは，仮に下の待避線がなかったとしても，問題が解けることを指摘してくれた．ただしこのとき，もう 2 回余分な動きが必要となり，全部で 18 回の操作となる．読者はどうすればいいか，見つけることができるだろうか．

3. フラッツビールの看板の問題の面白いところは，車の速度が求まらなくても，看板の間隔を知ることができるところだ．1 分間に通過した看板の枚数を x とする．すると車は 1 時間で $60x$ 枚の看板を通過する．車の速度は，夫人によれば，時速 $10x$ マイルだ．$10x$ マイル進むときに看板を $60x$ 枚通過するのだから，1 マイル進む間には $60x/10x$，つまり 6 枚の看板を通過する．したがって看板どうしの間隔は 1/6 マイルだ．

4. 立方体を，図 60 のように 6 つの辺の中点をつなぐ平面で半分に切断すると，断面は正 6 角形になる．立方体の 1 辺の

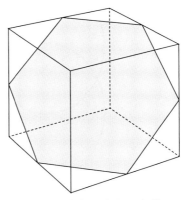

図 60　立方体の断面図の解答．

長さが 1/2 インチだったとすると，正 6 角形の 1 辺の長さは $\sqrt{2}/4$ だ．

交差する 2 つの円が断面に現れるようにトーラスを切断するには，図 61 に示したとおり，平面が中心を通るようにして，かつ上と下とでトーラスに接するようにすればよい．トーラスと穴の直径がそれぞれ 3 インチと 1 インチだったとき，断面に現れる円の直径は明らかに 2 インチである．

ドーナツの断面に円が現れるのは，この切断方法と，問題文の中で述べた 2 通りの方法だけである．カリフォルニア州ホーソーンのナショナル・キャッシュ・レジスター社のエレクトロ

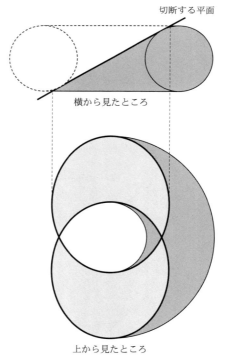

図 61　ドーナツの断面図の解答．

ニクス部門のエベレット・A・エマーソンは,これ以外の方法がないことの完全な代数的証明を送ってくれた.

5. 図 62 に陰と陽を同時に 2 等分する直線の引き方を示す.図中の点線のように半円を描けば,簡単に証明できる.円 K の直径は,全体の円のそれの半分だ.したがって面積は全体円の $1/4$ である.この円から領域 G を取り除いて領域 H を追加すると,結果として得られる領域は全体円のやはり $1/4$ を占めている.つまり領域 G と領域 H は同じ面積で,当然のことながら G の半分と H の半分も同じ面積だ.2 等分線は円 K から G の半分を取り除き,その代わりに同じ面積(H の半分)を加えている.したがって 2 等分線の下の黒い領域は,円 K と同じ面積である.小さい円の面積は大きい全体円の面積の $1/4$ だったので,陰は 2 等分されている.同じ議論が陽のほうにも適用できる.

上記の証明はヘンリー・デュードニーによる[*3].これがサイエンティフィック・アメリカン誌に掲載されたあと,4 人の読者(A・E・ドカエ,F・J・フーヴェン,チャールズ・W・トリッグ,B・H・K・

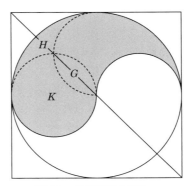

図 62　陰陽問題の解答.

[*3] *Amusements in Mathematics*, University of Michigan Library, 1917. 問題 158 の解答より.〔邦訳:『パズルの王様(1)』H. E. デュードニー著,藤村幸三郎,林一訳.ダイヤモンド社,1974 年.〕

ウィロビー）が別証明を送ってきてくれた．こちらのほうがもっ
と単純だ．図62で，小さい円 K に水平な直径を引く．この直
線の下の半円は明らかに大きい円の 1/8 だ．そして，この直線
の上の部分は大きい円の 45 度分の扇型（小さい円の水平な直径
と対角線で区切られている）なので，これもまた大きい円の 1/8
である．これを合わせると，半円と扇型とで大きい円の 1/4 の
面積になり，したがって対角線は陰と陽をどちらも 2 等分する．
陰陽を曲線で 2 等分する話もあるが，これは上であげたデュー
ドニーの文献や，トリッグの論文*4 を参照してもらいたい．

　陰陽の図案（中国では太極図〔タイチーツー〕，日本では巴〔ともえ〕とよばれている）は通
常，陰の中央に陽の小さな点，陽の中央に陰の小さな点が描か
れていることが多い．これは，人生におけるほとんどすべての
二項対立は，純粋なものではないという事実を象徴している．
どんなものでも，対照をなす相手をわずかに含んでいるもの
だ．この図案についての東洋の文献は，膨大な量にのぼる．サ
ム・ロイドは，この図案に基づいたパズルをいくつか提案し
た*5 が，彼はこの記号を「偉大なる単子〔モナド〕」とよんだ．デュード
ニーも「単子〔モナド〕」という語を引き続き使い，オリン・D・ウィー
ラーもノーザン・パシフィック鉄道が 1901 年に発行した冊子
『ワンダーランド』の中で，この語を使っている．ウィーラー
の冊子の最初の章はこのトレードマークの歴史に割かれてい
て，興味深い情報と東洋の文献からとったカラーの図版で溢れ
ている．この記号に関するさらなる情報は，スカイラー・カマ
ンの論文*6，私の本*7，ジョージ・サートンの本*8 などを参照

---

*4　"Bisection of Yin and of Yang." C. W. Trigg in *Mathematics Magazine*
34, November-December 1960, pp. 107–108.
*5　*Sam Loyd's Cyclopedia of Puzzles*, Lamb Publishing Co., p. 26.
*6　"The Magic Square of Three in Old Chinese Philosophy and Religion."
Schuyler Cammann in *History of Religions* 1, Summer 1961, pp. 37–80.
*7　*Ambidextrous Universe.* Martin Gardner. Basic Books, 1965, pp. 249–250.
〔邦訳：『自然界における左と右』マーティン・ガードナー著，坪井ほか訳．紀伊國屋書
店，1992 年，pp. 283-285．ただしこれは，1990 年に出版された版からの翻訳．〕
*8　*A History of Science* Vol. 1. George Sarton. Harvard University Press,
1952, p. 11.

されたい．カール・グスタフ・ユングも 1929 年の易経の本[9]
の導入部で陰陽の図案に関する英語文献を何冊か挙げている
し，『中国の単子(モナド)——歴史と意味』という本[10] もある．

6. ジョーンズ家にはおそらく，全部で 4 人の姉妹がいて，
そのうちの 3 人が青い目であろうと思われる．仮に n 人の姉
妹がいて，そのうちの b 人が青い目であったと考えると，ラン
ダムに選んだ 2 人が青い目である確率は次の式で表現できる．

$$\frac{b(b-1)}{n(n-1)}$$

この確率が 1/2 であるということなので，本問題は，適切な
自然数 b と n を見つけて，上記の式の値が 1/2 になるように
すればよい．これを満たす最も小さい値の組は $n = 4$，$b = 3$
である．次に小さい値の組は $n = 21$，$b = 15$ であるが，21 人
もの姉妹がいるとはちょっと考えにくいので，姉妹は 4 人で，
そのうちの 3 人が青い瞳の持ち主であると考えるのが最も妥当
であろう．

7. 薔薇色の街の年齢は 70 億歳だ．10 億歳を単位として，
今の街の年齢を x，今の「時」の年齢を y としよう．10 億年前
には街の年齢は $(x-1)$ で，今から 10 億年後は「時」の年齢
は $(y+1)$ だ．ここで問題文から，次の 2 つの等式が得られる．

$$2x = y$$
$$x - 1 = \frac{2}{5}(y+1)$$

この 2 つの式から街の現在の年齢 $x = 7$（× 10 億年）がわか
り，そして「時」の年齢が $y = 14$（× 10 億年）であることが
わかる．この問題は，宇宙創成に関する「ビッグバン理論」を
前提としている．

---

[9]　〔訳注〕この本は明記されていないが，以下の本と思われる："The I ching, or,
Book of changes," R. Wilhelm（著），C. F. Baynes（英訳），Pantheon Books, 1929.
[10]　*The Chinese Monad: Its History and Meaning*, Wilhelm von Hohen-
zollern, 1934.

8. 3つの出場高校で行なわれた陸上競技の中で，ワシント
ン高校が走り高跳びで勝利を収めた．これを示す流れを簡単に
説明しよう．それぞれの種目ごとに，3つの違った正整数が得
点として1位，2位，3位に与えられるのだった．したがって
1位の高校には少なくとも3点与えられる．最低でも2つは陸
上競技があって，（砲丸投げで1位をとった）リンカーン校の最
終得点が9点だったのだから，1位の高校に与えられる得点は
8点を超えることはない．では，1位の高校の得点が8点とい
うのはありえるだろうか．いや，ない．もしそうだとすると，
陸上競技はたった2種目しか開催されず，そうするとワシント
ン校が合計22点を取ることはできない．また，7点というの
もありえない．なぜなら，このときは4種目以上は開催され
ず，そして3種目では，やはりワシントン校が22点を取るこ
とができないからだ．もうちょっと細かい議論を進めると，1
位の点数の整数として，6と4と3も候補から外せる．可能な
のは5だけだ．

1位の得点が5点だったとすると，ちょうど5種目が開催さ
れたはずだ．（それよりも少ないとワシントン校が22点取れない
し，逆に6種目以上開催されていると，リンカーン校の合計が9点
を超えてしまう．）リンカーン校は砲丸投げで5点を獲得したの
だから，残りの4種目では，1点ずつしか取れていない．ワ
シントン校が22点を取るには，2通りの組合せしかない．すな
わち4点，5点，5点，5点，3点か，2点，5点，5点，5点，
5点だ．ここで初めのケースではないことがわかる．なぜなら，
この場合はルーズベルトが17点になり，すでに知っている情
報である9点と合わない．最後に残ったケースはルーズベルト
の最終得点とも辻褄が合うので，図63に示したとおりの表で，
ただ1通りしかない得点を再構成できる．

ワシントン校は，砲丸投げを除いてすべての種目で1位を獲
得している．したがって，走り高跳びでも1位だったはずだ．

ここで与えたものよりも，ずっと短い解答を送ってくれた読
者が大勢いた．2人の読者（カリフォルニア州サラトガのアーリ

種目	1	2	3	4	5	得点
ワシントン校	2	5	5	5	5	22
リンカーン校	5	1	1	1	1	9
ルーズベルト校	1	2	2	2	2	9

図 63　陸上競技問題の解答.

ス・ジェドリカ夫人とイリノイ工科大学のアルバート・ゾック）は，この問題が唯一解をもつという仮定を使えば，即座に答えを求める方法があることを指摘してくれた．アーリス・ジェドリカ夫人の手紙によればそれは次のとおり．

　拝　啓

　この問題は，一切の計算なく解けることにお気付きでしょうか．必要な手がかりは最後の段落にあります．この整数方程式の解からは，どの高校が走り高跳びで勝ったのか，紛れもなく決まらなければなりません．これが可能になるのは，1 つの高校が，砲丸投げを除いてすべての競技で勝利を収めたときに限ります．そうでなければ，この問題は与えられた情報だけでは解けなかったはずで，それは，点数や種目数を数えたあとでも同じことです．砲丸投げで勝った高校は，対抗戦全体の優勝校ではないので，優勝校が残りのすべての競技で勝ったのは明らかです．つまり，なんの計算の必要もなく，ワシントン校が走り高跳びで勝利したといえるのです．

　9.　不可能だというのが答えである．つまりシロアリが 26 個の外側の小立方体をちょうど 1 度ずつ通過して，最後に中心の小立方体にたどり着いて旅程を終えることはできない．これは，3 次元のチェッカー盤のマスのように小立方体に交互に色がついていると想像すれば，簡単に証明できる．ナトリウムの原子と塩素の原子が，普通の塩の結晶の中で，立方格子の結晶

構造をしているような状況だ．大きな立方体は，ある色の13個の小立方体と，別の色の14個の小立方体とから構成される．シロアリの経路はいつでも，道に沿って交互に色を変えながら小立方体を通過していく．そのため，もし経路が27個すべての小立方体を含むなら，始まりも終わりも，14個あるほうの色の小立方体でなければならない．ところが，中央の立方体は13個あるほうの色だ．したがって，こうした経路は存在しない．

　この問題は，次のように一般化できる．位数（1辺に沿って並んだ小立方体の数）が偶数の立方体では，ある色の小立方体と，同じ数だけ別の色の小立方体がある．中央の小立方体は存在しないが，どの小立方体から出発しても，すべてを通って，他方の色の好きな小立方体にたどりつける．奇数の位数をもつ立方体では，ある色の小立方体は他方の色のそれよりも1つ多いため，すべてを通る経路では，多いほうの色から出発して同じ色で終わらなければならない．立方体の位数が3, 7, 11, 15, 19などの場合，中央の小立方体は少数派に属するため，これはすべてを通る経路の端点にはなれない．立方体の位数が1, 5, 9, 13, 17などの場合，中央の小立方体は多数派に属しており，同じ色のどの小立方体から出発しても，ここを終点とすることができる．すべての小立方体を閉じた経路で通過することは，どんな奇数位数の立方体でも不可能である．なぜなら一方の色の小立方体が1つ余るからだ．

　2次元平面上のパズルで，同様の「偶奇性判定」を使って即座に解けるものがたくさんある．たとえばチェス盤上で，ある角からルーク（将棋の飛車）を出発させて，すべてのマスの上をちょうど1度ずつ通過して，対角線上の反対側の角にたどり着くことはできない．

後記
(1995)
　ドナルド・クヌースは，未解決問題であった7×7のヒップに興味をもった．双方が合理的に手を打ったとき，どちらが勝つのだろうか，あるいは引き分けに終わるのだろうか．彼は，この問題がコンピュータには難しすぎることに気付いたが，そ

れを考えているうちに，次のような魅力的な課題に思い至った：大きさ 6×6 の盤面にわずか 14 個のコマを置き，その時点では正方形はできていないが，どの空きマスにコマを置いても正方形ができてしまう配置にせよ，という問題だ．クヌースはきっかり 4 つの解を見つけたが，どれもほとんど同じだ．これを図 64 に示そう．

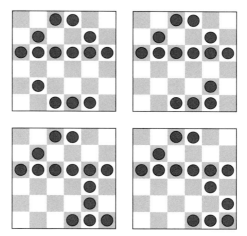

図 64　クヌースによるヒップパズルの解答．

電車の入れ換えパズルは，サム・ロイドやアーネスト・デュードニー，その他の人々のパズルの本にさまざまなものがたくさん載っている．[*11]

[*11] こうしたタイプの問題を扱った最近の文献を 2 点あげておこう．Computer Recreations column in *Scientific American*, A. K. Dewdney, June 1987.〔邦訳：別冊日経サイエンス 113『コンピューターレクリエーション IV 遊びの展開』(山崎秀紀訳，日経サイエンス社，1995 年) の「16　線路は続くよどこまでも　アルゴパズルの山越えて」(pp. 94-100).〕/ "Reversing Trains, A Turn of the Century Sorting Problem," by Nancy Amato, et al., *Journal of Algorithms*, Vol. 10, 1989, pp. 413–428.

| 13 |

ポリオミノと
断層線なし長方形

　ポリオミノ．この興味深い形は，チェッカー盤上*1 の隣り合う正方形をいくつかつないだものであり，1954 年にソロモン・W・ゴロムが数学界に持ち込んだ．彼は今，南カリフォルニア大学の電気工学と数学の教授である．ポリオミノの記事が初めてサイエンティフィック・アメリカン誌に掲載されたのは 1957 年のことだ．（本全集第 1 巻 13 章も参照.）　そのとき以来，ポリオミノは大いに人気がある数学レクリエーションとなり，幾百もの新しいパズルや，面白い配置が生み出されてきた．以下，ゴロムとのやりとりの中から，こうした最近の発見について紹介しよう．

　ゴロムはこう書いている．「5 つの隣接した正方形を覆う形をペントミノとよぼう．こうした形は 12 種類ある．これを［図 65 に示したように］並べるとアルファベットに似ているので，それぞれの文字を各ピースの名前にすると便利だ．語呂合わせをするなら，アルファベットの最後の部分（TUVWXYZ）と，フィリピン人（FILiPiNo）という語だけを覚えておけばよい」

　「これまでの文献で示されたとおり，ペントミノは全部で 12 種類あり，合計 60 個の正方形からなるため，たとえば 3 × 20, 4 × 15,

---

*1 〔訳注〕本章では何度も「チェッカー盤上で」と出てくるが，これは「正方形が規則正しく並び市松模様に塗られた平面上で」という意味だと思ってもらいたい.

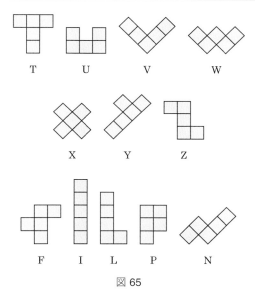

図 65

$5 \times 12, 6 \times 10$ といった大きさの長方形が作れる．また 8×8 のチェッカー盤についても，4つの正方形を追加するために 2×2 の大きさの正方形を盤面上の好きなところにおけば，残りをペントミノで埋めることができる．どのペントミノに対しても，それ以外の残りから9つを使って，その3倍体，つまり選んだペントミノの各辺の長さを3倍にしたものを作ることができる．また，12個のペントミノから，それぞれ大きさが 5×6 である長方形を2つ作ることもできる」

最後の配置は，互いに重ね合わせられるので，重ね合わせ問題として知られている．ゴロムは新しい重ね合わせ問題を5つ教えてくれた．いずれも，これまでは未発表だったものである．もしもあなたがまだペントミノで遊ぶ楽しさを経験していないのであれば，ぜひ厚紙で作って，これから紹介するパズルで自分の腕前を試してもらいたい．これらのパズルでは，各ピースを裏返しにしてもかまわ

ない.

（1） 12個のペントミノを4つずつ3グループに分ける．正方形20個からなる形で，3つのグループそれぞれで作れる形を見つけよ．いくつかある解答のうちの1つを図66に示す．

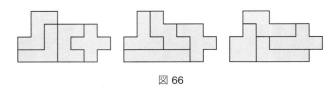

図 66

（2） 12個のペントミノを4つずつ3グループに分ける．それぞれのグループをさらに2ペアずつに分ける．それぞれのグループごとに，正方形10個からなり，ペアの両方で作れる形を見つけよ．解の1つを図67に示す．読者は別の解，特に穴のない解を見つけることができるだろうか．

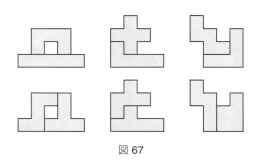

図 67

（3） 12個のペントミノを4つずつ3グループに分ける．それぞれのグループにモノミノ（正方形）を1つ追加して，3×7の長方形を作ってもらいたい．図68が解である．この解は，1つめの長方形の中のモノミノとYペントミノを裏返して同じところを埋められることを除けば，ほかに解はない．

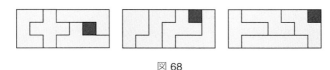

図 68

最後のパズルが唯一解であることの証明は，C・S・ローレンスのやり方に沿って示そう．まずはじめに，図 69 で示したパターンのように，X ペントミノは U ペントミノとつなげた形でないと使えない．この長方形に，さらに F ペントミノや W ペントミノを追加すると，長方形を作ることはできない．さらに，U ペントミノは X ペントミノを支えるのに使ってしまったということを考えると，F ペントミノと W ペントミノを同じ 3×7 長方形に入れるわけにはいかない．したがって，この 3 つの 3×7 長方形においては，1 つは X と U を含み，もう 1 つは W を含み（かつ U は含まず），そして 3 つめは F を含む（かつ U は含まない）．これらの 3 つの長方形の残りの部分を埋めるやり方をすべて列挙して調べると（これはとても時間のかかる作業だが），図に示した方法が唯一の解であることがわかる．

図 69

（4） 12 個のペントミノを 3 つずつ 4 グループに分ける．正方形 15 個からなる形で，4 つのグループがそれぞれで作れる形を見つけよ．この問題の解答は知られていない．ところが，不可能であることも証明されていない[*2]．

[*2] 〔訳注〕これは不可能であることが 1993 年に証明された．詳細は参考文献にある *Polyominoes* (Solomon W. Golomb，第 2 版，Princeton University Press, 1994)〔邦訳：『ポリオミノの宇宙』ソロモン・ゴロム著，川辺治之訳，日本評論社，2014 年〕の付録 C の補遺を参照のこと．

（5） チェッカー盤上で，12種類のペントミノのどれを選んでも，それを収めることができる最小の領域を見つけよ．こうした領域の最小面積は正方形9個分である．解はたった2つしかない（図70）．

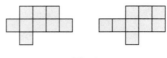

図 70

ゴロムの言葉を借りると「この2つの領域に収められることの証明は，各ペントミノが実際に中に収まることを確認すればよい．正方形が9個よりも少ないと不可能であることは，次のように証明できる．正方形9個未満の領域で可能だと仮定すると，特にI, X, Vペントミノが8個以内の領域に収まらないといけない．するとIペントミノとXペントミノは3つの正方形を共有する必要がある（さもないと，9個の正方形が必要になるか，あるいは最長の正方形の列の長さが6になる．後者はマスの無駄遣いだ）」．これは2通りの場合がある（図71）．ところが，どちらの場合にせよ，Uペントミノを収めようとすると9つめの正方形が必要になる．したがって正方形8個では足りない．そして正方形9個で十分であることの例は，すでに示したとおりだ．

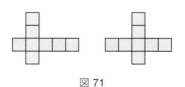

図 71

近年，最新のコンピュータ資源がさまざまなポリオミノの問題に使われるようになった．本全集第1巻のポリオミノの章では，ダナ・S・スコットがプリンストン大学のコンピュータ MANIAC 上

でプログラムを作り，中心に 2×2 の穴のあるチェッカー盤を 12 種類のペントミノで埋めつくす方法の総数をどのように計算したかという概要を紹介した．その結果，回転や反転によって重ねられない，本質的に異なる 65 通りの解があることがわかった．ごく最近，マンチェスター大学の数学者 C・B・ヘイゼルグローブがプログラムを書いて，12 種類のペントミノで大きさ 6×10 の長方形を作る方法をすべて見つけた．彼は，回転と反転を除いて，本質的に異なる 2339 通りもの解を見つけたのだ．また彼はスコットの問題の追試も行なった．

ゴロムも言うように，「ペントミノの個々の配置の中には，素晴らしいパズルがいくつもある」．図 72 は 64 個の正方形からなるピラミッドで，12 種のペントミノと，2×2 の正方テトロミノ

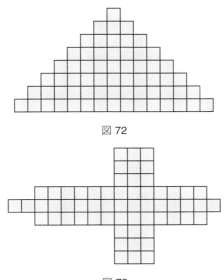

図 72

図 73

（正方形 4 つからなるポリオミノ）で作ることができる．図 73 の十字は，12 種のペントミノだけで作れるが，とても難しい．〔解答 p. 227〕

未解決の（解も見つかっていないし，不可能であることも証明されていない）パターンを図 74 に示す．正方形 1 つの穴を別の場所にしても，解

図 74

図 75

図 76

はいまだ見つかっていない．今のところ知られている最も近い近似的な配置を図75に示す．もう1つ，不可能であると信じられているのがハーバート・テイラーの配置だ．図76にこれを示すが，まだ誰も不可能であるという証明を見つけていない．

幸運にも，こうした問題のすべてが未解決というわけではない．たとえば図77に示したパターンは，カリフォルニア大学の数学者R・M・ロビンソンが12個のペントミノで作ることはできないということを証明した．このパターンには，境界をなす正方形が22個ある．ペントミノを1つずつ精査して，このパターンの境界に来ることができる正方形の数を数え上げると，合計は21個になり，必要な数にちょうど1つ分足りない．こうした発想は，ジグソーパズルを作るときに使われる．まず端に来るピースと内部のピースとを分類して，全体の外枠を最初に組み上げるというのは，よくある手だ．

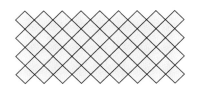

図77

ゴロムは言う．「ポリオミノのうち，正方形4つ分のものをテトロミノとよぶ．ペントミノとは違って，5種類ある異なるテトロミノを合わせても長方形にはならない．これを証明するために，まず4×5の長方形と2×10の長方形（正方形20個を使って作れる長方形はこの2つだけ）を市松模様に塗る［図78］．5つのテトロミノのうちの4つ［図79］は，いつでも2つの濃い色と2つの淡い色を覆うが，T型のテトロミノは，ある色の正方形3つと，他方の色の正方形1つを覆うしかない．したがって全部合わせると，5個のテトロ

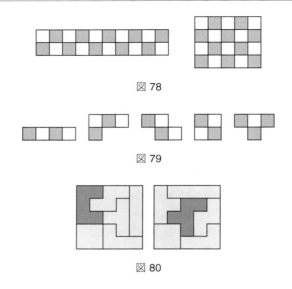

図 78

図 79

図 80

ミノは奇数個の濃い正方形と，奇数個の淡い正方形を覆う．ところが，問題になっている 2 つの長方形はどちらもそれぞれの色が 10 個ずつあり，10 は偶数だ」

その一方で，適当なペントミノ 1 つと 5 種のテトロミノを組み合わせると，5 × 5 の正方形ができる場合がある．例を 2 つ図 80 に示す．ここから面白い問題が生まれる：ペントミノのうち，こうした使い方ができるものは全部でいくつあるだろうか． 〔解答 p. 227〕

ゴロムによると，オレゴン大学で数学を専攻していた大学院生ロバート・I・ジュエット（彼は 1 つ前の章の最初の問題の解答でも登場している）が提案した問題は，ドミノ（正方形 2 つのポリオミノ）にまつわる問題であるが，これまで議論してきた問題とは一線を画すものだ．ドミノを使って長方形を作るのだが，このとき水平方向や垂直方向に長方形の対辺をつなぐ直線がないようにできるだろうか．たとえば図 81 の配置では，中心の垂直な線が上から下まで貫いてい

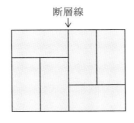

図 81

る．ドミノをレンガだと思うと，こうした線は構造的な弱点になる．ジュエットの問題はつまり，いわゆる「断層線」のない長方形のレンガ積みパターンを見つける問題だ．この問題に取り組むと，多くの人はすぐに音をあげて，この問題には解がないと確信する．しかしゴロムの言うように「本当は，無限に多くの解がある」．

ひと揃いのドミノを作るか持ってくるかして（通常のセットには 28 個のドミノが入っているが，これだけあれば十分だ），最小の断層線のない長方形を作れるかどうか，ぜひ試してみてもらいたい．この美しい問題の解答は，本章の解答のところで示すが，そこではゴロムが考え出した驚くべき証明も紹介しよう．この証明によると，断層線のない 6×6 の正方形は存在しない．　　　　　〔解答 p. 228〕

追記
(1966)

　この章がサイエンティフィック・アメリカン誌に掲載されて以来，ポリオミノと断層線のない長方形の研究は，飛躍的に進んだ．興味のある読者はぜひゴロムの著書（章末の文献欄参照）を見るとよい．同書には，この分野が網羅的に扱われていて，多くの新しい結果が記されている．

　ハーバート・テイラーの配置（図76）とギザギザ正方形（図74）は不可能であることが証明されたが，それは短いものではなく，どちらに対してもエレガントな証明は見つかっていない．テイラーの配置について証明を送ってくれたのはイワン・M・アンダーソン，レオ・J・ブランデンバーガー，ブルース・H・ダグラス，ミッキー・アーンショウ，ジョン・G・フレッチャー，メレディス・G・ウィリアムズ，ドナルド・L・ヴァンダープールだ．ギザギザ正方形の不可能性の証明はブルーノ・アントネリ，レオ・J・ブランデンバーガー，サイリル・B・カーステアズ，ブルース・H・ダグラス，ミッキー・アーンショウ，E・J・メイランド・ジュニア，ロバート・ネルソンが送ってくれた．

　イギリスのサリーのJ・A・リンドンは，ジグザグ正方形でモノミノ穴が境界上にある解を見つけた．穴は角の1つ隣である．彼の解はゴロムの本に掲載されている[*3]．ほかにもモノミノ穴が角にある解を見つけてくれた読者がいる．イギリスのサセックスのD・C・ガンとB・G・ガンはこのタイプの解を16通り送ってくれた．モノミノ穴が，境界上で角から2つ以上離れることができるかどうかは，まだわかっていない．

　バージニア州の南ボストンに住む，もと水理学エンジニアのウィリアム・E・パットンは，1944年から断層線のないドミノ長方形について研究してきたことを書き寄越してくれた．彼は，自身の結果をまとめたものの一部を送ってくれたが，その中には面白い問題がたくさんある．たとえば，縦向きのドミノと横向きのドミノを同数使って作れる，断層線のない最小の長方形だ．答えは大きさ5×8のものである．実際の配置を見つ

[*3] 同書の初版では p.73，2版では p.42．〔日本語版だと p.58．〕

けてほしい．

「ドミノで作る断層線のない正方形」からは，さまざまなゲームを思いつくが，著者が知る限り，これまで研究されていないようだ．たとえば，プレーヤーは交互に正方形のチェッカー盤面にドミノを置いていくものとしよう．最初に断層線を完成させたほうが勝者だ．断層線は縦でも横でもかまわない．あるいは逆のルールで，最初に断層線を作ったほうが負けというゲームでもよさそうだ．

| 解答 | ● ピラミッドと十字のパズルの解答は図 82 と図 83 のとおり．どちらも唯一解ではない．
● ペントミノのうち，5 つのテトロミノと組み合わせて 5×5 の正方形を作れるものはどれかという問題は，ペントミノ I，T，X，V 以外は，どれも可能だ．

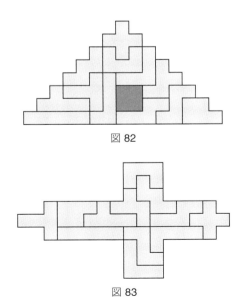

図 82

図 83

● ドミノで作れる，断層線のない長方形の最小のものは 5×6 である．本質的に異なる2つの解を図84に示そう．

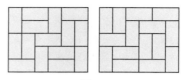

図 84

ソロモン・W・ゴロムの言葉を借りながら説明しよう．「断層線のない長方形の幅は，5以上でないといけないことを示すのは難しくない」．（幅が2, 3, 4の場合を，それぞれ分けて考えるとよい．）5×5 の正方形は小正方形を奇数個含む一方で，ドミノを使うと小正方形を必ず偶数個覆うことから，5×6 の長方形は最小の解であることがわかる．「5×6 の長方形は，断層線を含まないという性質を保ったまま，8×8 のチェッカー盤に拡張できる」．例を図85に示そう．

図 85　大きさ 8×8 の盤面上の断層線のない長方形．

意外なことに，断層線のない 6×6 の正方形は存在しない．この事実に対して，まったくもって驚くべき証明がある．

「6×6 の正方形を完全にドミノで覆ったところを想像してみよう．このとき，18個（面積の半分）のドミノが置かれていて，10本の格子線（水平な5本の線と垂直な5本の線）がある．断層線がないということは，それぞれの格子線が1つ以上のドミノと交差しているはずだ」

ゴロムの説明では，最初に示すべきことは，断層線のない長方形の辺の長さが偶数のとき，それぞれの格子線は必ず偶数個のドミノを貫くということだ．垂直な格子線を適当に考えてみよう．このとき，左側の面積は（小正方形の個数で表すと）偶数になる（6 か 12 か 18 か 24 か 30）．この格子線の左側に**完全**に含まれているドミノを考えると，それぞれのドミノは 2 つの小正方形を覆うので，全体で偶数面積を覆っているはずだ．格子線に貫かれているドミノは，やはりこの線の左側の偶数面積分を占めている．なぜならこの領域は，2 つの偶数の差（左側の総面積から左側の貫かれていないドミノを引いた分）だからだ．貫かれているドミノはそれぞれ，格子線の左側の小正方形を 1 つ占めているので，この線によって貫かれているドミノの数は偶数でなければならない．

ここで 6×6 の正方形には格子線が 10 本あった．断層線をなくすためには，それぞれの線が少なくとも 2 つのドミノと交差する必要がある．ドミノは格子線に 2 回以上貫かれることはない．したがって，少なくとも 20 個のドミノが格子線と交差しなくてはならない．しかし 6×6 の正方形には，18 個のドミノしかないのだ．

同様の議論により，断層線のない 6×8 の長方形が存在するためには，それぞれの格子線がちょうど 2 つのドミノと交差する必要がある．こうした長方形を図 86 に示そう．

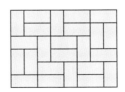

図 86　断層線のない大きさ 6×8 の長方形．

ゴロムによる説明を続けよう．「最も一般的な結果は次のとおり．長方形が偶数面積であり，長さと幅がどちらも 4 を越えるなら，その長方形に断層線がないようにドミノで覆うこと

ができる.ただし6×6の正方形が唯一の例外である.実際,5×6の長方形と6×8の長方形の敷き詰め方から,長さか幅を2だけ拡大する方法を用いれば,より大きなすべての長方形を覆うことができる」.この方法は,図87を使って説明するのが最も簡単だろう.水平方向に2だけ伸ばすのであれば,今の境界に接している水平なドミノの隣には,水平なドミノを1つ並べて置き,垂直なドミノは,今の境界から新しい境界にずらして置き,間にできたスペースを2つの水平なドミノで埋めればよい.

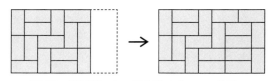

図87　断層線のない長方形パズルの一般解.

トロミノを使った同様の問題に興味をもつ読者もいるかもしれない.特に,2つ以上の「直線トロミノ」(1×3の長方形)で断層線なく覆える最小の長方形はどのようなものだろう.

後記
(1995)

ポリオミノに関する文献は,著者が最初にこの興味深い形状について1959年に書いて以来,あまりにも膨大な数に膨れあがってしまったので,そうした数百もの論文のリストをあげるのは不可能だ.ソロモン・ゴロムの本は,どちらの版も広範な文献情報を含んでいる.ジョージ・マーティンの本の参考文献欄も参照のこと.

未解決だった問題,つまりジグザグ正方形(図74)で,モノミノを境界上の角から3番めの位置に置いたパターンが解をもつかという問題は,解かれてしまった.オランダのA・ファン・デ・ウェテリングが作ったコンピュータプログラムは,すべての解を見つけた[*4].このプログラムは,それまでに見つ

[*4]　*The Journal of Recreational Mathematics* 24, No. 1, 1992, p. 70.

かっていた 10 個の解[*5] をすべて見つけだし，問題の位置にモノミノが置かれたものには解がないことを解明した．

断層線をもたない問題の 3 次元への一般化については，あまり調べられていない．ジャン・ミシェルスキーは『アメリカ数学月報』で次の問題を出題している[*6]：

「$20 \times 20 \times 20$ の立方体は，大きさ $2 \times 2 \times 1$ のブロックで作り上げることができる．ブロックの面は立方体の面と平行に置かれるが，全部が水平に置かれる必要はない．ここで，ブロックをどう積んでも，立方体全体を貫く，面と垂直な直線で，どのブロックとも交差しないものがあることを証明せよ」

証明は同書の別の号[*7] に掲載されている．断層線のない長方形に関する新しい結果については，同証明の参考文献に挙げられている論文を見るとよい．

文献

"Polyominoes." Martin Gardner in *The Scientific American Book of Mathematical Puzzles & Diversions*, Chapter 13. Simon & Schuster, 1959. （本全集第 1 巻 13 章）

Polyominoes. Solomon W. Golomb. Scribner's, 1965. （第 2 版：Princeton University Press, 1994.）どちらの版の参考文献も，それまでのすべての重要な既存の本や雑誌の情報をカバーしている．〔第 2 版の邦訳：『ポリオミノの宇宙』ソロモン・ゴロム著，川辺治之訳．日本評論社，2014 年.〕

"Regular Fault-free Rectangles." M. D. Atkinson and W. F. Lunnon in *Mathematical Gazette* 64 (June 1980): 99–106.

"Fault-Free Tilings of Rectangles." Ronald L. Graham in *The Mathematical Gardner*, pp. 120–126, ed. David Klarner. Prindle, Weber & Schmidt, 1981. Reprinted as *Mathematical Recreations* by Dover, 1998.

Polyominoes: A Guide to Puzzles and Problems in Tiling. George E. Martin. The Mathematical Association of Amer-

---

[*5]　*The Journal of Recreational Mathematics* 23, No. 2, 1991, p. 146.

[*6]　*The American Mathematical Monthly* 77, June/July 1970, p. 656.

[*7]　Vol. 78, August/September, 1971, page 801.

ica, 1996. 断層線のない長方形は同書の pp. 17-21 で考察されて
いる.

"The Chinese Domino Challenge." Donald Knuth in *The Edge
of the Universe*, pp. 32–33, eds. Deanna Haunsperger and
Stephen Kennedy. Mathematical Association of America,
2006. 同書では，中国ドミノ（1 × 3 長方形）の断層線の
ない 8 × 12 枠への敷き詰め問題を解いている.

|14|

オイラー潰し
──大きさ10のグレコ-ラテン方陣

数学の歴史は，鋭い予想，つまりすばらしい数学的な洞察力をもつ人々による，直観的な推測で満ちあふれている．こうした予想は，証明や反証がなされるまでに何百年もかかることがあり，ついに決着がつくと，数学界にとびきりの衝撃を与える事件となる．こうした事件が1つでなく2つも報告されたのは，1959年4月のアメリカ数学会の年次大会だ．そのうちの一方は（高度な群論の予想の証明なので）ここでは気にしないことにするが，もう一方は，偉大なスイスの数学者，レオンハルト・オイラーによる有名な予想の反証であり，レクリエーション数学のたくさんの古典的な問題に関係のあるものだ．オイラーは，ある次数のグレコ・ラテン方陣[*1]は存在しないだろうという確信を明記していた．しかし3人の数学者（スペリーランド社レミントンランド UNIVAC 部門の E・T・パーカーと，北カリフォルニア大学の R・C・ボーズと S・S・シュリカンデ）がオイラーの予想を完全に粉砕した．オイラー以降，その道のプロたちが177年にわたって不可能だと信じていたある種の方陣を，彼らは無限に生成する方法を見つけたのだ．

この3人の数学者は，同僚に「オイラー潰し」とあだ名をつけられながら，自分たちの発見について報告をまとめた．以下では，こ

---

*1 〔訳注〕実験計画法の分野では，グレコ・ラテン方格とよぶが，本書では，より一般的な枠組みの中で議論することもあり，グレコ・ラテン方陣とよぶことにする．

の概要を引用しつつ，私の言葉で概念を明確にしたり，技術的な流れを要約したりしながら，話を進めることにしよう．

「レオンハルト・オイラーは晩年，新種の魔方陣に関する長い研究論文[*2]を書いた．こんにちではこの魔方陣はラテン方陣とよばれているが，それはオイラーがマスにラベルをつけるときに（ギリシャ文字ではなく）普通のラテン文字を用いたことに由来する」

たとえば図88の左の方陣を考えてみよう．4つのラテン文字（a, b, c, d）が方陣の16個のマスを埋めていて，それぞれの文字は各行・各列ともに1度ずつ現れている．それぞれのマスに対して，今度はギリシャ文字でラベルづけした別のラテン方陣を図の中央に示す．この2つを重ね合わせると，図の右のようになり，各ラテン文字はちょうど1度だけ，それぞれのギリシャ文字と組み合わせられる．3人の数学者の言うように，「2つかそれ以上のラテン方陣をこのように組み合わせることができるとき，これらは互いに直交する方陣であるという．組み合わせてできあがった方陣はギリシャ文字とラテン文字を使っていることから，グレコ・ラテン方陣という名で知られている」．

右に描かれた方陣は，18世紀に流行った次のようなカードパズルの解の1つになっている．1組のトランプから，エース，キング，

a	b	c	d
b	a	d	c
c	d	a	b
d	c	b	a

α	β	γ	δ
γ	δ	α	β
δ	γ	β	α
β	α	δ	γ

aα	bβ	cγ	dδ
bγ	aδ	dα	cβ
cδ	dγ	aβ	bα
dβ	cα	bδ	aγ

図88　グレコ・ラテン方陣（右）は，2つのラテン方陣（左と中央）を重ね合わせて作られている．

[*2] *Recherches sur une nouvelle espèce de quarrés magiques.* Verh. Zeeuw. Gen. Weten. Vlissengen 9, 1782, pp. 85-239.

クイーン，ジャックをすべて抜き出して並べて，それぞれの行や列に，4種類の値と4種類のスートがすべて現れるようにせよという問題だ．本書の読者には，図とは別の解答で，しかも2つの対角線上にも，値とスートがそれぞれ1度ずつ現れるものを見つけてもらいたい．　　　　　　　　　　　　　　　　　　　　　　　　　　〔解答 p.243〕

　オイラー潰したちの言葉を借りれば，「次数 n の一般のラテン方陣とは，大きさ $n \times n$ の方陣で，n^2 個のマスには n 種類の異なる記号が書き込まれ，それぞれの行や列に各記号がちょうど1度ずつ現れるものである」．大きさ4以外でも，どの2つを選んでも互いに直交するような，2つあるいはそれ以上の個数のラテン方陣の組がある場合がある．図89に4つの互いに直交する次数5のラテン方陣を示した．それぞれの記号は数字で表してある．

　オイラーの時代でも，次数2のグレコ・ラテン方陣が存在しないことを証明するのは簡単なことであった．次数3, 4, 5の場合は存在することが知られていた．しかし次数6はどうか．オイラーはこ

0	1	2	3	4
1	2	3	4	0
2	3	4	0	1
3	4	0	1	2
4	0	1	2	3

0	1	2	3	4
2	3	4	0	1
4	0	1	2	3
1	2	3	4	0
3	4	0	1	2

0	1	2	3	4
3	4	0	1	2
1	2	3	4	0
4	0	1	2	3
2	3	4	0	1

0	1	2	3	4
4	0	1	2	3
3	4	0	1	2
2	3	4	0	1
1	2	3	4	0

図89　互いに直交する次数5のラテン方陣4つ．

の問題をこんな風に書いた： 6 つの軍隊のそれぞれに，6 人の士官がいて，それぞれが違う 6 階級に属していた．この 36 人の士官を正方形の隊形に並べて，それぞれの行と列に，それぞれの階級とそれぞれの連隊に属する士官が 1 人ずつ入るようにすることはできるだろうか．

この n^2 人の士官の問題は，次数 n のグレコ・ラテン方陣を構成する問題と同じであり，オイラーは n が奇数の場合と，n が「全偶数」（4 で割り切れる値）のときはいつでも解けることを示した．しかしオイラー潰したちによれば「広範な試行錯誤に基づいて，彼はこう述べた．『ためらいなく次のように結論づけたい．36 マスの完全な方陣を作ることは，不可能であろう．また $n = 10$ や $n = 14$ といったすべての一般の半偶数の場合も見込みは同様である』」（ここで半偶数とは 4 で割れない偶数）．これはオイラー予想として有名になった．もう少し形式的にいえば，次のとおりである： 任意の正の整数 k について，次数 $n = 4k + 2$ の互いに直交するラテン方陣の組は存在しない．

1901 年には，フランスの数学者ガストン・タリーが，オイラーの予想は次数 6 の正方形では確かに正しいことを証明した．タリーは，兄弟の助けも借りて，大変な思いをしてこれを示した．彼は単純に，次数 6 の可能なラテン方陣をすべて構成・列挙して，どのペアを組み合わせてもグレコ・ラテン方陣にならないことを実際に確かめた．これはもちろん，オイラーの予想にとっては追い風であった．この予想が正しいとする「証明」を発表した数学者も数人いたが，こうした証明には後年，欠陥が見つかった．

紙と鉛筆でこの問題を解こうとして，網羅的に列挙して調べ尽くそうとすると，方陣の次数が増すにつれて，労力は急速に膨大なものとなる．次の未知の値は次数 10 であるが，この方法でなんとかするには，あまりにも複雑すぎ，1959 年当時のコンピュータではほぼ無理であった．ロサンゼルスのカリフォルニア大学では，数学者たちがコンピュータ SWAC 上で次数 10 のグレコ・ラテン方陣

を探すためのプログラムを作成した．そして 100 時間以上かけた探索では，ただの 1 つも見つからなかった．しかしこの探索は，全体の可能な探索エリアの中の顕微鏡的に狭い範囲に限られたものであり，ここから結論を出すことなどできるものではなかった．見積りによれば，もしオイラーの予想が正しかったとすると，1959 年当時の最高速のコンピューター上で SWAC が使ったプログラムを実行すると，証明には少なくとも 50 万年はかかるということであった．

　オイラーの研究論文は次のように締めくくられている．「この段階で研究を終える．この問題は，それ自身は使い道がほとんどないのではあるが，組合せ論や魔方陣に関する一般的な理論の，かなり重要な結果へと誘ってくれるものである」．オイラー潰したちの報告を読むと，その解答が得られる過程は，科学の普遍性の顕著な一例になっていることがわかる．彼らがオイラー予想に対して解答を与えようとした最初のきっかけは，農事の実験における現実的な必要に迫られたものであり，そしてオイラーが使い道がないと思っていた研究は，実際には対照実験の計画に対してとてつもなく価値のあることが証明されたのだ．

　ロナルド・フィッシャー卿は，今ではケンブリッジ大学の遺伝学の教授で，世界でも指折りの統計学者の 1 人だが，ラテン方陣が農事研究にいかに有用であるかを（1920 年代初頭に）初めて示した人でもある．たとえば，7 種類の異なる化学肥料が小麦の成育にどのくらい効果的であるか，なるべく時間とお金を節約して試したいとしよう．こうした試験で直面する難しさは，畑の中で土壌の肥沃さが不規則に分布することだ．どのように実験を計画すれば，7 種類の化学肥料すべてを並行して試験し，かつ同時に，こうした肥沃さの分布で生じる「偏り」をなくすことができるだろうか．その答えはこうだ．小麦畑を 7 × 7 の正方形をなす区画に分けてから，7 つの「処理」をランダムに選んだラテン方陣のパターンに合わせて与える．得られた結果に単純な統計解析を適用すれば，このパターンの

おかげで，土壌の肥沃さの種類によって生じる偏りをなくすことができる．

　ここで，この試験における小麦が1種類ではなくて7種類だったとしよう．この新たな4つめの因子を組み込んだ実験を計画できるだろうか．（なおほかの3つの因子とは，行の肥沃さと，列の肥沃さと，「処理」の種類だ．）その答えこそがグレコ・ラテン方陣だ．ギリシャ文字は，7種類の小麦をどこに植えるかを表していて，ラテン文字は7種類の化学肥料をどこに撒くかを表している．この場合も，やはり結果の統計解析は単純になる．

　グレコ・ラテン方陣は，いまや生物学，薬学，社会学から，マーケティングにいたるまで，幅広い実験計画で使われている．もちろんマスは，土地の一画とは限らない．それは牛かもしれないし，患者かもしれない．あるいは薬や，動物を入れる檻，はたまた，注射する位置や，時間帯，観察者やそのグループなのかもしれない．グレコ・ラテン方陣は，実験に用いる単なる表にすぎない．つまり，行はある因子を見るためのもので，列は別の因子であり，ラテン文字は3つめで，ギリシャ文字は4つめだ．たとえば，医療研究者が，5種類の薬（1つは偽薬）を，5つの年齢層の，5つの体重のグループの，同じ病気の5つのステージに対して試験したいとする．このとき，次数5のすべてのグレコ・ラテン方陣のうちからランダムに1つを選ぶという方法が，この実験計画では最良の方法だ．より多くの因子の場合は，ラテン方陣をさらに重ね合わせれば実現できる．ただしどんな n に対しても，次数 n の方陣 n 個以上が互いに直交することはありえない．

　さて，パーカーとボーズとシュリカンデが次数 10, 14, 18, 22 といったグレコ・ラテン方陣をなんとか見つけ出す物語は，1958 年に始まる．それは，パーカーがオイラーの予想の正しさに強い疑念をもたらすような発見をしたときのことだ．ボーズは，パーカーに導かれて，大きい次数のグレコ・ラテン方陣を構成するための，強

力で一般的なルールを作り出した．そしてボーズとシュリカンデ
は，このルールを適用して，次数 22 のグレコ・ラテン方陣を構成
することに成功した．22 は偶数であり，しかも 4 で割れないので，
オイラーの予想に対する反例であった．面白いことに，この方陣の
構成方法は，あるレクリエーション数学の有名な問題の答えに基づ
いている．この問題は，カークマンの女子学生の問題とよばれてい
て，Ｔ・Ｐ・カークマンが 1850 年に出題したものである．こんな具
合だ．ある教師は，習慣に則り，15 人の女子学生を毎日散歩させ
るのであるが，そのときにいつでも 3 人ずつ 5 列に並ばせる．この
とき，7 日間連続する散歩で，誰も同じ女子学生と 2 度以上同じ列
に並ばないようにせよという問題だ．この問題の解答は，ある重要
な種類の実験計画の例であり，「釣合い型不完備ブロック」として
知られているものである．

　パーカーはボーズとシュリカンデの結果を見て新しい方法を考案
し，その結果，次数 10 のグレコ・ラテン方陣を作り出すことに成
功した．これを図 90 に示そう．1 つのラテン方陣に並んだ記号が
それぞれのマスの中の左側の数字 0〜9 で表されている．右側の数
字は 2 つめのラテン方陣のものである．この方陣は，実験方法に関
する現行の多くの大学の教科書でまさにその存在が否定されてきた
ものであったが，今やこの方陣のおかげで，統計学者はついに，10
通りの値をとる 4 つの因子を，簡単かつ効率的に制御する実験が計
画できるようになったのである．

　（次数 10 の方陣の中の右下隅にある大きさ 3 の正方形が，大きさ 3 のグレ
コ・ラテン方陣であることに注意しよう．最初の頃にパーカーとその同僚たち
が見つけた次数 10 の方陣は，行や列を並べ替えれば，どれも次数 3 の部分方
陣を含んでいた．行や列を並べ替えても，グレコ・ラテン方陣の性質が変わら
ないことは明らかだ．こうした並べ替えは自明なので，ある方陣と，その行や
列を入れ換えて得られる別の方陣は，「同じ」方陣であると見なされる．次数
10 のグレコ・ラテン方陣は，いつでも次数 3 の部分方陣を含むかどうかという
問題はしばらくの間，未解決であったが，その後，その性質を満たさない多く

00	47	18	76	29	93	85	34	61	52
86	11	57	28	70	39	94	45	02	63
95	80	22	67	38	71	49	56	13	04
59	96	81	33	07	48	72	60	24	15
73	69	90	82	44	17	58	01	35	26
68	74	09	91	83	55	27	12	46	30
37	08	75	19	92	84	66	23	50	41
14	25	36	40	51	62	03	77	88	99
21	32	43	54	65	06	10	89	97	78
42	53	64	05	16	20	31	98	79	87

図 90　E・T・パーカーの次数 10 のグレコ・ラテン方陣.
オイラーの予想の反例である.

の方陣が見つかったため，この予想は間違っているとわかった.）

　「この段階に至ると」 3 人の数学者たちは論文をこう結んでいる.「ボーズ・シュリカンデ組とパーカーとの間で熱のこもったやりとりが続いた. 方法はますます精錬され，最終的にわかったことは，$n = 4k + 2$ を満たす，n が 6 より大きいすべての場合についてオイラー予想が間違っていたということだ. この問題が，数学者たちを 2 世紀近く翻弄してきたことを考えると，突然それが完全に解決されたという事実は，ほかの人たちと同様，著者である私たちにとっても驚きであった. もっと驚くのは，ここで使われた概念は，深い現代数学の最前線に近いものですらなかったことである」. パーカーの業績については，ドナルド・クヌースが著名な本[3]で言及している.

---

[3]　*The Art of Computer Programming.* Donald Knuth. Addison-Wesley, Vol. 4, Fascicle 0, 2009, pp. 3–7. 〔日本語版 pp. 3–7.〕

追記
(1966)

　1959 年以降，コンピュータの速度は目覚しく向上し，数学者たちも，より効率的なプログラミング技法を身に着けていった．パーカーは UNIVAC 1206 軍用コンピュータ上でのプログラムを作ったが，このプログラムは，次数 10 の与えられたラテン方陣と直交する相手を全探索するもので，1 回の実行時間は 28 分から 45 分であった．これは古い SWAC プログラムと比べて，探索時間がおおよそ 1 兆倍にも改善されていた．結果的に，数百もの次数 10 のグレコ・ラテン方陣が新たに得られた．実のところ，こうした方陣は極めてありふれたものであることがわかってきた．UNIVAC は，ランダムに作られた次数 10 のラテン方陣が与えられると，そのうちの半分以上に対して直交する相手を見つけ出した．「つまりオイラーの予想は，まるで間違っていたのだ」とパーカーは書いている．「そして初期の計算結果は，探索しなければならない空間が非常に広大であることを示していたにすぎないのである」．

　グレコ・ラテン方陣に対する近年のコンピュータの活用において，次数 10 の互いに直交する 3 つのラテン方陣は今のところ見つかっていないというのが残念なところだ．ずっと以前から，どんな次数 n に対しても，互いに直交することが可能なラテン方陣の数は高々 $n-1$ であることが証明されている．こうした $n-1$ 個の方陣の集合は「完全集合」とよばれている．たとえば，次数 2 のラテン方陣は完全集合をもつが，それは単独の方陣それ自身である．次数 3 の方陣は 2 つの直交する方陣からなる完全集合をもち，そして次数 4 の方陣は，3 つの要素からなる完全集合をもつ．互いに直交する次数 5 の 4 つのラテン方陣からなる完全集合は図 89 に示されている．

　こうした問題は，これがいわゆる「有限射影平面」と関係があることを知れば，なお面白みを増す．（興味のある読者は，本章の最後にあげた参考文献を見れば，この魅力的な構造を学ぶことができる．）　次数 n の互いに直交するラテン方陣の完全集合が存在すれば，そこから位数 n の有限射影平面が構築できることが知られている．逆に，位数 n の有限射影平面が与えられれ

ば，互いに直交する次数 n のラテン方陣の完全集合を構成することもできる．タリーが，次数 6 ではそもそも互いに直交する 2 つのラテン方陣すら存在しないことを示したため，位数 6 の有限射影平面はないことがわかっている．すでに完全集合（と有限射影平面）が存在することがわかっている次数（位数）は 2, 3, 4, 5, 7, 8, 9 である．その存在が証明も反証もされていない，有限射影平面の最小位数は 10 なのである．つまり，もし 9 個の次数 10 のラテン方陣からなる完全集合が見つかれば，有限射影平面に関する重要な未解決問題も同時に解けるのだ．現時点では，この問題はコンピュータプログラムの扱える範囲をはるかに超えているため，コンピュータの速度が飛躍的に向上するか，あるいはブレイクスルーをもたらす新しいアプローチの発見でもない限り，どうにも解けそうにない．

サイエンティフィック・アメリカン誌の 1959 年 11 月号の表紙は目を惹く油絵であったが，これは，同誌の専属アーティストのエイミー・カサイによる，図 90 に示した次数 10 のグレコ・ラテン方陣に基づくものであった．10 個の数字は 10 種類の色で置き換えられていて，どのマスもほかと異なる色のペアで塗られていた．図 91 に示した端正な刺繍が施された絨毯は，1960 年にニュージャージー州ミドルタウンのカール・ヴィー

図 91　パーカーのグレコ・ラテン方陣の刺繍が施された絨毯．

トル夫人がこの表紙の絵そっくりに作ったものである.（この絨毯を反時計回りに 1/4 回転させたものと図 90 の正方形が一致する.） それぞれのマスの外側の色が 1 つのラテン方陣を構成し,内側の色がもう 1 つを構成する.それぞれの行や列で,各色は外側の色として 1 度,内側の色として 1 度ずつ現れている.カサイ女史の原画は,スペリーランド社が買い求めて,贈り物としてパーカーに進呈された.

解答　● 16 枚のカードをうまく並べる方法の一例を図 92 に示す.どの値やスートを見ても,同じ行や列,そして主対角線上に 2 回出てくるところはない.なお四隅にある 4 枚のカードも,4 枚の中央のカードも,どちらもやはり値とスートが 1 度ずつ出てきていることを指摘しておこう.解において,色が交互に並んで市松模様になっていればすばらしいのだが,それは不可能だ.

　W・W・ラウス・ボールは,彼の著作[*4] の中で,この問題に関する 1723 年の文献を参照して,回転や裏返しによる違いを除くと,本質的に異なる解が全部で 72 通りあるとした.しかしヘンリー・アーネスト・デュードニーは,異なる解が 72 個であるという計算に間違いがあることを指摘している[*5].実際には 144 個ある[*6].この正しい値は,私が以前の解答の中で間違った数値を記した後に,ブルックリンのバーナード・ゴールデンバーグも独立に見出している.

　単に行と列だけを考えて 2 つの主対角線を無視すれば,色が交互に並んだ市松模様の解を作ることができる.ニューヨーク市のアドロフ・カーファンケルは,こうした解をいくつも送っ

[*4]　*Mathematical Recreations and Essays.* W. W. Rouse Ball. 1892, p. 190.

[*5]　*Amusements in Mathematics*, Henry Dudeney, University of Michigan Library, 1917. 問題 304 の解答より.〔邦訳は 209 ページ参照.〕

[*6]　〔訳注〕この部分の記述にはやや注意が必要.ガードナーは原著では「ボールの著作の現行のバージョン」の参照を指示していたが,そこには 72 通りという記述はなく,元の版にはその記述がある.またデュードニーの本では,回転や鏡映で一致するものは別の解として扱っており,それぞれ 72 や 144 でなく,「576 (= 72 × 8) は間違いで 1152 (= 114 × 8) が正しい」という記述になっている.

図 92　カードの問題の解答.

てくれたが，次に挙げるのはそのうちの1つである：

> QH　KC　JD　AS
> JC　AH　QS　KD
> AD　JS　KH　QC
> KS　QD　AC　JH

これ以外の解答も，図 92 の 3 行めと 4 行め，あるいは 1 行め と 2 行めを単に入れ換えれば作ることができる．

後記
(1995)

はたして位数 10 の有限射影平面は存在するのだろうか．不可能であることの証明が，1988 年にカナダ・モントリオールのコンコルディア大学のクレメント・W・H・ラムとその同僚たちによって示された．9 個の互いに直交する次数 10 のラテン方陣の探索は，3 年以上の期間にわたる数千時間に及ぶ計算時間を要した．プログラムの実行結果によれば，直交方陣があるとしても，せいぜい 8 個まででしかない．

ラムの証明は，4 色定理の証明のように，生身の数学者が 1 つひとつチェックするには膨大すぎる，コンピュータの出力結果の山に基づいている．これは，こうしたものが本当に「証明」といえるのかという疑問を投げかける．もしかすると，高い確率で有効であろうと考えられる，単なる実験的証拠にすぎないのではないだろうか．1988 年の宣言のあと，ラムと同僚たちは，2 つのエラーを見つけて，どちらも自分たちの手で修正した．まだ間違いは残っているだろうか．もし残っていたら，それは修正可能だろうか．それ以降は間違いは見つかっておらず，証明は信用できそうに見える．今のところ，次数 10 では，わずか 3 つの互いに直交するラテン方陣すら見つかっていない．

次数 10 のグレコ・ラテン方陣で，どちらの主対角線も「魔性」，つまりグレコ・ラテン方陣の性質をもつものは存在するだろうか．この問題の解答はイエスだ．以下のすばらしい解答例はニューヨーク市のメル・モストが 1974 年に見つけたものだ．

```
90 89 72 67 53 44 35 28 16 01
68 47 05 50 81 92 13 36 24 79
29 33 66 91 02 18 74 87 40 55
73 12 20 85 96 07 48 51 39 64
15 94 37 22 78 59 80 03 61 46
57 26 49 04 10 31 62 75 83 98
84 58 11 76 27 63 09 42 95 30
41 00 93 38 69 25 56 14 77 82
06 65 88 43 34 70 21 99 52 17
32 71 54 19 45 86 97 60 08 23
```

| 文献 | "Le problème des 36 officiers." G. Tarry in *Comptes Rendu de l'Association Française pour l'Avancement des Sciences* 1 (1900): 122–123; 2 (1901): 170–203.

"On the Falsity of Euler's Conjecture about the Non-Existence of Two Orthogonal Latin Squares of Order $4t+2$." R. C. Bose and S. S. Shrikhande in *Proceedings of the National Academy of Sciences* 45 (May 1959): 734–737.

"Orthogonal Latin Squares." E. T. Parker in *Proceedings of the National Academy of Sciences* 45 (June 1959): 859–862.

"Major Mathematical Conjecture Propounded 177 Years Ago Is Disproved." John A. Osmundsen in *New York Times* (April 26, 1959), p. 1.

"On the Construction of Sets of Mutually Orthogonal Latin Squares and the Falsity of a Conjecture of Euler." R. C. Bose and S. S. Shrikhande in *Transactions of the American Mathematical Society* 95 (1960): 191–209.

"Further Results on the Construction of Mutually Orthogonal Latin Squares and the Falsity of Euler's Conjecture." R. C. Bose, S. S. Shrikhande, and E. T. Parker in *Canadian Journal of Mathematics* 12 (1960): 189–203.

"Computer Study of Orthogonal Latin Squares of Order Ten." E. T. Parker in *Computers and Automation* (August 1962): 1–3.

"Orthogonal Tables." Sherman K. Stein in *Mathematics: The Man-Made Universe*, Chapter 12. Freeman, 1963. 〔邦訳:『数学＝創造された宇宙』シャーマン・K・スタイン著，三村護・三辺ユリ子訳．紀伊國屋書店，1977 年.〕

"Orthogonal Latin Squares." Herbert John Ryser in *Combinatorial Mathematics*, Chapter 7. Mathematical Association of America, 1963.

"The Number of Latin Squares of Order 8." M. B. Wells in *Journal of Combinatorial Theory* 3 (1967): 98–99.

"Latin Squares under Restriction and a Jumboization," Norman T. Gridgeman in *Journal of Recreational Mathematics* 5/3 (1972): 198–202.

"Magic Squares Embedded in a Latin Square." Norman T. Gridgeman in *Journal of Recreational Mathematics* 5/4 (1972): 25.

"How Many Latin Squares Are There?" Ronald Alter in *American Mathematical Monthly* 82 (June 1975): 632–634.

"The Number of 9×9 Latin Squares." S. E. Bammel and J. Rothstein in *Journal of Discrete Mathematics* 11 (1975): 93–95.

●有限射影平面に関する文献

"Finite Arithmetic and Geometries." W. W. Sawyer in *Prelude to Mathematics*, Chapter 13. Penguin, 1955.〔邦訳：『数学へのプレリュード』W・W・ソーヤー著，宮本敏雄・田中勇訳．みすず書房，1978 年.〕

"Finite Planes and Latin Squares." Truman Botts in *Mathematics Teacher* (May 1961): 300–306.

"Finite Planes for the High School." A. A. Albert in *Mathematics Teacher* (March 1962): 165–169.

"The General Projective Plane and Finite Projective Planes." Harold L. Dorwart in *The Geometry of Incidence*, Section IV. Prentice-Hall, 1966.

●実験計画におけるグレコ・ラテン方陣の利用に関する文献

Analysis and Design of Experiments. H. B.Mann. Dover, 1949.

The Design of Experiments. R. A. Fisher. Hafner, 1951.〔邦訳：『実験計画法（POD 版）』R・A・フィッシャー著，遠藤健児・鍋谷清治訳．森北出版，2013 年.〕

Experimental Design and Its Statistical Basis. David John Finney. University of Chicago Press, 1955.

Planning of Experiments. D. R. Cox. Wiley, 1958.

Latin Squares and Their Applications. J. Dénes and A. D. Keedwell. English Universities Press, 1974.

● 10 次元の射影平面が存在しないことに関する文献

"A Computer Search Solves an Old Math Problem." Barry Cipra in *Science* 242 (December 16, 1988): 1507–1508.

"The Non-existence of Finite Projective Planes of Order 10." C. W. H. Lam, et al. in *Canadian Journal of Mathematics* 41 (1989): 1117–1123.

"The Search for a Finite Projective Plane of Order 10." C. W. H. Lam in *American Mathematical Monthly* 98 (April 1991): 305–318. この文献には 36 編の参考文献リストがある.

"Graeco-Latin Squares and a Mistaken Conjecture of Euler." Dominic Klyve and Lee Stemkoski in *College Mathematics Journal* 37 (January 2006): 2–15. この文献には 26 編の参考文献が挙げられている.

●日本語文献

『幾何の魔術』佐藤肇・一楽重雄著. 日本評論社, 2012 年.

|15|

楕円

円にはある種の訴えるような単純さがあることは疑い
ないが，楕円を一目見れば，天文学者のうちもっとも
神秘的傾向の強い人でも，円の完全な単純性などは
まったくの白痴の無表情な微笑のようなものだという
ことを認めるだろう．楕円がわれわれに教えてくれる
ことがらに比べれば，円がわれわれに教えるものは何
もないのと同様である．もしかすると，物理的宇宙の
なかに調和ある単純さを求めること自体が，この円の
場合と似たようなものかもしれない──つまり，われ
われの複雑にはできていない精神を，限りもなく複雑
な外界に投影していることなのかもしれない．
　　　──『数学は科学の女王にして奴隷』E・T・ベル[*1]

　数学者には，単なる楽しみのために，まったく役に立たないよう
に見えるものを研究する癖がある．ところが何世紀もたった後で，
彼らの研究は，桁外れの科学的価値をもつことが明らかになる．そ
の好例として，古代ギリシャ人たちが研究した，円以外の2次曲
線，つまり楕円と放物線と双曲線に関する仕事を上回るものはない
だろう．最初にこれを研究したのは，プラトンの弟子たちである．
科学的に重要な応用は長年見つからなかったが，17世紀になって，
ケプラーが惑星の軌道が楕円になることを発見し，ガリレオが砲弾
の軌跡が放物線になることを証明したのだ．

---

*1 〔訳注〕河野繁雄訳，早川書房．

ペルガのアポロニウスは紀元前3世紀のギリシャの幾何学者であるが，こうした曲線に関して古代最高峰の論文を書いた．彼の『円錐曲線論』では，連続的に角度が変化する平面で特定の円錐を切れば，円のみならず，こうした3種類の曲線すべてが得られるということが初めて示された．円錐を切断するとき，この平面が底面と平行ならば（図93），断面は円になる．平面がちょっと傾くと，それがどれほど微小な傾きでも，断面は楕円になる．平面が傾けば傾くほど，楕円は細長く引きのばされて，数学者が言うところの離心率が大きくなる．もしかすると，平面が急傾斜になればなるほど（断面が深く入り込むにつれ円錐は広がっていくため）曲線が洋梨形に歪んでいくと思う読者がいるかもしれないが，それは誤りである．楕円は完全な形を保ったまま，平面が円錐の側面と平行になるところまで至る．その瞬間，曲線は自分自身で閉じた状態を終えてしま

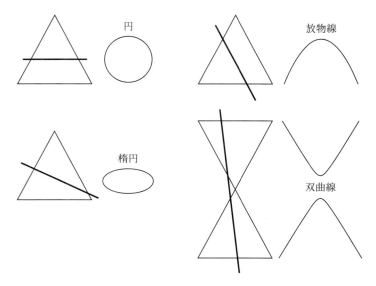

図93　4つの円錐の断面.

う．腕が無限遠まで伸びて，曲線は放物線になる．さらに平面を傾けると，円錐の上に置かれた反転円錐（図93の下参照）と交差するようになる．すると，この2つの断面は2つ合わせて双曲線になる．（ここでよくある誤解は，平面が円錐の軸と平行になるように切ったときだけ，断面が双曲線になるというものだ．）切断する平面を引き続き傾けていくと，形は変化して，最終的には2直線に縮退する．この4つの曲線は2次曲線とよばれているが，それは2変数の2次方程式が座標平面上で表す図形がこれらのうちのどれかになるからだ．

楕円の定義にはいろいろあるが，おそらく直感的に一番わかりやすいのはこれだろう：楕円とは，平面上の点を，2つの固定された

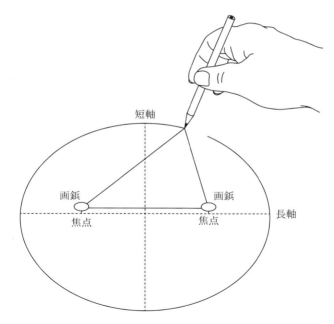

図94　楕円を描く最も単純な方法．

点からの距離の和が一定となるように動かしたときの軌跡（経路）である．よく知られた楕円の描き方は，この性質が根底にある．紙の上に画鋲を2つ差し，輪にしたひもをそこにかけて，図94のように，鉛筆でひもが張った状態を保つようにする．画鋲の周囲に鉛筆を回せば，完全な楕円を描くことができる．（ひもの長さは変わらないので，2つの画鋲から鉛筆までの距離の和は一定のままというわけだ．）2つの固定された点（画鋲）は楕円の焦点とよばれる．どちらも長軸の上に載っている．長軸に垂直な径が短軸である．画鋲を互いに近づけていけば（ひもの長さは一定に保つ），楕円の離心率は徐々に減っていく．2つの焦点が1点になったとき，楕円は円になる．焦点を遠ざけていくと，楕円はより扁平になり，最後には直線に縮退してしまう．

　ほかにも楕円の描き方は数多くある．面白い方法の1つとして，丸いケーキ型と，その半分の直径をもつ厚紙の円板を使ったものがあげられる．まずビニールテープやマスキングテープなどをケーキ型の内壁に貼って，その内壁に沿って円板を転がしたときに滑らないようにしておこう．そして1枚の紙をケーキ型の底に，セロファンテープでしっかりと4辺とも貼りつけておく．円板の適当なとこ

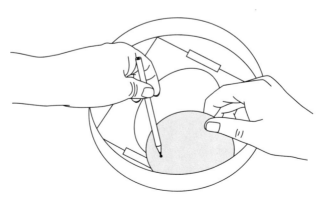

図95　丸いケーキ型と厚紙の円板で作る楕円コンパス．

ろに鉛筆で穴を空けて，この鉛筆の先を紙の上に載せて，円板を型に沿ってぐるりと回そう（図95）．すると紙に楕円が描かれるだろう．このとき，鉛筆を片手で軽く持ち，円板を他方の手でゆっくりと回転させ，ケーキ型の縁に対して円板がずれないように保持するのがコツだ．穴が円板の中心にあれば，鉛筆の先はもちろん円を描く．穴が円板の端に近付けば近付くほど，楕円の離心率も大きくなる．穴が円板の円周上に載ってしまうと，描かれる楕円は直線に縮退してしまう．

面白い楕円の作り方をもう1つ紹介しよう．まず紙を大きな円に切る．そして円の内部のどこかに中心ではない点を選び，円周上の適当な点が，この点に重なるように円を折る．そして紙を開き，今度はまた違う円周上の点を選んで同じように折る．これを繰り返し，あらゆる方向に折り目がつくようにしよう．すると，この折り目を接線の集まりとする楕円が浮かび上がる（図96）．

円ほど単純ではないにもかかわらず，楕円は日常生活で最もよく「見かける」曲線である．その理由は，どんな円も，斜めから見ると楕円形に見えるからである．さらに，円や球体が平面上に投げか

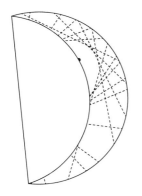 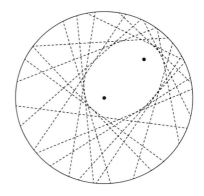

図96 円形の紙を折り，縁を中心以外の点に重ねていくと，楕円ができる．

ける，円形ではない影は，すべて楕円形になる．球体の上にその球体自身の影が映ると（たとえば三日月の内側の曲線がそれだ），それは大円の縁なのだが，私たちには楕円の弧に見える．水を入れたガラスのコップを傾けると（グラスが円柱でも円錐でも），液面の外周は楕円形になっている．

机上に置かれたボール（図 97）は，楕円形の影を作るが，これは光によってできる円錐（ボールがちょうどはまる大きさのもの）の断面である．このとき，ボールは影の一方の焦点の上にぴったり載っている．ここで，より大きな球が机に裏側から接していて，同じ円錐に

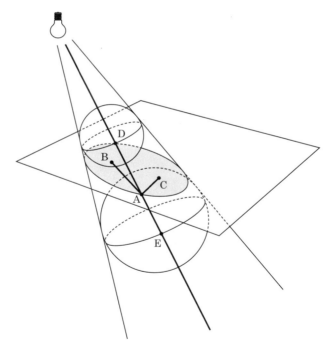

図 97　大きい球を用いて，小さい球の影が楕円であることを示すことができる．

ちょうどはまっているところを想像してみると，この大きい球は影の他方の焦点のところで接しているはずだ．この2つの球を使うと，以下にあげる有名で見事な証明（19世紀のベルギーの数学者G・P・ダンデリンによる）によって，円錐の断面が確かに楕円になることが示される．

点Aを楕円上の好きな点としよう．点Aと円錐の頂点を結ぶ線を引く．この線が球に接する点をそれぞれ点D，点Eとする．小さい球が影に接している点をBとし，点Aから点Bに線を引こう．同様の線を点Aから大きい球が影に接している点Cにも引く．ここで線分ABは線分ADに長さが等しい．なぜなら，どちらの線分も同じ点から球に引いた接線だからである．同じ理由で，AEとACも等しい．等しいものどうしを足せば，

$$AD + AE = AB + AC$$

が得られる．ここでAD + AEとは線分DEと同じである．円錐と球の対称性を考えれば，この線分はいつでも一定の長さであって，それは点Aを楕円のどこにとるかということとは無関係である．ADとAEの和が一定なのであれば，上の等式から，ABとACの和もやはり一定である．線分ABとACは，2つの固定された点から点Aまでの距離なので，点Aの軌跡は楕円であり，BとCはその楕円の2つの焦点となる．

物理においては，最もよく楕円が出てくるのは，物体が動く閉じた軌道としてであり，そうした軌道が現れるのは，中心からの距離の2乗の逆数に比例する引力が物体にはたらくときである．たとえば惑星や衛星は，母星の重心を一方の焦点とする楕円軌道を描く．ケプラーが彼の大いなる発見，つまり惑星が楕円軌道を描くことを初めて発表したときは，当時一般的だった，「神は天空の物体が完璧な円に劣る軌道を描くことなど許さない」という信仰に反してしまったため，自分の主張を取り消さざるを得なかった．彼は，楕円という考えは，導入せざるを得なかったゴミであって，それは円軌

道説をとり続けようとして溜まってしまったより多くのゴミを天文学から掃き出すためのものなのだと称した．ケプラー自身は，軌道が楕円を描く理由を説明することができず，それはニュートンが重力の法則から導き出すまでおあずけとなった．あの偉大なガリレオでさえ，軌道が円でないという山積みの証拠を突き付けられても，自分の命が尽きる日まで，それを信じることを拒んだのだ．

　反射に関する楕円の重要な性質は，図 98 を見るとよくわかる．楕円上の好きな点に接する直線を描こう．焦点からこの接点に引いた 2 本の直線は，同じ角度をなす．この楕円が，平坦な面に垂直に置かれた細い金属の帯で作られていたとしよう．すると，一方の焦点からこの直線上をやってきた物体や波のパルスは，境界に当たってはねかえった後，直接もう一方の焦点に向かう．それだけでなく，物体や波の速度が一定とすると，それがどの向きであっても，一方の焦点を出発してから他方の焦点に至るまでにかかる時間は同じである（2 つの距離の和が一定であることによる）．ごく浅い楕円形のタンクに，水が蓄えられているところを想像してみよう．楕円の一方の焦点に指を入れて，一点から広がる円形の波のパルスを作ってみ

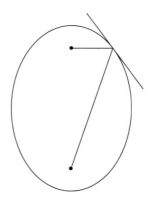

図 98　接線は 2 つの直線と同じ角度をなす．

る．一瞬の後，円形の波は他方の焦点に収斂していくだろう．

ルイス・キャロルは円形ビリヤード台を考案して，パンフレットを出版した．誰かが楕円形のビリヤード台を真面目に考えているという話は聞かないが，ヒューゴ・ステインハウスは，彼の本[*2]の中で，こうした台の上でボールがどのように振舞うか，驚くほど詳細な解析を与えている．ボールを一方の焦点に置いて，勝手な向きに（スピンをかけないように）突くと，反射した後，必ずもう一方の焦点を通過する．ボールの動きを鈍らせる摩擦がなかったとすると，跳ね返りのたびに焦点を通過し続けることとなる（図 99 の最上段）．ところが，ほんの数回の繰り返しの後には，経路は楕円の長軸と見分けがつかなくなってしまう．ボールを焦点以外のところに置いて，2 焦点間を通らないように突くと，同じ焦点をもつ，一回り小さい楕円の接線上をたどり続けることになる（図 99 の中段）．そして 2 焦点間を通るように突くと（図 99 の最下段），ボールは，焦点を楕円と共有する双曲線を決してまたがない範囲を永遠にさ迷う．

W・S・ギルバートの歌劇「ミカド」の中に，次のような状況を嘆くビリヤードプレーヤーのセリフがある：

　　歪んだクロス
　　曲がったキュー
　　楕円形のボールと来たもんだ！

ジェームス・ジョイスは，著書『若き芸術家の肖像』の中に出てくる教師にこの詩を引用させて，この W・S・ギルバートの言う「楕円形」は，実際には「楕円面」のはずであると説明させた．楕円面とは何だろう．基本的には 3 つのタイプがある．回転による楕円面（ellipsoid of rotation）は，より正式なよび名では回転楕円面（spheroid）とよばれ，楕円をどちらかの軸の周囲に回転させて得ら

[*2] *Mathematical Snapshots*, Oxford University Press, 1939.〔邦訳：『数学スナップ・ショット』遠山啓訳．紀伊國屋書店．1976 年.〕

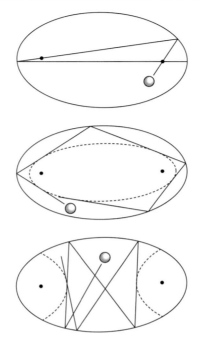

図 99 楕円の焦点を通るボールの軌跡（上）・焦点の間を通らないボールの軌跡（中）・焦点の間を通るボールの軌跡（下）．

れる立体の表面である．短軸の周りに回転させて得られる立体は扁平回転楕円面で，地球のように回転軸方向に扁平になっている．長軸の周りに回転させて得られるフットボール型が扁長回転楕円面である．扁長回転楕円面の内側が鏡張りになっているところを想像してみよう．一方の焦点にロウソクを灯すと，もう一方の焦点に置かれた紙は炎に包まれるだろう．

　楕円体面の屋根をもつ部屋は「囁きの小部屋」である．一方の焦点でかすかな物音をたてると，他方の焦点でそれがはっきりと聞こえる．アメリカで最も有名な囁き部屋は，ワシントン DC の国会議

事堂にある国立彫像ホールであり,これを実演してくれないガイドツアーはない.もう少し小さいが素晴らしい囁き部屋が,ニューヨークの老舗レストラン「グランドセントラル・オイスターバー」の入口の外の広場にある.2人で対角線上の逆の角で壁に向かって立つと,広場を行き交う雑踏が騒がしいときであっても,互いの声がはっきりと聞こえる.

扁平回転楕円面も扁長回転楕円面も,3つの軸のうち,ある1つに垂直な平面で切ると,断面が円になり,ほかの2つについては,楕円になる.3つの軸の長さがすべて違っていて,それぞれの軸に垂直な断面が楕円のとき,この立体が3つめの正真正銘の楕円面である(図100).これは,浜辺の小石が長い年月,波に転がされた後に近付くであろう形でもある.

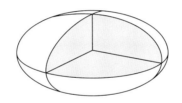

図 100　楕円面のそれぞれの断面は楕円である.

楕円にまつわる「知恵試し」は,あまり見かけない.簡単な問題を2つ紹介しよう.

(1)　円でない楕円に対して,正方形よりも多くの頂点が周上に載る正多角形は存在しないことを証明せよ.　　　　〔解答 p. 261〕
(2)　紙を折って楕円を作る方法について本文中で述べたが,その際,円の中心と円の中に勝手に取った点が焦点になる.たくさんの折り目によって作られる曲線が確かに楕円になることを証明せよ.　　　　　　　　　　　　　　　　　　　　〔解答 p. 261〕

追記
(1966)

　ヘンリー・デュードニーは著書の中[*3]でひもと画鋲を使った楕円の描き方を説明している．そして，与えられた長軸と短軸をもつ楕円をこの方法で描くにはどうしたらよいか問うている．解法は単純だ．

　まず2つの軸を描く．この軸をもつ楕円の2つの焦点 A と B をどう見つけたらよいかが問題だ．点 C を短軸の一方の端点とする．点 A と B は長軸の上で対称な位置にあり，AC と CB はそれぞれ長軸の長さの半分のはずだ．3角形 ABC の周長と同じ長さのひもの輪を使えば，お望みの楕円が描けることは簡単に示せる．

　楕円形のビリヤード台は，1964年にアメリカで実際に販売された．ニューヨーク・タイムズの全面広告（1964年7月1日付）では，ブロードウェーのスター，ジョアン・ウッドワードとポール・ニューマンが，翌日，スターン・デパートでこのゲームを紹介すると宣伝した．この彼らのいうところの「楕円プール」は，コネチカット州トリントンのアーサー・フリゴによる発明として特許が取得されているが，当時彼はスケネクタディのユニオン・カレッジの大学院生であった．焦点の1つがビリヤード台のポケットの1つなので，さまざまな変則的なクッションショットが簡単に決まる．

　ブリタニカ百科事典の第11版では，ビリヤードの項にこんな脚注がついている：「1907年には変則的なオーバル[*4]のビリヤード台がイギリスで販売された」．とはいえ，このビリヤード台もルイス・キャロルの円形のビリヤード台も，ポケットはついていない．意匠特許（198,571）は1964年7月にカリフォルニア州パシフィカのエドウィン・E・ロビンソンに付与されたが，これは円形のビリヤード台にポケットが4つある．

[*3] *Modern Puzzles*, Henry Dudeney, Problem 126.
[*4] 〔訳注〕正確には楕円（ellipse）とオーバル（oval）は違う．Oval には数学的定義はなく，たとえば長方形の角を丸めた図形も含む．ブリタニカ百科事典で使われている語 oval が，この違いを意識して使っているかどうかは不明．

解答 （1） 正多角形で，正方形よりも多くの頂点が楕円に内接するものが存在しないことは，次のように証明できる．どんな正多角形でも，すべての頂点が載る円なら描ける．一方，円は楕円と 4 点以上で交差することはできない．したがって，正多角形は 4 つより多くの頂点を楕円上に載せることはできない．この問題は M・S・クラムキン[*5]による．

（2） 紙を折って楕円を描く方法で，確かに楕円が描けることの証明は，次のようにすればよい．図 101 の点 A を円形の紙の中に勝手にとった点とする．これは円形の紙の中心（O）とは違う点とする．紙を折るときには，円周上のある点（B）が A に重ねられる．この折りで，紙の上には XY という折り線ができる．直線 XY は AB の垂直 2 等分線なので，BC と AC の長さは等しい．よって OC + AC = OC + CB である．ここで OC + CB は円の半径なので，一定である．したがって，OC + AC も一定となる．OC + AC は 2 つの固定された点 A と O から，点 C までの距離の和なので，（点 B が円周上を動くことで作られる）C の軌跡は楕円になり，この楕円の 2 つの焦

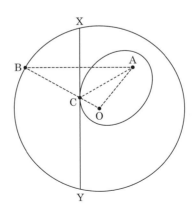

図 101　紙を折る問題の解答．

[*5] *Mathematics Magazine*, September-October 1960.

点は点 A と O である.

　ここで折り線 XY は点 C における楕円の接線である. それ
は, 点 C と両方の焦点を結ぶ線が同じ角度をなすことによる.
この事実は, 角 XCA と角 XCB が等しく, さらにそれが角
YCO に等しいことに気づけば簡単にわかるだろう. 折り線は
いつでも楕円の接線であり, 楕円は無限にある折り線集合の包
絡線なので, 紙を繰り返し折り続ければ, 形ができあがってい
く. この証明はドノバン・A・ジョンソンの小冊子[*6]からのも
のである.

文献　"The Simplest Curves and Surfaces." David Hilbert and S. Cohn-
Vossen in *Geometry and the Imagination*, pp. 1–24. Chelsea,
1956.

A *Book of Curves.* E. H. Lockwood. Cambridge University Press,
1961. 〔邦訳:『カーブ』ロックウッド著, 松井政太郎訳. みすず
書房, 1964 年.〕

"Something New Behind the 8-Ball." Ronald Bergman in *Recre-
ational Mathematics Magazine* 14 (January-February 1964):
17–19. 楕円プール (Elliptipool) についての記事.

Mathematica in Action. Stan Wagon. Freeman, 1991. 楕円形
のビリヤード台における軌跡を扱った章がある.〔邦訳:
『Mathematica 現代数学探求 基礎篇, 応用篇, 発展篇』S・ワゴン
著, 植野ほか訳. シュプリンガー・フェアラーク東京, 2001 年.〕

"Beyond the Ellipse." Ivars Peterson in *Mathematical Treks*,
pp. 113–116. Mathematical Association of America, 2002.

"The Shot Made Round (Across) the Billiard Table (Maybe)."
John H. Riley, Jr. in *Mathematics Magazine* 81 (October
2008): 249–267. 楕円形のビリヤード台について.

[*6] *Paper Folding for the Mathematics Class*, National Council of Teachers
of Mathematics, 1957.

|16|

24枚の色つき正方形と
30個の色つきキューブ

　アメリカの標準的なドミノは，黒い長方形タイルの 28 枚セット
である．各タイルは 2 つの正方形に区切られていて，それぞれ，何
も描かれていないか，白い点がいくつか描かれている．点の個数の
組合せが同じタイルはなく，0 から 6 までの数を 2 つ選ぶ 28 通り
の可能な組合せがすべて現れている．タイルを線分だと考えると，
ゲームは，その線分どうしの端と端を鎖のようにつないでいくもの
だと考えられる．この意味で，すべてのドミノのゲームは，まった
くもって 1 次元のゲームである．ドミノのアイデアを 2 次元や 3 次
元のピースに拡張していくと，彩り鮮やかな未知のレクリエーショ
ンが現れる．イギリスの組合せ論の権威であるパーシー・アレクサ
ンダー・マクマホンは，こうしたスーパードミノに並々ならぬ情熱
を注ぎ，考察を行った．本章の題材の多くは，そうした彼の著作[*1]
から取り上げた．

　2 次元ドミノなら，正 3 角形か，正方形か，正 6 角形を使うのが
最もよい．それは，どの場合も同じ正多角形を寄せ集めて平面を完
全に覆うことができるからだ．正方形を使うことにして，それぞれ
の辺に n 種類の記号でラベルをつけて，可能な組合せをすべて作る
と，1 セットが正方形 $\frac{1}{4}n(n+1)(n^2-n+2)$ 枚のものができあが

[*1] *New Mathematical Pastimes*, The University Press, 1921.

る. 図 102 に, $n = 3$ の場合の 24 枚の正方形のフルセットを示す. このセットを厚紙で作れば, 読者は第一級のパズルを手に入れたことになる. このとき, 記号を描くよりも, 色を塗った方が簡単でよいだろう. 24 枚の正方形を合わせて 4×6 の長方形を作ることが問題だ. 次の 2 つの条件を満たしてもらいたい: (1) 辺どうしが接しているところは同じ色にする. (2) 長方形の外周は, すべて同じ色にする. 正方形は紙の一方の面だけに色を塗っておく. 外周の

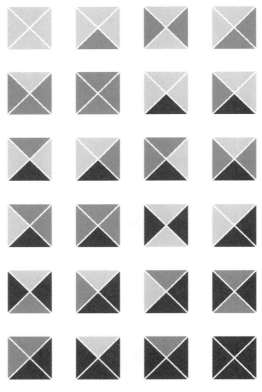

図 102　3 色使った正方形ドミノのセット.

色はどの色を選んでもよい．それぞれの色に対して，かなり多くの解がある．

大きさ 4 × 6 の長方形というのは，こうした制約のもとで作れる唯一のものである．大きさ 2 × 12 の長方形が作れないのは明らかだ．これを作ろうとすると，すべての正方形が外周の色の三角形をもっている必要がある．読者は，図 102 の 24 個の色つき正方形を眺めるだけで，3 × 8 の長方形も作れないことを証明できるだろうか．

〔解答 p. 277〕

3 次元空間を考えよう．3 次元空間を完全に埋めつくすことができる正多面体は，立方体（キューブ）だけである．そういう意味では，3 次元版ドミノとしてはキューブが最も申し分のない形だろう．しかし面を塗るのに 2 色しか使わなければ，10 種類の違ったキューブしか作れず，これはいささか面白みに欠ける少なさである．その一方で，3 色使ったときのキューブの数 (57 個) は，ちょっと多すぎる．6 色使うと，この数は 2226 にまで跳ね上がるが，ここから 30 個の色つきキューブを取り出して，私たちの目的にかなうようにできる．選び出すのは，6 面合わせると全 6 色がそろっているものだ．

30 個しかないことを見るのはやさしい．各キューブには，たとえば赤い面がある．この面の反対側は，5 種類の色のうちの 1 つである．残りの 4 色の並べ方は 6 通りあるので，異なるキューブの合計は 5 × 6 = 30 である．（2 つのキューブが「異なる」とは，2 つをどう並べても，対応する面どうしを全部同じ色にはできないという意味である．）図 103 に 30 種類のキューブを展開図で示した．

この 30 個のキューブは，マクマホンの考案のようであり，レクリエーション幾何の古典となっている．これを 1 セット作るのは面倒な作業だが，それだけの価値は十分ある．きちんと作られたセットはいつまでも家族で楽しめる玩具となる．バッテリーもいらないし，何十年たっても古びて使えなくなることはないだろう．滑らかな面をもつ木製かプラスチック製のブロックなら，扱っている玩具

図 103　30 個の色つきキューブの展開図.

屋もたくさんあるし，電動ノコを使える友人に作ってもらえるかもしれない．また，色を塗る代わりに，正方形の色紙をキューブに貼りつけてもよい．

　小手調べの練習問題として，30 個のキューブの中から好きなものを 1 つとる．そうしたら，そのキューブと面と面を重ね合わせた

ときに，次の条件を満たすようにできるキューブを1つ見つけてもらいたい．重ねた面どうしの色は同じで，両端の面に現れるのは揃って第2の色であり，さらに残りの4色が，4つの側面に1色ずつ現れる．この条件を満たすキューブを見つけることは，いつでも可能である．その際に対となる2つのキューブは互いに鏡像になっているので，これがいつでも可能であるということは，どのキューブに対しても，物質を構成するすべての素粒子と同様，その反キューブが存在するということである．

（ある種類のキューブを探すときに時間を節約するには，すべてのキューブを一列に並べておいて，両端から強く押さえて全体を一気に転がすとよい．たとえば，赤と青が反対側にあるキューブを探すとしよう．キューブをまとめて上側に赤が来るように一列に並べ，その列を丸ごと2回1/4回転させて，上に青が現れたキューブをすべて取り出せばよい．あるいは，青と黄色と緑が同じ角に集まっているキューブを探したいとしよう．そのときは，まずすべて青が上に来るように並べて，全体を反転させて，緑と黄色が見えているキューブを全部取り除く．残ったキューブを緑が上に来るように並べて，反転して，青と黄色を捨てる．ここで残ったものが望みのタイプのキューブだ．）

3つ以上のキューブを一列につないで，4つの側面にそれぞれ同じ色を揃えることはできないが，6つのキューブをつないで，それぞれの側面に6色ずつ出るように並べることは容易だ．このとき，さらに接している面どうしが互いに同じ色になるようにして，しかも両端の色も同じに揃えろというのは気の利いた問題である．

では，もっと難しいパズルを紹介しよう．キューブを1つ見本に選んで，わきに置く．残った29個の中から8個選んで，大きさ$2 \times 2 \times 2$のキューブを組むのだが，縦横高さが2倍になっていることを除けば，先ほど選んだ見本と同じになるようにしてもらいたい．このとき内部で接している面どうしは同じ色でなければならない．これは，どのキューブを見本に選んだとしても可能だ．もしどれか1つのキューブで可能だったとすると，ほかのどのキューブで

も可能なはずで，それは，キューブは色の入れ換えを除けばどれも
まったく同じだからだ．

　このパズルの解となる8個のキューブのセットは1通りしかな
く，系統的な方法を使わずにこのセットを見つけ出すのは容易なこ
とではない．次に示す方法が最良だろう．まず見本キューブの向か
い合った面のペア3組に注目しよう．29個の残りのキューブのう
ち，向かい合った面のペアが1つでも，この3つのペアのどれかと
同じになるキューブは，取り除いてよい．16個のキューブが後に
残る．見本キューブを手に取って，角の1つを自分に向けて，その
角を共有する3つの面だけが見えるように持とう．16個のキュー
ブのうち，2つのキューブだけが，ある置き方をすると，今手にし
ている見本キューブの3つの面と同じ配色になっているはずだ．こ
の2つをわきに取り除けておく．見本キューブを回転させて，別の
頂点を見て，同じ頂点配色をもつ2つのキューブを見つけ出す．こ
うして（見本キューブのそれぞれの頂点ごとに2つずつになるように）分類
した中から，8個選んでキューブを作ればよい．ここまでくれば，
あとは単純作業だ．

　実際には，この8個のキューブは，本質的に異なる2通りの方法
で大きなキューブを組むことができる．神経精神医学者L・ヴォス
バーグ・ライオンズは，どの組み方からでも他方の組み方に変形す
ることができる独創的な手順を考案した．図104にその手順を示
す．この2つの組み方は驚くべき関係にある．一方の組み方で表に
出ている24面は，他方の組み方では中に入っている24面であり，
大きな2つのキューブどうしの向きをある方向に揃えてみると，一
方を構成する小さいキューブはどれも，他方の中では対角線上の反
対側に配置されている[*2]．

　ライオンズはさらに，この大きなキューブを作り上げた後に残っ

---

*2　〔訳注〕この2つの組みかたの驚くべき関係は，8個組キューブをたくさん用意し
て空間を充填すると，容易に理解できる．充填した空間から8個組キューブを切り出す
方法を2通り考えると，それぞれの組みかたに対応する．

16　24枚の色つき正方形と30個の色つきキューブ　269

（1）この立方体全体の上が赤で、下が黒だとしよう．内側の赤と黒が図示されたところに来るように全体を回転する．全体の上半分を右に動かす．

（2）それぞれの縦の列を図中の矢印の向きに1/4回転させる．左の正方形では赤い面が下に来て，右の正方形では黒い面が上に来る．

（3）それぞれの正方形を開き「A」と書かれた面どうしを合わせて，横に2列に並べる．

（4）それぞれの列ごとに，一番左のキューブを一番右に移動する．

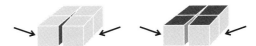

（5）それぞれの列ごとに半分に折り，左側では黒い面を合わせて，右側では赤い面を合わせる．

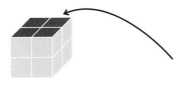

図104　ライオンズの方法で一方のモデルから他方を作る様子．

た 21 個のキューブを使って，そこからもう 1 つ見本を選び，それ
と同じ配色の大きさ 2 × 2 × 2 のキューブを残りの 20 個から 8 個
選んで作ることがいつでも可能であることを見出した．これは，新
しい見本キューブとして，最初のキューブの鏡像を選ばなければな
らないという事実を前もって知っていなければ，成功する人はほと
んどいないだろう．新しい見本を作るための 8 個のキューブとは，
最初の見本を選んでから 16 個のキューブを選び出し，そこから取
り除いた 8 個である．

　ほかにも色つきキューブを組み立てるパズルが数多く提案され
た．以下に挙げる 2 × 2 × 2 を組む問題は，どれも解をもつが，こ
れは 1934 年にライプツィヒで発行された色つきキューブに関する
フェルディナンド・ウィンターの本[*3] からの出題である．どの問題
も，キューブはドミノと同様のルール，つまり同じ色の面どうしを
合わせなければならない．

　（ 1 ）　左右の面は同じ色で，前後の面は 2 色めで揃えて，上面は
3 番めの色，下面は 4 番めの色で揃える．
　（ 2 ）　ある色で 1 面と反対側の面を揃えて，ほかの 4 面はそれぞ
れ別の色で揃える．
　（ 3 ）　ある色で左右の面を揃えて，別の色で前後の面を揃えて，
残った 4 色が上の面にすべて出てくるようにし（それぞれの小さい正
方形が異なる色になる），下の面でも同様にする．
　（ 4 ）　どの面も 4 色揃うようにし，すべての面に同じ 4 色が出て
いるようにする．

　どうやら作れないらしいパターンの 1 つに，2 × 2 × 2 のキュー
ブで，ある色で左右の面を揃えて，2 番めの色で前後，そして 3 番
めの色で上下を揃える（そして内部で合わさっている面どうしも同じ色で

[*3] *Das Spiel der 30 Bunten Würfel*, Teubner, 1934.

なければならない）というものがある．ところが$3 \times 3 \times 3$のキューブを作り，それぞれの面を異なる色で揃えて，かつ内部の面もドミノルールに違反しないという組立ては可能だ．

　ドミノタイプのゲームは，2次元版や3次元版のドミノでも遊ぶことができる．実際，パーカー・ブラザーズは，今でもコンタックという面白いゲームを売っている（1939年発売）が，これは正3角形のタイルで遊ぶものだ．いくつかある色つきキューブを用いたゲームの中では，次のカラー・タワーとよばれているものが最高傑作のようだ．

　2人のプレーヤーは向き合って座り，各自の前についたてを立てる．ついたてはだいたい25センチ幅くらいの長い厚紙を切り，端を折って直立させればよい．キューブは，中が見えない容器に入れて，一度に1つずつ取り出せるようにする．紙袋を使うか，あるいは上に穴を空けた紙箱でもよいだろう．

　各プレーヤーは容器から7つのキューブを取り出し，自分のついたての手前，相手から見えないところに置く．最初のプレーヤーがキューブを1つテーブルの中央に置いたらゲームの開始だ．（最初のプレーヤーはキューブを転がして決めるとよい．どちらかのプレーヤーが前もって3色選んでおいて，その色が出たらその人が最初のプレーヤーだ．）次のプレーヤーはキューブを1つ選んで，面の同じ色どうしが合うように置く．それぞれのプレーヤーはキューブを1つずつ交互に置いていき，4つのキューブを土台とするタワーを作る．プレーヤーの目的は，自分のキューブをすべて積み上げることだ．

　ルールは次のとおり．

（1）　4つのキューブからなる層が完成するまでは，上の層にキューブを載せてはならない．

（2）　キューブは空いた場所ならどこにでも積めるが，このとき次の2つの条件を満たさなければならない：面が重なるところは

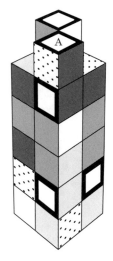

図 105 カラー・タワーのゲームの様子.

色が合っていなければならない．その層のほかのところにキューブが置けなくなってはならない．たとえば図 105 のキューブ A は，凹んだところに出ている面がほかのキューブの面と同色のときは置けない．

（3） あるプレーヤーが自分の手持ちのキューブを置けなくなったら，そのプレーヤーは容器から 1 つキューブを取り出す．引いたキューブが置けるもので，本人が望むときは置いてもよい．置けないキューブや，置きたくない場合は，そのまま次のターンに移る．

（4） 戦略的な理由でプレーヤーがパスしたいときは，いつでもパスしてよいが，そのときは容器からキューブを 1 つ引かなければならない．

（5） どちらかのプレーヤーがすべての手持ちキューブを使い切ったらゲームを終了する．このプレーヤーは勝ち点として，相手の手元に残ったキューブの数に 3 を足した値を得る．

（6）　容器の中のキューブがなくなったら，どちらかのプレーヤーが置けなくなるか，あるいは置くことを拒否するまで交互に置く．そのときの次のプレーヤーは，相手が置けるようになるか，置くと言い出すまで続ける．どちらのプレーヤーも置けなくなるか置くことを拒んだら，ゲームは終わり，その時点で手元のキューブの少ないほうが勝者となる．このときはキューブの数の「差」が勝者の得点だ．

（7）　先に決めておいたポイントに達したら，ゲームセットだ．ゲームを賭けとして楽しむなら，勝者は点数に比例する額を受け取るとよい．

　カラー・タワーで少し遊べば，誰しもが，さまざまな戦略を思い付く．相手が新しい層を積み始めるところだと仮定しよう．あなたの手元にはあと 2 つしかキューブが残っていない．このとき，相手のキューブの対角の位置に自分のキューブを置いて，3 つの面が決まってしまう 2 箇所のどちらにも自分の最後のキューブが置けないようにしてしまうなどというのは，いかにも愚かな手である．おそらくこの場合は，相手のキューブの隣に自分のキューブを置いて，自分の次の手の可能性を残しておくほうが賢明だ．プレーヤーは，こうした戦略を発見するたびにカラー・タワーに慣れ親しみ，上達を刺激的な経験と感じて，ゲームに習熟し，勝率も目に見えて高まっていく．

　もしカラー・タワーの改良版や，キューブを使ったほかのゲームや素晴らしいパズルの提案があれば，ぜひお知らせ願いたい．30 個の色つきキューブは 1920 年代以前にまで遡れるものだが，おそらくまだまだ多くの驚きが隠されているに違いない．

追記
(1966)

マクマホンの 24 枚の色つき正方形パズルについて初めて説明したときには，（マクマホンのコメントを誤解してしまって）大失敗をして，解が 1 つしかないと書いてしまった．自分が書いてきたコラムの中で，これほど過小に書いてしまった誤りは，ほかに例がなさそうだ．複数の解答を寄越してくれた読者は 50 人あまりにのぼる．トーマス・オバーンは自身のコラム[4] の中でこのパズルを取り上げ，数十もの解答を得る方法を示してくれた．

ブエノスアイレスでは，フェデリコ・フィンクがこの問題に夢中になった．彼は友人と数百もの異なる解答をみつけ（もちろん回転や裏返しによる同じ解は省いてある），そして数か月かけて数千もの解答を列挙した．1963 年 11 月 20 日，彼は異なるパターンの総数は 12224 個であると見積もった．

この問題は 1964 年初頭に決着がついた．フィンクがスタンフォード大学の計算機センターのギャリー・フェルドマンにこの問題を解くプログラムを作るよう持ちかけて，彼はその要望に応えた．センターにあった B5000 は ALGOL で書かれたプログラムを実行し，約 40 時間の計算の後に，可能なパターンをすべて列挙した．それは全部で 12261 個あった．フィンクは，たった 37 個しか見逃していなかったわけで，実に驚くべき予測力だ．フェルドマンのプログラムに関する解説は，計算機センターが発行しているスタンフォード人工知能プロジェクトメモの 1964 年 1 月 16 月号に 8 ページの記事として載っている[5].

12261 種類の解のフィンクによる分析は，主な結果を要約しても多くのページを要するだろう．残念ながら，全体が線対称になっているパターンは存在しなかった．「ダイヤモンド」（2 つの直角 2 等辺 3 角形でできた単色の正方形）が集まってできる

---

[4] "Puzzles and Paradoxes," in *The New Scientist* (February 2, 1961).
[5] "Documentation of the MacMahon Squares Problem," a Stanford Artificial Intelligence Project Memo No. 12, Stanford University's Computation Center, January 16, 1964.

最大の単色のポリオミノの大きさは 12 であった．具体例を図 106 の左に示した．大きさ 12 のポリオミノは線対称形をしていて，ロブスター型をしている．「孤立ダイヤモンド」（ほかの色で完全に囲まれたダイヤモンド）は最少で 3 個である．図 106 の中央に示したパターンでは，3 つのダイヤモンドがそれぞれ違う色をしている．孤立ダイヤモンドは最多で 13 個で，実例を図 106 の右に示した．

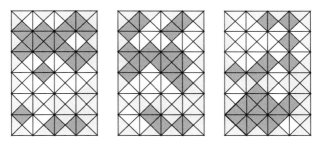

図 106　色つき正方形問題の 12261 個ある解のうちの 3 つ：ロブスター（左），色違いの 3 つの孤立したダイヤモンド（中），13 個の孤立ダイヤモンド（右）．

ここで，3 つのパターンはどれも，外周と同じ色の 3 つのダイヤモンドが水平に連なって，右と左の外周をつないでいることに注意しよう．オバーンはコラムの中で，すべての解がこうした連なりをもつことを証明している．この連なりの位置と，外周と同色のダイヤモンドの位置を使うと，解答は異なる 20 種類に分類できて重宝である．（オバーンは当初 18 に分類したが，後にフィンクがさらに 2 つ見つけた．）

色つきキューブを使ったレクリエーションで，探索が待ち望まれるものはたくさんある．たとえば，1 色・2 色・3 色を使ったキューブ 57 種類のセットの中から，2 色までしか塗られていないキューブを選ぶと 27 個になる．27 個のキューブは $3 \times 3 \times 3$ のサイズに組めるので，これを使って良い配置を考えるという問題もありえる．あるいは異なる 3 色が塗られた

ほうの 30 個のキューブを使ってもよいかもしれない．問題に
よっては，30 個の 6 色キューブではできなくて，30 個の 3 色
キューブならできるものもあるかもしれない．たとえば，通
常の「面どうしは同じ色」という制約のもとで，全面が赤い
キューブを作ることはできるだろうか．

30 個の色つきキューブパズルの考案者だろうと考えられて
いるマクマホンは，1854 年にマルタで生まれた．イギリス王
室砲兵手として従軍したが，インドで重い病気になり，イギリ
スに戻った．その後，陸軍士官学校で数学を教え，すぐに著名
な数学者となった．彼は組合せ論の入門書[6]と，ブリタニカ百
科事典 11 版のその分野の解説で知られている．1929 年に 75
歳で亡くなった．

トーマス・オバーンが知らせてくれたところによると，8 つ
の色つきキューブのセットで，例の条件のもとにひと回り大き
なキューブを作れというパズルが，イギリスでメイブロック
ス・パズルという名前で売られていたことがあり，その箱には
発明者としてマクマホンの名が記載されていたそうだ．

多くの国でさまざまな名前で売られているキューブの 4 つ組
からなるパズルは有名だ．各キューブは 4 色で塗られている．
このパズルでは 4 つのキューブを一列に並べて，それぞれの
4 × 1 の正方形の並びに 4 色がすべて現れるようにする（順序
は問わない）．たとえば 4 種類のトランプのスートや，広告した
い製品など，色の代わりに絵が描いてあることもある．こうし
たパズルの詳細については R・M・アブラハムやアンソニー・
フィリピアクの著作を参照のこと[7]．この手のパズルの詳細な
解析として，オバーンの著作[8]がある．

---

[6] *Introduction to Combinatory Analysis*.

[7] *Diversions and Pastimes*. R. M. Abraham. Dover, 1964, p. 100. ／ *100 Puzzles*. Anthony Filipiak. A. S. Barnes, 1942, p. 108.

[8] *Puzzles and Paradoxes*, Oxford University Press, 1965, Chapter 7, "Cubism and Colour Arrangements."

16 24枚の色つき正方形と30個の色つきキューブ 277

解答 ●マクマホンの色つき正方形パズルの解答例はすでに追記に3つ示してある．色つきキューブに関する問題の解答は読者に委ねることにしよう．

　大きさ3×8の長方形を24枚の色つき正方形で作れないことを証明しよう．制約条件を満たすためには，まず外周の色の3角形が隣り合ったところがある正方形を4つ選んで，4つの角に配置しなければならない．するとその色をもつ正方形は14枚残るが，これは長方形の残りの辺を埋めるのにぴったりの数だ．ところがこのうちの3つは，外周と同じ色を反対側にももっていて，長方形内部の3つの正方形にも同じ色がなくてはならないことになる．しかしこの色をもつ正方形はもう残っていない．すでにすべて外枠に並べてしまったからだ．したがって大きさ3×8は，不可能な長方形である．

後記
(1995)

　大きさ4×6の長方形に対する敷き詰め方が12261通りとした数には，1000以上の見落としがあった．ブエノスアイレスのヒラリオ・フェルナンデス・ロングは1977年に13328通りの敷き詰め方を見つけた．カリフォルニア州サンタバーバラのジョン・ハリスは，高速なプログラムを作ってこの数が正しいことを確かめた．ハリスはさらに大きさ3×4の長方形を2つ作る解を1482種類見つけた．オハイオ州リマのウェイド・フィルポットは，ハリスのプログラムに手を加えて，大きさ2×4の長方形を3つ作る解を128種類得た．

　本章のもとのコラムよりものちに書いた，マクマホンの24個の色つき3角形についてのコラムは，本全集第7巻で，またジョン・コンウェイによる30個のキューブについての驚くべき新発見については，本全集第14巻で紹介する．

　ハリー・ネルソンはマクマホンの24枚の色つき正方形を使った，すばらしいボードゲームをいくつも開発した．ポハク（ハワイ語で石を意味する）とよばれるゲームは，ノーマン・アンド・グロバス社から発売され，今はボーダーズ社が扱ってい

る．ポハクのドミノについては，スコット・キムがコラム[9]を書いている．

マクマホンと彼の友人は，24枚の色つき3角形を使って遊ぶ類似のゲームで特許を取得している．プレーヤーは6角形のボードに交互に3角形を置くが，このときすでに置かれている3角形と接する辺が同じ色でなければならない．最初にピースを置けなくなったほうが負けだ．

1968年に4色のキューブのセットがインスタント・インサニティという名前でアメリカで発売され，桁外れの成功を収めた．このパズルの熱狂ぶりについては，マクマホンが考案した3角形の問題とともに，本全集第7巻16章を参照のこと．

2000年にダリオ・ウリがマクマホンのパズルに関する小冊子を出版した[10]．ウリは，マクマホンの3角形や正方形を使って，辺の色を合わせながら，さまざまな立体を包むという楽しい問題を提案した．彼は39種類のパズルを提案し，そのうち38種類を解いた．ドナルド・クヌースは最後の問題を解くのに成功した．ウリの問題の1つは，ジョン・コンウェイのクィントミノパズルと同じであることがわかったが，それについては本全集第10巻2章で与える．

文献

New Mathematical Pastimes. Percy Alexander MacMahon. Cambridge University Press, 1921. この本は，2004年にタルクイニウス社から，フルカラーのイラストの入ったCD-ROM付きで再版された．

Das Spiel der 30 Bunten Würfel. Ferdinand Winter. Leipzig, 1934. この本は30個の色つきキューブを扱った128ページのペーパーバック．

Mathematical Recreations. Maurice Kraitchik. Dover, 1953. p. 312には30個の正方形を使ったゲームがあるが，この正方形は5色から4色選んで作れる配置すべてからなる．また，

---

[9] Mind Games, Scott Kim, *Discover* (March 2008).
[10] *MacMahon's Pieces On Three-Dimensional Surfaces*, 2000.

p. 313 には 16 個の正方形の問題があり，こちらは 8 色から 2 色選んで網羅的に作れるものだ．〔邦訳：『100 万人のパズル 上・下』モリス・クライチック著，金沢養訳．白揚社，1968 年．邦訳の下巻の p. 200 と p. 201.〕

"Stacking Colored Cubes." Paul B. Johnson in *The American Mathematical Monthly* 63 (June-July 1956): 392-395.

"Cubes." L. Vosburgh Lyons in *Ibidem* 12 (December 1957): 8-9.

"Colored Polyhedra: A Permutation Problem." Clarence R. Perisho in *Mathematics Teacher* 53 (April 1960): 253-255.

"Colour-Cube Problem." W. R. Rouse Ball in *Mathematical Recreations and Essays*, rev. ed., pp. 112-114. Macmillan, 1960.

"Coloured Blocks" and "Constructions from Coloured Blocks." Aniela Ehren-feucht in *The Cube Made Interesting*, pp. 46-66. Pergamon Press, 1964. この本は 1960 年のポーランド語版からの翻訳である．

"Colored Triangles and Cubes." Martin Gardner in *Mathematical Magic Show*, Chapter 16. Mathematical Association of America, 1989.〔本全集第 7 巻〕

"The 30 Color Cubes." Martin Gardner in *Fractal Music, Hyper-Cards, and More*, Chapter 6. Freeman, 1992.〔本全集第 14 巻〕

"From Puzzles to Tiling Patterns." Paul Garcia in *Infinity* (February 2005): 28-31.

"The Mathematical Pastimes of Major Percy Alexander MacMahon, Part 1 - Slab Stacking." Paul Garcia in *Mathematics in School* (March 2005): 23-25. この文書には，マクマホンが特許を取得した最初の 3 つのパズルについての説明がある．パズルは，9 つの木のブロックがテープでつながれたもので，柔軟なチェーン構造になっている．このパズルは古典的な切手折りパズルと本質的に同じものであり，それについては本全集第 10 巻 7 章でとりあげる．

"Edge-Matching Puzzles." Martin Watson in *Infinity* (April 2005): 8-11.

"The Mathematical Pastimes of Major Percy Alexander MacMahon, Part 2 - Triangles and Beyond." Paul Garcia in *Mathematics in School* (September 2005): 20-22.

|17|

H・S・M・コクセター

たいていのプロの数学者は，数学をときおり遊びとして楽しんでいるが，そのときの態度は，彼らがときおり楽しむチェスに対する態度とほぼ同じである．それは一種の気晴らしであって，あまり真剣にならないようにしている．その一方，創造的で幅広い知識をもつパズル家で，数学についてはごく基礎的な知識しか持ち合わせていない人は多い．そんな中，トロント大学の数学教授であるH・S・M・コクセターは，数学者としても数学の遊びの面での大家としても抜きん出ているという稀有な人物である．

ハロルド・スコット・マクドナルド・コクセターはロンドンで1907年に生まれ，ケンブリッジ大学のトリニティ・カレッジで数学教育をうけた．硬い本としては，数冊の教科書を執筆している[1]．軽めなほうでは，W・W・ラウス・ボールの古典的な著作を編集[2]して情報を更新し，またレクリエーション数学的なトピックの記事を数十編，さまざまな雑誌に寄稿した．本章では1961年に出版された彼の幾何学の入門書[3]から話題をいくつか紹介しよう．

---

[1] *Non-Euclidean Geometry* (1942), *Regular Polytopes* (1948), *The Real Projective Plane* (1955).

[2] *Mathematical Recreations and Essays.* MacMillan and Co., Limited, 1943.

[3] *Introduction to Geometry.* Wiley, 1961.〔原著第2版の邦訳として『幾何学入門 上・下』（銀林浩訳，筑摩書房，2009年）がある．本章の中のコクセターの本からの引用部分は，この邦訳を多く参考にした．〕

コクセターのこの本がいかに優れているか，いろいろな角度から
いうことができる．まず，扱っている範囲が非常に広い．幾何のあ
らゆる領域を網羅していて，非ユークリッド幾何学，結晶学，群
論，束論，測地線，ベクトル，射影幾何学，アフィン幾何学，トポ
ロジーなど，入門書には通常は入らないものもある．書きぶりは専
門用語を用いた明快で簡潔な記述である．そのため，ゆっくりと丁
寧に読まなければならないが，おかげで，膨大な題材が表紙と裏表
紙の間に詰め込まれている．そこへ，本の全体にわたって，著者の
ユーモアや，数学の美への鋭い視点や，遊びに対する熱意が加味さ
れている．多くの章は，文学作品からのふさわしい引用句（ルイス・
キャロルのものが多い）から始まり，演習問題で終わる．演習問題はし
ばしば，オリジナルで刺激的なパズルになっている．章全体がレク
リエーション数学の観点から興味深い話題や問題で占められている
ことも多く，本全集で以前にもっと初等的な形で紹介しているもの
もある．たとえば黄金比，正多面体，不思議なトポロジー構造物，
地図の色塗り（4色定理），球の詰め込みなどがそれだ．

また，ちょっと脱線した愉快な話題も点在している．たとえば，
1957年にB・F・グッドリッチ社がメビウスの帯で特許を取った
ことをご存じだろうか．これは，熱いものや土砂などを運ぶため
のコンベアのベルトを2つのホイールにかけたものに関する特許
（No. 2,784,834）だ．ベルトをおなじみのように半分捻ってかけるこ
とで，両面が，いや，1つしかない面全体が均等に摩耗する．

これはご存じだろうか．ゲッチンゲン大学には，大きな箱に，コ
ンパスと定規だけを使った正65537角形の作図法が書かれた手稿
が収められている．素数本の辺をもつ正多角形のうち，この古典的
な方法で作図できるのは，その素数が特別なタイプ，つまりフェル
マー素数とよばれる素数のときだけである．この素数は$2^{(2^n)}+1$
という形で表現される．こうした素数で知られているのは，5つ
（3, 5, 17, 257, 65537）だけだ．65537角形の作図に成功した哀れな男
は，コクセターによれば，その仕事に10年を費したということだ．

原理的にコンパスと定規だけで作図できる，これよりも大きな素数
角形があるかどうかは，誰も知らない．もしそうした多角形があっ
たとしても，実際に作図するのは論外だ．辺の本数が天文学的な数
になるからである．

　もしかすると，単なる3角形なら，これは古来より徹底的に研究
されて，新しい驚きなどほとんど残されていないだろうと思うか
もしれない．しかし，3角形に関する驚くべき定理が，しかもユー
クリッドがすでに簡単に見つけていても良さそうなものが，最近
もたくさん見つかっている．その際だった例が，コクセターが取り
上げたモーリーの定理である．これは1899年頃にフランク・モー
リーが最初に発見した．彼はジョンズ・ホプキンス大学の数学教授
で，作家のクリストファー・モーリーの父親でもある．定理は雑談
のネタとして数学界全体にすばやく広まった．この定理の最初期
の証明としては，1909年のM・T・ナラニエンガーによるものや，
M・サチャナラヤナによるものがある*4．本章の参考文献に，もっ
と最近与えられた証明に関する文献が挙げてある．ポール・グッド
マンとパーシヴァル・グッドマンは，彼らの魅力的な本*5の第5章
で，楽しんでも消耗しない人類の財産について語るさい，モーリー
の美しい定理を好例として挙げている．

　モーリーの定理を図107に示した．任意の3角形を1つ描いて，
それぞれの角を3等分する．すると，これらの角の3等分線が交わ
る頂点は，いつでも正3角形の頂点をなす．いつでも必ず小さな正
3角形（モーリーの3角形とよばれている）が現れるとは，まったくの
驚きだ．モーリー教授は数冊の教科書を書き，多くの分野で重要な
仕事をしたが，彼の名を不朽のものにしたのはこの定理だ．なぜ
これがもっと以前に見つからなかったのだろう．コクセターの説で

---

*4　*The Educational Times, New Series* 15, 1909, p. 47, pp. 23–24.
*5　*Communitas.* Paul Goodman and Percival Goodman. Vintage Books,
1960.〔邦訳：『コミュニタス――理想社会への思索と方法』槇文彦・松本洋訳．彰国
社，1968年．〕

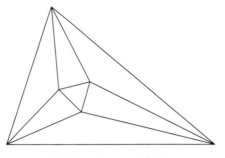

図 107　モーリーの定理.

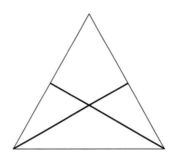

図 108　内角の等分問題.

は，数学者は古典的な制約のもとで角の3等分ができないということを知っていたものだから，角を3等分することによって出てくる定理に近寄らなかったのではなかろうかということだ．

　3角形にまつわるもう1つの定理で，20世紀になってその悪名がとどろくようになったものを図108に示した．3角形の底辺の両側の角の2等分線が同じ長さのとき，直感的には明らかに，3角形は2等辺3角形になりそうである．しかしそれを証明できるだろうか．これほど油断のならない初等幾何の問題はほかにはない．逆の主張，すなわち2等辺3角形の底角の2等分線どうしは長さが等しいということの証明は，ユークリッドの時代まで遡ることができ，

簡単に証明できる．他方の証明も一見すると簡単そうに見えるが，実は極めて難しい問題なのだ．この問題の証明をしたと主張する郵便が，だいたい 2, 3 か月に 1 度，私の元に届く．通例，返事として，アーキボルト・ヘンダーソンの 1937 年の論文の文献情報*6 を伝えている．この論文は，ざっと 40 ページあり，ヘンダーソンのつけたタイトルは「内角の 2 等分問題のすべての論文を終わらせるための，内角の 2 等分問題に関する論文」である．彼は，出版されている多くの証明には，ときには有名な数学者のものでも，欠陥があると指摘する．そしてこの問題に対して 10 個の正しい証明を与えているが，どれも長くて込み入っている．コクセターの本に載っている新しい証明は，喜ばしい驚きをもたらす．彼の証明は非常に単純で，本には 4 行のヒントしか書かれていないが，それだけであとはすぐに導ける．

　新しくエレガントな定理が見つかると，ときに発見者が，それを詩に残すことがある．最近の面白い例は「正確なキス」という詩で，作者は卓越した化学者であるフレデリック・ソディである．彼はアイソトープという語を造った人でもある．任意の大きさの 3 つの円を，どの円もほかの 2 つに接するように配置すると，これらの 3 つの円に接する第 4 の円をいつでも描くことができる．通常，第 4 の円を描く方法は 2 通りある．そのうち 1 つは，ほかの 3 つをすべて含むような大きな円になることもある．図 109 に例を示した．2 つの円はそれぞれ破線で示したものである．互いに接した 4 つの円の大きさは，どのような関係にあるだろうか．ソディは，本当の意味で理解することはついにできなかったと後年になって述懐したやり方で，美しい対称性をもつ次の式を偶然発見した．

＊6　"an essay on the internal bisector problem to end all essays on the internal bisector problem" in *Journal of the Elisha Mitchell Scientific Society*, December 1937.

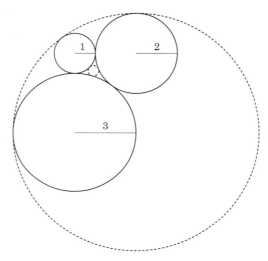

図 109　フレデリック・ソディの「正確なキス」.

$$a^2 + b^2 + c^2 + d^2 = \frac{1}{2}(a+b+c+d)^2$$

ここで a, b, c, d は 4 つの半径の逆数である.

数 n の逆数は $1/n$ であり,分数の逆数は分母と分子を入れ換えればよい.円の半径の逆数は,その円の曲がり具合を測る値（曲率）となる.凹んだ曲線,たとえばほかの 3 つを内部に含む円の曲がり具合は,負であると考えて,負の数として扱う.ソディは詩の中で,曲率を表現するために「曲がり (bend)」という語を用いた.コクセターはこの詩の 2 節めを引用している.

　　4 つの円がキスをする
　　小さい円ほど曲がっている
　　曲がりの度合いを測るには
　　半径逆さにすればよい
　　彼らの謎かけにユークリッドは答えてくれないが

もう手探りの必要はない
曲がりがゼロは直線で
逆に曲がるは負の値
4つの曲がりの平方和
和の平方の半分だ

ソディの等式はパズル家たちの時間を大幅に節約してくれる. 接する円にまつわる問題は, パズルの本にはよく載っているが, この式なくして解くのは難しい. たとえば図 **109** の実線の円がそれぞれ半径 1, 2, 3 インチだったとすると, 破線の円の半径はいくつだろうか. この問題に答えるために, たくさんの直角 3 角形を描いて, 忍耐強くピタゴラスの定理を適用してもよいが, ソディの式を使うと, 単純な 2 次方程式を解いて 2 つの解を得れば, それが求める 2 つの円の半径の逆数である. 正の解は小さい円の曲率 23/6 となり, 半径は 6/23 インチである. 負の解は大きい円の負の曲率 −1/6 となるので, 半径は 6 インチとなる.

別の問題に対してこの式の強力さを確かめたい読者は, こんな状況を考えてみよう. 平面上に直線が描かれている. 2 つの互いに接する球が, 1 つは半径が 4 インチ, もう 1 つは半径が 9 インチで, 平面のこの線上に載っていたとする. 大きい球を同じ線上に載せて, この 2 つのどちらにも接するようにするには, この大きな球の半径は何インチにすればよいだろうか. ソディの等式を使う代わりに, コクセターによる次の同値な表現を使うと, 計算がずっと簡単になる: 与えられた逆数 a, b, c に対して, 4 つめの逆数は次の式で与えられる.

$$a + b + c \pm 2\sqrt{ab + bc + ac}$$

〔解答 p. 297〕

図表の多いコクセターの本の中には, 芸術家の視点からも非常に印象的な絵がある. それはたとえば対称性の議論の図であったり, あるいは, 壁紙や床のタイル張りやカーペットなどによく見られる

繰り返し模様に関して群論が果たす役割りに関する図である.「画家や詩人と同じく,数学者はパターンの創造者である」とは,コクセターが引用した,イギリスの数学者 G・H・ハーディの有名な一節である.「数学者の模様が画家や詩人のものより長持ちするとすれば,それは観念で作られているからである」.多角形を合わせて平面を覆うときに,隙間も重なりもない場合,このパターンをタイリングという.正則タイリングとは,すべてが合同な正多角形だけでできており,角どうしが接している(つまり角がほかの正多角形の辺にぶつかっているところがない)ものである.こうしたタイリングは 3 種類しかない.正 3 角形を敷き詰めたものと,正方形をチェッカー盤状に並べたものと,正 6 角形を蜂の巣状に並べたものだ.正方形と正 3 角形は角が辺の途中に接する敷き詰め方で平面をタイル張りすることもできるが,正 6 角形では,そうはいかない.

「準正則タイリング」は,2 種類以上の正多角形を使った敷き詰めであり,角どうしが接していて,どの頂点を見ても,それを囲む多角形が同じ並びになっているものである.こうしたタイリングは,ちょうど 8 つあり,正 3 角形,正方形,正 6 角形,正 8 角形,正 10 角形の異なる組合せで作られる(図 110).これらはどれも,すばらしい床張りの図案になるだろうし,一部はすでになってもいる.ほとんどは鏡に映しても変わらないが,例外は右下のタイリングであり,これを最初に記述したのはヨハネス・ケプラーである.この模様には 2 通りの形状があり,互いに相手の鏡像になっている.必要なだけたくさんの多角形を厚紙で切り出して,さまざまな色を塗り,こうしたタイリングを作ってみると,楽しく遊べる.頂点に関する制約を外してしまうと,同じ多角形の組合せでも,無限に多くのモザイク模様を作ることができる.(こうした非正則タイリングの中でも対称性をもつ印象的な例を,ヒューゴ・ステインハウスの本*7 でいくつか見ることができる.)

---

*7 *Mathematical Snapshots*. Oxford University Press, 1969.〔邦訳:『数学スナップ・ショット』遠山啓訳.紀伊國屋書店,1976 年.〕

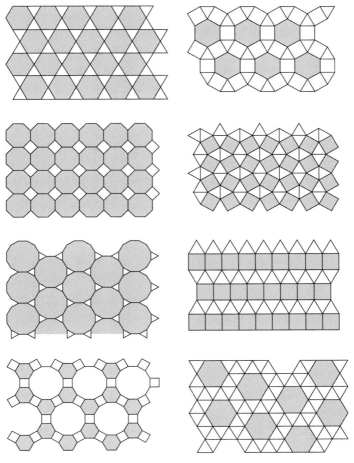

図 110 8つの「準正則タイリング」.

どんなタイリングでも，繰り返しに基づいて平面を埋めつくしているなら，その対称性は，17 個の異なる群のうちの 1 つで表すことができる．この 17 個の群は，ある図形を無限に繰り返して 2 次元平面を敷き詰める方法のうち，本質的に異なるものをすべて網羅している．群の構成要素は，1 つの基本図形に適用される操作，つまり並進（平行移動）と回転と鏡映の組合せにすぎない．この 17 個の対称性の群は，結晶構造の研究に非常に重要である．実際，こうした群の数は 17 であると 1891 年に証明したのは，ロシアの結晶学者 E・S・フェドロフであることをコクセターは指摘している．以下，コクセターの言葉を借りれば，「反復に基づいた方法で平面を敷き詰める芸術は，13 世紀のスペインにおいてその最高の極致に達した．ムーア人たちは，アルハンブラ宮殿の手の込んだ装飾に，この 17 個の群すべてを利用している．抽象的な模様に対するかれらの嗜好は，モーセの十戒の第二戒『偶像を崇拝してはならない』のきちょうめんな遵守によるのであろう」．

もちろん，こうした繰り返しの基礎となる図形を抽象的な形に限定する必要はない．コクセターが紹介したマウリッツ・C・エッシャーは，オランダ出身，バーン市在住で，基礎図形として動物の形を使って，17 個の群の多くを巧妙な方法でモザイク模様にした．図 111 に示した馬の背に乗った騎士は，エッシャーの驚くようなモザイクの 1 つで，コクセターの本に掲載されているものである．また別の例を図 112 に示す．コクセターも指摘するように，騎士の模様は一見，基本図形を水平軸と垂直軸に沿って並進して得られた結果に見える．しかしよく見ると，同じ基本図形が背景をなしていることがわかる．実際，この敷き詰め方がもつ，より興味深い対称性の群は，「並進鏡映」とよばれる方法で生成されている．並進と同時に鏡映するのである．ところでこれは，基礎となる領域が多角形ではないので，厳密にはタイリングとはいえない．この敷き詰め方では，すべて同じ形をした不規則な形状の図形がジグソーパズルのピースのように互いにかみ合って平面を埋めつくしているという興

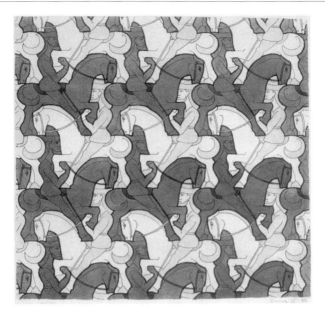

図 111 マウリッツ・エッシャーの数学的モザイクの1つ．M. C. Escher's "Horseman" ⓒ 2016 The M. C. Escher Company-The Netherlands. All rights reserved. www.meescher.com

味深い種類のモザイクである．抽象的な形でこの手のものを作り出すのはそれほど難しくはないが，自然なものの形に似せて作ろうとすると容易ではない．

　エッシャーは数学的構造で遊んで楽しんでいる画家である．きちんとした美術学校で，すべてのアートを遊びの一形態と見なしているところがあるし，また同様に，数学を教えるきちんとした学校で，数学的体系を，定められたルールに従って記号を使う意味のないゲームと考えるところもある．科学は，それ自身ある種のゲームたりえるだろうか．この問いに関して，コクセターはアイルランドの数理物理学者ジョン・ライトン・シングの次の一節を引いている：

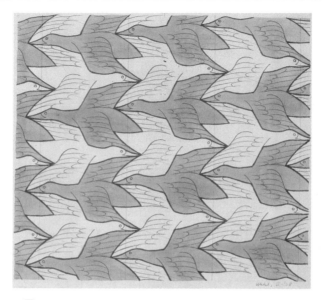

図 112　エッシャーのモザイクの別の例．カラー印刷でサイエンティフィック・アメリカン誌の表紙を飾った（1961年4月）．M. C. Escher's "Two Birds" ⓒ 2016 The M. C. Escher Company-The Netherlands. All rights reserved. www.meescher.com

過去のすべての偉大な科学者たちは，本当にゲームをしていたといえるだろうか．ゲームといっても，人間でなく，神がルールを記述したゲームだ．……遊ぶとき，私たちはなぜ遊ぶかは問わない．ただ遊ぶ．遊びは特に道徳律をもたらすものではないが，なんらかの謎の理由により，遊びそれ自身にふしぎな規約をもたらす．……科学文献の中から動機付けのヒントを探ろうとしても徒労に終わるだろう．そして，科学者が観察するふしぎな道徳律に関していえば，隠蔽や欺瞞やタブーに満ちた世界において，真理に抽象的な敬意を払うこと以上に奇妙なことがあるだろうか．……人間の精神は人間が遊んでいるときに最

もよい状態であるという考えを示して，それを心に留めてもら
おうとしているとき，私自身がまさに遊んでいるわけで，そこ
で実感するのは，私が言っていることの中には真実の一片が含
まれているということだ．

この一節はコクセターの著作の特質について，正鵠を射ている．
これこそが，数学の徒にとって，彼の本に波長があって心が震えて，
かけがえのない宝物となる理由の 1 つなのだ．

追記
(1966)

　メビウスの帯に基づく機器の特許を最初に取得したのは，グッドリッチ社ではない．リー・ド・フォレストは，1923年1月16日に，両面に録音できるエンドレスのメビウスの帯状のテープで特許1,442,682を取得しており，1949年8月23日には，オーエン・D・ハリスがメビウスの帯状の研磨ベルトで特許2,479,929を取得していた．私はこれらを読者に知らされたが，ほかにもあるかもしれない．

　モーリーの3角形に関する文献は山のようにある．コクセターの証明は彼の本の23ページ[*8]に書かれているが，そこから，それ以前の参考文献にあたることもできる．W・J・ドッブスによる1938年の論文[*9]では，この3角形について徹底的な議論がなされており，上記以外の正3角形が現れる例（外角を3等分して出てくるものなど）も多くあげられている．モーリーの定理はH・F・ベイカーの本[*10]でも議論されている．コクセターの本が出て以来，この定理の単純な証明は，山ほど出されている．

　内角の2等分問題は，シュタイナー－レームスの定理ともよばれていて，モーリーの3角形よりもさらに広範な文献がある．この定理は最初，1840年にC・L・レームスが提案し，ヤコブ・シュタイナーが初めて証明した．この問題の魅力ある歴史と，多くの解答については，マクブライドのノート[*11]やヘンダーソンの論文[*12]が参考になる．大学の幾何の教科書でこの定理を証明しているものも，たくさんある[*13]．G・ギルバー

[*8]　〔訳注〕邦訳66ページ．

[*9]　"Morley's triangle" in *Mathematical Gazette*, February 1938, p. 50.

[*10]　*Introduction to Plane Geometry.* H. F. Baker. Cambridge, 1943, pp. 345–349.

[*11]　*Edinburgh Mathematical Notes* 33. J. A. McBride. 1943, pp. 1–13.

[*12]　"The Lehmus-Steiner-Terquem Problem in Global Survey." Archibald Henderson in *Scripta Mathematica* 21, 1955, pp. 223–312 と 22, 1956, pp. 81-84.

[*13]　*An Introduction to Modern Geometry.* L. S. Shively. Chapman & Hall Ltd., p. 141; *Modern College Geometry.* David R. Davis. Addison-Wesley p. 61 ／ *College Geometry.* Nathan Altshiller Court. Johnson Publishing Co. ／ reprinted by Dover, p. 65.

トと D・マクドネルが与えた極めて短い証明もある[14].

ソディの詩「正確なキス」は全編がクリフトン・ファディマンの楽しいアンソロジー[15] に再掲されている. 最後の第 3 節めでは, この定理が球体に拡張されている. これをさらに n 次元超球に一般化した第 4 節もあるが, これはソロルド・ゴセットが書いたもので, ネイチャーの 1937 年 1 月 9 日号に掲載されている. これはファディマンの本の 285 ページにも載っている.

図 110 の右側, 上から 2 つめの準正則タイリングは, サルバドール・ダリの絵「2 ヤード離れると中国人に仮装した 3 人のレーニンに, 6 ヤード離れると虎の顔に見える 50 の抽象画」の基本となった. この絵のモノクロ写真はタイム誌の 1963 年 12 月 6 日号の 90 ページに掲載された.

図 113 はエッシャーの素晴らしいモザイク「ウェルブム」[16] である. エッシャーは, 絵による天地創造の表現としてこれを描いた. 「ぼんやりしたグレーのウェルブムの中心(はじめに言葉ありき)から, 3 角形の図案が生まれる. 中心から遠ざかるにつれ, 明暗の対比はよりくっきりとし, そしてもともと直線だったところはくねくねと曲がりくねっていく. 交互に, 白は黒い物体の背景になり, 黒は白い物体の背景となる. 端に近付くにつれて, 図形は鳥や魚や蛙に進化していき, それぞれの種にふさわしい場所, 空と水と大地に向かう. それと同時に, 鳥から魚へ, 魚から蛙へ, 蛙からふたたび鳥へと徐々に変形もしている. また時計回りの向きの動きも感じられる」[17]

メルビン・カルビンは, 論文[18] の中にこのリソグラフを掲

---

[14] *American Mathematical Monthly* 70, 1963, p. 79.
[15] Clifton Fadiman in *The Mathematical Magpie*, Simon & Schuster, 1962, p. 284.
[16] 〔訳注〕ラテン語で「言葉」という意味.
[17] 引用は *The Graphic Work of M. C. Escher*, Oldbourne Press, 1961 より.〔邦訳:『M.C. エッシャー——数学的魔術の世界』岩成達也訳. 河出書房新社, 1976 年.〕
[18] Melvin Calvin, "Chemical Evolution" in *Interstellar Communication*, edited by A. G. W. Cameron, Benjamin, 1963. 〔邦訳:『化学進化』江上不二夫ほか訳. 東京化学同人, 1970 年.〕

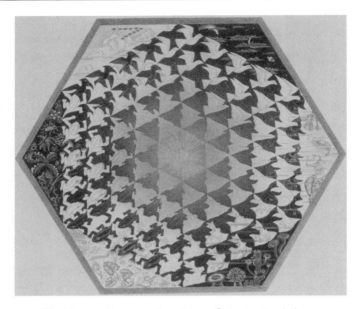

図 113　エッシャーのリソグラフ「ウェルブム」(1942年). M. C. Escher's "Verbum" ⓒ 2016 The M. C. Escher Company-The Netherlands.　All rights reserved. www.meescher.com

載し，彼が初めてこれを見たのはオランダの化学者の研究室の壁にかかっていたものだと書いている．彼の言葉を借りると，「ある形状が別の形状に徐々に溶けこんでいくさまと，ついにはっきりとした形に変形していくさまは，私には，生命だけに留まらず，世界全体の本質を表しているように見えた」．

　エッシャーについての詳細は，本全集第 6 巻 8 章を参照のこと．この章はサイエンティフィック・アメリカン誌の 1966 年 4 月号のコラムの再録で，エッシャーだけを主題としたものとしては英語文献では最初期のものの 1 つだ．このとき以来，エッシャーは人々の関心をひき，あふれるほどの本や記事が書かれた．特に興味深い本はドリス・シャットシュナイダーによ

るもの[*19]だ。コラムがきっかけとなり、私はエッシャーと手紙をやりとりし、彼から原画を1つ購入した。彼の名声がこれほど急速に高まると予想できていれば、もっとたくさん購入していたのだが。そうすれば、それは人生における最高の投資になっていたはずだ。

解答 ● 問題は、同一直線上に載っていて互いに接している2つの球体が、それぞれ半径4インチと9インチであったとき、やはりその直線上に置かれた球体で、この2つの球体両方に接しているもののうち、大きいほうの半径を求めることであった。この問題を断面図で考えれば（図114）、4つの互いに接する円の問題になる。ただしここで、直線は曲率0の円であると考える。フレデリック・ソディの「正確なキス」の等式によれば、（図中点線で描いてある）2つの円の半径はそれぞれ36/25インチと36インチになる。大きいほうの円が求める球の中心を通る断面なので、これが問題の答えだ。

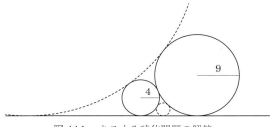

図114 キスする球体問題の解答。

[*19] *M. C. Escher: Visions of Symmetry.* Doris Schattschneider. Freeman, 1990.〔邦訳：『エッシャー・変容の芸術——シンメトリーの発見』ドリス・シャットシュナイダー著，梶川泰司訳。日経サイエンス，1991年。〕

後記
(1995)

コクセターは 2003 年 3 月 31 日にトロントの自宅で安らかな眠りについた. 最後の原稿の校正を終えたところで, 96 歳だった.

1995 年にジョン・コンウェイは, モーリーの定理に対して, 3 角関数を使わない証明を見つけた. その証明は, 数学における希望的観測の見事な例である. コンウェイはまず, 3 等分したときの角度がそれぞれ a, b, c である角をもつ 3 角形 ABC を分解する (図 115). その際, 真だと示したいあることを想定すると, ほかの角度が図のように表現できることにコンウェイは気づいた. ここで, たとえば a^+ は $a + 60$ 度のことである. もしこのように分解できたとすると, 内部の 3 点それぞれの周囲の角度はどれも合計で 360 度であり, 分解してできた 3 角形それぞれの 3 つの角度の和はどれも 180 度である. コンウェイの記法を使ってこれらをすべて確認するのは簡単で, それは, 180 度という角度が a, b, c をすべて合わせて + を 2 つ足して得られるからだ. さらに, 360 度は a, b, c に + を 5 つ足せばよい.

次は統合だ. コンウェイは, 分解の際に想定した 6 つの 3 角

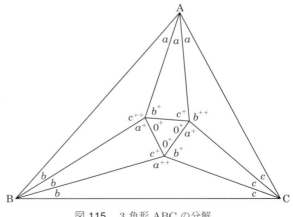

図 115 3 角形 ABC の分解.

形それぞれに相似な 3 角形を作図する（図 116）．その際，相似比をうまく選んで，図中の点線の線分をすべて同じ長さにして，その長さが元の図で対応する線分の長さの 1 つに一致させるのが目的だ．仮にそれができれば，外側の 3 つの 3 角形をそれぞれ 3 つの 3 角形に分割したとき，その 3 つのうち中央のものは，2 等辺 3 角形になるはずだ．実際，中央の 3 角形はたしかに 2 等辺 3 角形になるのだが，それは，見てわかるとおり，2 つの底角が同じ大きさになるからだ．ここで，図中には，互いに鏡像となっている 3 角形どうしの合同関係がいくつも見られるが，それらの合同関係が実際に成り立っている場合にこそ，点線の線分の長さがすべて等しくなって目的が達せられ，中央に現れるはずの 3 角形の 3 辺の長さも等しくなることがわかる．ここにいたり，これらの 3 角形ピースをすべて集めて 1 つにすれば，元の 3 角形 ABC とともに，それぞれの角の 3 等分線と中央の正 3 角形が得られて，モーリーの定理が証明されるというわけだ．

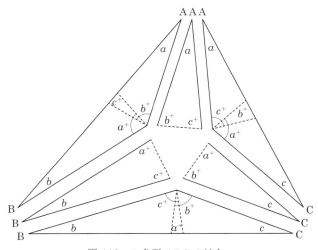

図 116　3 角形 ABC の統合．

モーリーの見事な定理に関する論文は，私が本章の追記に少しあげたあともさらに発表されている．いくつかは文献欄にあげた．

文献 "Donald Coxeter — Master of Many Dimensions." H. Martyn Cundy in *Mathematical Gazette* 87 (July 2003): 341-342.

King of Infinite Space: Donald Coxeter, the Man Who Saved Geometry. Siobhan Roberts. Walker, 2006. これは偉大な幾何学者のすばらしい伝記だ．〔邦訳：『多面体と宇宙の謎に迫った幾何学者』シュボーン・ロバーツ著，糸川洋訳．日経 BP 社，2009 年.〕

The Coxeter Legacy: Reflections and Projections. Chandler Davis and Erich W. Ellers (eds.). American Mathematical Society, 2006.

●モーリーの定理に関する文献

"A Proof of Morley's Theorem." J. M. Child in *Mathematical Gazette* 6 (1922): 171.

"The Morley Triangle: A New Geometrical Proof." Howard Grossman in *American Mathematical Monthly* 50 (1943): 552.

"A Simple Proof of the Morley Theorem." Leon Bankoff in *Mathematics Magazine* 35 (1962): 223-224.

"A Simple Proof of Morley's Theorem." Haim Ross in *American Mathematical Monthly* 71 (1964): 771-773.

"Morley Polygons." Francis P. Callahan in *American Mathematical Monthly* 84 (May 1977): 325-337.

Crux Mathematicorum 3 (1977): 272-296. モーリーの定理の証明がいくつか収録されていて，モーリーのもともとの（難しい）証明も含まれている．148 編もの参考文献があげられている．さらに同ジャーナルの 1978 年の 4 巻 p.132 には，追加の文献が 14 編ある．

"Morley's Theorem and a Converse." D. J. Kloven in *American Mathematical Monthly* 85 (February 1978): 100-106.

"The Morley Trisector Theorem." Cletus Oakley and Justin Baker in *American Mathematical Monthly* 85 (November 1978): 737-743. 参考文献が 93 編あげられている.

"Morley's Miracle." Sibohan Roberts in *King of Infinite Space*, Appendix B. Walker, 2006. この本はドナルド・コクセターの伝記である.〔邦訳は 2 つめの文献参照.〕

"The Lighthouse Theorem, Morley and Malfatti – A Budget of Paradoxes." Richard K. Guy in *American Mathematical Monthly* 114 (February 2007): 97-141. この記事では 17 個のモーリーの 3 角形の証明と,83 編の参考文献があげられている.

|18|

ブリジットと
その他のゲーム

> 人が創意工夫を最も発揮するのはゲーム
> においてなのです
> ──ゴットフリート・ウィルヘルム・フォ
> ン・ライプニッツ，パスカル宛の手
> 紙の中で．

　チック・タック・トー，チェッカー，チェス，碁といった数学的
なゲームは，2人のプレーヤーで競い合うが，次の3つの特性をも
つ：（1）有限回の手番で終わる．（2）サイコロやカードといった
ものを使ったランダム性がない．（3）どちらのプレーヤーもすべ
ての手が見えている．こうしたゲームにおいて，それぞれのプレー
ヤーが「合理的」に振舞う，すなわち自分にとって最適な戦略に従
うとすると，ゲームの結果は初めから決まっている．つまり，ゲー
ムは引き分けか，先手必勝か，後手必勝である．本章では最初に2
つの単純なゲームを考えるが，これらは必勝手順がわかっている．
次に，人気のあるボードゲームを紹介するが，これは必勝手順が最
近発見されたばかりである．最後に，まだ解析されていない一連の
ボードゲームを紹介する．

　盤面上にコマを置いたり，あるいは取り除いたりする類のゲーム
で単純なものは，いわゆる対称戦略で攻略できることが多い．古典

的な例は，2人のプレーヤーが交互にドミノを長方形の盤面上のどこかに置くというゲームだ．各ドミノは長方形の境界の中に平らに置かなければならず，すでに置かれているピースを動かしてはいけない．端から端までピースを敷き詰めても盤面を完全に覆えるくらい，ドミノは十分たくさんあると仮定する．そして最後のドミノを置いたほうが勝ちとする．このゲームには引き分けはありえないので，両者が合理的に振舞うとすると，どちらかが必ず勝つ．それはどちらだろう．答えは，最初のドミノを置く先手だ．先手の戦略は，最初のドミノを正確に盤面の中央に置き（図117），その後は相手の手に合わせて，図示したように対称な位置に置く，というものだ．明らかに，後手が空いている置き場所を見つけられるなら，それと対になる置き場所が，いつでも必ずある．

同じ戦略が適用できるのは，180度回転させても同じ形である平

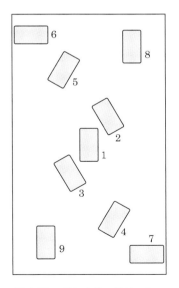

図117　ドミノボードゲーム．

らなピースすべてである．たとえば，（縦横同寸法の）十字形ならうまくいくが，丁字形だとうまくいかない．葉巻をピースとして使った場合にもうまくいくだろうか．もちろんだ．しかし両端の形に違いがあるので，最初の葉巻を平らな端を底にしてうまく立てなくてはいけない．この手の新しいゲームを考案するのは簡単で，そうしたゲームの体裁は，いろいろな形のピースを，さまざまな模様のついたボードに，前もって決めた規則にしたがって交互に置いていく，というものである．それぞれの場合に応じて，対称戦略が先手必勝や後手必勝を与えてくれることもあるし，そうした戦略が使えないこともある．

　違ったタイプの対称な方法で勝てる，次のようなゲームもある．テーブルの上に，好きな数のコインを輪になるように並べて，それぞれのコインが両隣の2つのコインと接するようにする．プレーヤーは交互に1つのコインか，互いに接している2つのコインを取っていく．最後のコインを取ったほうが勝ちだ．この場合，後手が必ず勝つことができる．最初のプレーヤーが1手めで1つか2つコインを取ると，残ったコインはカーブして並び，両端がある．残ったコインの枚数が奇数なら，2手めのプレーヤーは中央のコインを取る．もしコインの枚数が偶数なら，中央に並んだ2つのコインを取る．いずれの場合にせよ，そこには同じ長さの2つのコイン列が残る．ここからは，相手が一方の列から取ったら，自分はもう一方の列からまったく同じように取ればよい．

　これまでに紹介した戦略は，ゲーム理論の専門家がときにペアリング戦略とよぶものの例である．つまり，着手が（必ずしも対称的でなくても）なんらかの対と見なせる戦略である．このとき，相手が一方の手を打つと，こちらはそれに対応するペアの手を打つというのが最適戦略となる．ペアリング戦略の印象的な例がトポロジー的なゲーム，ブリジットに現れる．これは1960年に発売され，今では子供たちの間で人気のゲームだ．かつて私がサイエンティフィッ

ク・アメリカン誌の 1958 年 10 月号で「ゲール」という名前で紹介したことを覚えている読者もいるかもしれない[*1]．ブラウン大学の数学者デイヴィド・ゲールが考案したものだ．

ブリジットのゲーム盤を図 118 に示した．紙の上で遊ぶ場合，一方は黒い鉛筆で直線を引いて隣接する黒い点のペアをつないでいくが，このとき水平方向か垂直方向だけで，斜め方向は許されない．他方のプレーヤーは赤い鉛筆を使って，同様に赤い点のペアをつないでいく．プレーヤーは交互に線を引いていく．線どうしは交差してはならない．盤面の端から端まで，自分の色の経路で最初につないだほうが勝者だ．（製品のブリジットでは，盤面上に点が突き出ていて，小さな色付きのプラスチックのブリッジで，点の間をつないでいく．）何年も前から，先手に必勝戦略があるという証明は知られていたが，今年初め[*2]まで，実際の戦略は見つかっていなかった．

ランド研究所の数学の部署にいるゲームのエキスパートであるオリバー・グロスがこのゲームを攻略した．この発見について聞いた

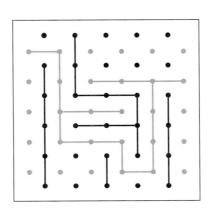

図 118　ブリジットの終局．赤の勝ち．

[*1]　〔訳注〕本全集第 2 巻 7 章参照．
[*2]　〔訳注〕ガードナー執筆当時の 1961 年．

とき，私はすぐさま詳細を問い合わせたが，おそらくは，このコラムで紹介するには専門的すぎる長く入り組んだ解析が届くのであろうと覚悟していた．ところが驚いたことに，届いたのは図 119 とわずか 2 行の次の説明だけであった：まず先手は，図の左下の部分に描かれた黒線を選ぶ．そのあとは，相手が点線のどちらかの端点と接する線を描いたら，自分は同じ点線の他方の端点と接する線を描けばよい．この巧妙なペアリング戦略は，必ずしも最少手数ではないが，先手の勝利を約束してくれる．グロスは自分の戦略を「民主主義的」と評していて，それは「バカな相手にはバカな手を打ち，賢い相手には賢い手をうち，いずれにせよ勝つ」からだそうだ．グロスが発見したペアリング戦略はこれだけではないが，彼がこれを選んだのは，その規則正しさと，どんな大きさの盤面上でのブリジットにも簡単に拡張して使えるということによる．

この図では，盤面の端に沿ったところには何も指定がないことに注意しよう．こうした手はブリジットのルール上は許されている（実際，市販のゲームの箱にはこのタイプの手が描かれている）が，ゲームの勝利にはまったく貢献しないため，この手を打っても得にならな

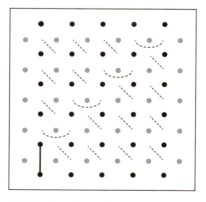

図 119　ブリジットで勝つためのオリバー・グロスのペアリング戦略．

い．必勝手順に従って打っているとき，相手がこの辺をつなぐという無駄な手を打ったとすれば，こちらは自分自身のこうした辺をつないで対抗すればよい．あるいは望むなら，盤面上のどこに打っても構わない．後ほどある時点で，このランダムに打った手が戦略上必要になったときには，単に別の場所に打てばよいのだ．こうした盤面上の余分な手は，資産になることはあっても，負債になることは決してない．もちろん，今や先手の必勝戦略がわかったのだから，その情報を聞いたことがない人々を除くと，ブリジットで対戦する面白みはなくなった．

比較的単純なルールのボードゲームで，数学的な解析を拒んできたものは多い．19 世紀後半にイギリスで広く遊ばれたハルマとよばれるゲームから派生した一連のゲームはその一例である．ジョージ・バーナード・ショーは 1898 年にこう書いている．「イギリス人が普通に暮らすときは，家族ごとに孤立し，家屋ごと部屋ごとに孤立し，各自が静かに取り組んでいるものといえば，本を読んでいるか，新聞を読んでいるか，ハルマをしており，……」（この言葉は，ゲームの公式ルールに関する本*3 に引用されている．）

元々のハルマ（この名前はギリシャ語で「跳躍」を意味する語から来ている）には 1 辺が 16 マスあるチェッカー盤が使われたが，この基本形はすぐにさまざまな大きさや形の盤面に拡張された．こんにちチャイニーズチェッカー*4 として知られているものは，ハルマの後で生まれた多くの種類の中の 1 つだ．ここでは単純版として，おなじみの 8 × 8 のチェッカー盤を使ったものを説明し，そこから派生した，今でも解けていない面白い 1 人遊びゲームを紹介することにしよう．

ゲームはチェッカーの最初の配置と同じ位置にチェッカーのコマ

---

*3　*The New Complete Hoyle*.　Albert H. Morehead, Richard L. Frey, and Geoffrey Mott-Smith. Doubleday, 1964.

*4　〔訳注〕日本では「ダイヤモンドゲーム」とよばれている．

を並べて始める[*5]. コマの動きはチェッカーと同じだが, 以下の例外がある.

（1） 飛び越されたコマは取り除かず, そのまま.
（2） コマはどちらの色のコマでも飛び越すことができる.
（3） 後向きの動きやジャンプもしてよい.

ジャンプを連続して行うときには, どの色のコマを飛び越してもよいが, 1手のうちにジャンプとジャンプでない移動を組み合わせて行うことはできない. 各プレーヤーのゲームの目的は, 相手の最初の配置の場所に自分のコマをすべて置くことであり, 最初にそれを成し遂げたほうが勝者だ. また, 一方のプレーヤーが動けなくなったときは, 他方のプレーヤーの勝ちとする.

ハルマのようなタイプのゲームの解析がどのくらい難しいか, いくらか感触を得るには, 次のパズルに取り組んでみるとよいだろう. 12個のチェッカーのコマを用意して, チェッカー盤の通常の初期配置, つまり最初の3列の黒い正方形のマスに置く. 盤面上のそれ以外のところには何も置かない. ハルマの規則にしたがって, 盤面の反対側の3列にすべてのコマを進めるとすると, どのくらい少ない手数でできるだろう. ここでの「1手」とは, 斜めに隣接する前後の黒いマスに動くか, あるいは1つかそれ以上のコマを連続して飛び越すことである. 連続したジャンプでは, 前や後ろに続けて進んでよく, それで1手と数える. ハルマと同様, ジャンプできるときでも, 必ずしなければならないわけではなく, 連続した一連のジャンプは, さらに飛べるとしても, 好きなところで止めてよい.

解答を記録するため, 黒い正方形に, 左から右, 上から下に, 1から32まで番号をつけておこう. 〔解答 p.310〕

---

*5 〔訳注〕チェッカーのルールについては第6章90ページの訳注参照のこと.

追記
(1966)

本全集第2巻で指摘したように，ブリジットは，クロード・E・シャノンが考案した「スイッチングゲーム」で，彼が鳥カゴと名付けたものと同じである．シャノンのゲームは，アーサー・クラークの短編小説「無抵抗主義」[*6]や，マーヴィン・ミンスキーの「人工知能への段階」[*7]といった文献で言及されている．ブリジットに加えて，玩具メーカーのハズブロが発売したのは，このゲームをもっと複雑にして，チェスのナイトの動きでつなぐというものだ．製品はトウィクストという名前で3Mブランド・ブックシェルフ・ゲームズ というボードゲームのシリーズの1つとして売られている．

グロスとは独立にブリジットの必勝戦略を見つけたのは，ウィスコンシン大学の米軍数学研究センターのアルフレッド・レーマンだ．レーマンは，シャノンのスイッチングゲームの幅広い種類に対する一般戦略を発見し，鳥カゴ（ブリジット）もその中の1つだった．レーマンが私に書き送ってくれたところによると，彼が最初に一般戦略を考案したのは1959年の3月で，通信部隊レポートで言及して，概略をシャノンに送ったのではあるが，そのときにはそれきり公表しなかったそうだ．1961年4月に彼は，それについてアメリカ数学会で研究発表し，論文の概要は学会の6月号に掲載された．正式なすべての内容をまとめた「シャノンのスイッチングゲームの解法」は1964年に発行された[*8]．レーマンの戦略は，有名なトポロジーゲームでブリジットに似ているヘックスについても，必勝戦略に近いところまで肉薄しているが，ヘックスは解析をすり抜けていて，今なお未解決である．

1961年にギュンター・ウェンツェルは，ブリジットの対戦が

---

*6 "The Pacifist." Arthur Clarke, reprinted in Clifton Fadiman's anthology, *Mathematical Magpie* (Simon & Schuster, 1962), pp. 37–47.
*7 "Steps Toward Artificial Intelligence." Marvin Minsky in *Proceedings of the Institute of Radio Engineers* 49, 1961, p. 23.
*8 "A Solution of the Shannon Switching Game." Alfred Lehman in *Journal of the Society of Industrial and Applied Mathematics* 12, December 1964, pp. 687–725.

できるプログラムをコンピュータ IBM 1401 上で書いたが，これはグロスの戦略に基づいている．彼のプログラムの説明は，ニューヨークの IBM システム研究所によりタイプ原稿のコピーの形で発行され，1963 年にはドイツ語でも発行された[9]．

解答

● 12 個のチェッカーのコマを，ハルマの規則で，盤面の一端から反対側に動かせという問題を出したが，これには読者から大きな反響があった．30 人以上の読者がこの問題を 23 手で解き，49 人が 22 手で解き，31 人が 21 手で解き，14 人が 20 手で解いた．14 人の勝者は，手紙が届いた日付順で以下のとおり：エドワード・J・シェルドン（マサチューセッツ州レキシントン），ヘンリー・ローファー（ニューヨーク市），ドナルド・ヴァンダープール（ペンシルバニア州トワンダ），コラド・ベームとヴォルフ・グロス（イタリアのローマ），オティス・シュアート（ニューヨーク州シラキュース），トーマス・ストーラー（フロリダ州メルローズ），フォーレスト・ヴォークス（ワシントン州シアトル），ジョージアナ・マーチ（ウィスコンシン州マディソン），ジェームズ・バロウズ（カリフォルニア州スタンフォード），G・W・ロゲマン（ニューヨーク市），ジョン・スタウト（ニューヨーク市），ロバート・シュミット（ペンシルバニア州立カレッジ），G・L・ルプファー（オハイオ州ソロン），J・R・バード（カナダのトロント）．

20 が最少だという証明は受け取らなかったが，単純な方法で，少なくとも 16 手は必要であることが証明できるという点を多くの読者が指摘してくれた．最初の位置で，8 つのコマが奇数番めの列 1 と列 3 に置かれていて，4 つのコマが偶数番めの列 2 に置かれている．最終的な配置では，8 つのコマが偶数番めの列 6 と列 8 に，4 つのコマが奇数番めの列 7 に置かれている．したがって明らかに，4 つのコマは列の偶奇を奇数から偶数に変えなければならない．これをやるためには，4 つのコ

[9] *Bürotechnik und Automation*, March, 1963.

マのそれぞれが，少なくとも1回ジャンプして，1回スライドしなくてはならず，ほかの8つのコマも少なくとも1回は動くので，全体で必要となる移動回数は少なくとも16回だ．

20回未満の移動でコマを目的地まで動かせるとは到底思えないが，正直なところを白状すれば，私がこの問題を用意したときには，わずか20回の移動で解けるとは，同じくらい信じがたかった．黒い正方形に左から右，上から下に順番に1から32まで番号をつけて，盤面の左上の角が赤い正方形だったとすると，（一番最初に届いた）シェルドンの20手の解答は次のとおりだ．

（1）21–17	（11）14–5
（2）30–14	（12）23–7
（3）25–9	（13）18–2
（4）29–25	（14）32–16
（5）25–18	（15）27–11
（6）22–6	（16）15–8
（7）17–1	（17）8–4
（8）31–15	（18）24–8
（9）26–10	（19）19–3
（10）28–19	（20）16–12

この解答には対称性がある．図120に10手めのコマの配置を示す．盤面を反転させ，最初の10手を逆順で繰り返せば，コマの移動は完了する．私が知る限りでは，20手の解答が出版されたのは，これが初めてだ．これは唯一解ではまったくない．ほかにも対称性のある20手の解を受け取ったし，その一方でまったく対称性をもたない解もマーチ夫人から受け取った．彼女は，最少手数を達成したただ1人の女性読者だ．

付記
(2009)　チェッカー問題の20手の解が発表された後，数人の読者から，少なくとも18手が必要であるという証明を受け取った．カリフォルニア州フレズノの読者ヴェルン・ポイスレスからは

図 120　10 手後のコマの配置.

20 手が最少であるという証明を受け取ったが，残念ながらこ
こで紹介するには長くて複雑すぎる.

文献

●ブリジットについての文献

"Recreational Topology," *The 2nd Scientific American Book of Mathematical Puzzles & Diversions.* Martin Gardner. Simon & Schuster, 1961. 本全集第 2 巻 7 章に再録されている.

"A Solution of the Shannon Switching Game." Alfred Lehman in *Journal of the Society of Industrial and Applied Mathematics* 12 (December 1964): 687–725.

"Bridg-it." Jennifer Beineke and Lowell Beineke in *G4G7, Gathering 4 Gardner Exchange Book* 1 (2007): 112–115.

Connection Games. Cameron Browne. A K Peters, 2005.

●ハルマについての文献

The Book of Table Games, pp. 604–607. "Professor Hoffmann" (Angelo Lewis). George Routledge and Sons, 1894.

A History of Board Games, pp. 51–52. H. J. R. Murray. Oxford University Press, 1952.

19

パズルもう9題

問題1 コインの整列

3枚の1セント硬貨と2枚の10セント硬貨を，図121の上に示したように一列に交互に並べる．コインの位置を入れ換えて，図の下に示したように並べるための，最短手順を見つけるのが問題だ．

コインを動かすときは，人差指と中指を2つの隣り合ったコインの上に置くが，このとき，一方は1セント，他方は10セントでなければならない．そしてこの2つを図に示した線上の別の位置へとスライドさせる．これが1手となる．この2つのコインは，動かしている間はずっと接している．左にあったコインは左のままで，右にあったコインは右のままでなければならない．1手のあとで，コインの並びに隙間ができてもよいが，最後の手のあとで隙間があって

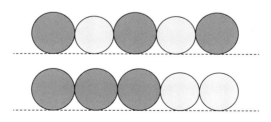

図 121　1セントと10セントのパズル．

はいけない．最後の手のあと，コインは必ずしも線上の最初の位置になくてもよい．

　動かすコイン2枚が同じ種類でもよければ，パズルは簡単に3手で解ける．コインを左から番号づけしておくと，まずコイン1とコイン2を左にずらし，次に空いた隙間をコイン4と5で埋めて，最後に5と3を右端から左端に動かせばよい．しかし10セントと1セントを一緒に動かさなければならないという制約のもとでは，これはやっかいでよくできた問題になる．この問題を最初に私に教えてくれたのはニューヨーク州ガーデンシティのH・S・パーシヴァルだ．　　　　　　　　　　　　　　　　　　　　　　　　　　　〔解答 p. 322〕

問題2　トーストの時間

　とても単純な家事の中にも，オペレーションズ・リサーチの難しい問題がありえる．3枚の温かいバタートーストを作りたいとしよう．トースターは旧式で，蝶番つきの板が両側についている．パンを挟み込んで1度に2枚焼けるが，中央しか加熱されないため，どちらのパンも片面しか焼けない*1．両面を焼くには，トースターを開いて，パンを裏返さなければならない．

　パンを1枚トースターに入れるのに3秒，取り出すのに3秒，その場で裏返すのに3秒かかる．どれも両手を使わないとできない作業で，それはつまり，2枚同時に入れたり出したり裏返したりはできないということだ．それから，ある1枚をトースターに入れたり裏返したり出したりしている間は，ほかのパンにバターを塗る作業もできない．1枚のパンの片面をトーストする時間は30秒で，バターを塗るには12秒かかる．

　どのパンも，片面にバターを塗ればよい．バターは，その面をトーストした後で塗らなければならない．片面をトーストして，バ

---

*1　〔訳注〕中央に電熱線などの熱源があり，そこにパンを2枚，両側から一度に押しつけて焼くタイプのトースター．

ターを塗った後でトースターに戻して，反対の面を焼くのはかまわない．トースターはスタート時にはすでに温まっているものとする．3枚のパンの両面をトーストして，（片面に）バターを塗るのに要する最短時間はどのくらいだろう． 〔解答 p.322〕

問題3　ペントミノの問題2つ

ペントミノ好きの読者に，最近考案された問題を2つ紹介しよう．1つめは簡単で，2つめは難問だ．

（1）図122の左のように，12個のペントミノが6×10の長方形に並んでいる．長方形を黒い線に沿って2つに分割し，ふたたびつなぎ合わせて，図の右に示した3つの穴のあるパターンにしてほしい．

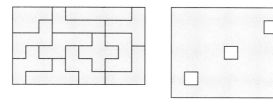

図122　ペントミノの問題．

（2）12個のペントミノを並べて，6×10の長方形を作ってもらいたい．ただし，どのペントミノも，必ず長方形の外周に接していること．6×10の長方形には，本質的に異なる数千通りの作り方がある（回転や裏返しで一致するものは同じとみなす）が，この問題の条件を満たすものは，2つしか知られていない．非対称な形のピースは，表裏の区別なく，どちら向きに置いてもよい． 〔解答 p.324〕

問題 4　不動点定理

　ある朝，ちょうど日の出の時刻に，ある僧が高い山を登り始めた．道は肩幅くらいの狭さで，山の周囲をらせん状に巡りながら，頂上にある絢爛豪華な寺へと続いていた．

　僧が道を登るときの速度は一定ではなく，途中で何度も止まっては，休息したり持参した干した果物を食べたりした．そして日没の少し前に寺にたどり着いた．数日の断食と瞑想の後，帰路につき，同じ道を下った．出発は日の出の時刻で，やはりいろいろな速度で歩き，道々，何度も休息をとった．下る速度の平均は，もちろん登る速度の平均よりも速かった．

　この経路上に，僧が行きも帰りも，ちょうど同じ時刻にいた場所が必ずあることを証明してもらいたい．　　　　　　　〔解答 p. 325〕

問題 5　数字パズル 2 題

　次の 2 つの問題は，一見すると，コンピュータを持ち出して，何百もの組合せをそれなりに時間をかけて調べなければならないように見える．しかし，適切なアプローチをして，1 つ 2 つのひらめきの助けを借りれば，どちらの問題も，ほんのわずかな手計算で解くことができる．こうした近道を見つける能力は，優秀なプログラマーなら持ち合わせており，会社の貴重なコンピュータの計算資源を節約したり，ときにはそもそもコンピュータを使う必要すらなくしてくれたりもする．

　（1）　「ワンダフルの平方根（The Square Root of Wonderful）」とは最近ブロードウェイで上映されていたミュージカルの題名である．WONDERFUL のそれぞれの文字が，違った数字（0 を含まない）を表していると見なそう．OODDF が同じ書き換えのもとでその平方根を表しているとき，この WONDERFUL の平方根はいくつか．

　（2）　9 個の数字（0 を含まない）を正方形に並べて，和の筆算と

して成立させる方法は数多くある．図 123 の左側がその一例で，318 に 654 を足すと和は 972 になる．一方，9 個の数字を正方形の行列に並べて，小さい順にたどるとタテヨコにひとつながりになっているようにする方法もたくさんある．図の右側がその一例である．数字の 1 から出発して，1 マスずつ順にタテヨコに進んで，2,3, 4 と訪問して最後に 9 に到着する．

問題はこの 2 つの性質を併せもたせることだ．つまり，3×3 の行列の中に 9 個の数字を並べて，1 から 9 まで順にタテヨコにたどることができ，かつ 1 番下の行が，1 行めと 2 行めの和になるようにしてもらいたい．解は 1 つしかない．　　　　　　　　　〔解答 p.325〕

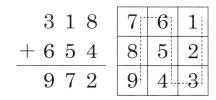

図 123　これらの正方形の特徴を組み合わせられるか．

問題 6　カントはどうやって時計を合わせたか

イマヌエル・カントは規則正しい生活習慣をもつ独り者で，ケーニヒスベルクの善良な人々は，カントが散歩中に特定の場所を通りすぎるのを見て時計を合わせたといわれている．

ある晩カントは，家の時計が止まっているのを見て狼狽した．明らかに従者が，時計のネジを巻き忘れたのだ（従者はその日，休暇だった）．偉大な哲学者はそのとき時計の針を直せなかった．なぜなら彼の腕時計はちょうど修理中で，正しい時刻を知る方法がなかったからだ．彼は歩いて，友人のシュミットの家を訪ねた．その商売人の友人宅は 1 マイルかそこら離れている．シュミット宅に入ったときに，カントは玄関の時計をちらっと確認した．

シュミット宅に数時間滞在したあと，カントはもと来た道を歩いて家に帰った．いつものように，彼はゆっくりと規則正しく，20 年も変わらぬ速さで歩いた．彼はこの帰路にどのくらい時間がかかったのかを知るすべはなかった．（シュミットはこの地区に最近引っ越してきたばかりなので，カントは，自分がこの移動にかかる時間をまだ測ったことがなかった．）それにもかかわらず，家についたとき，カントはすぐに時計を正しく合わせることができた．

カントは正しい時刻をどのようにして知ることができたのだろうか．

〔解答 p. 327〕

問題7 確率がわかっているときの「20 の質問」

有名なゲーム「20 の質問」では，ある人が頭の中に何かを思い浮かべる．それはたとえばフィラデルフィアの自由の鐘であったり，ミュージシャンのローレンス・ウェルクの左足の小指であったりする．別の人が，それを当てるために，イエスかノーで答えられる質問を 20 回までしてよい．通常，最もよい質問とは，可能なものの集まりを，できるだけ等しく 2 分割する質問だ．したがって，もしその人が「思い浮かべるもの」として，1 から 9 までの数から 1 つを選んだとすると，この手順で，質問の回数が 4 回を越えることはないし，もしかしたらもっと少ないこともありえる．20 回の質問だと，数は 1 から $2^{20} = 1048576$ までとなる．

ここで，可能な選択肢のうち，あるものはほかのものよりも選ばれやすく，しかもそれぞれのものが選ばれる確率がわかっていると仮定しよう．うまい方法を考案して，選ばれたものを特定するための質問の回数の平均値を，上で書いた同じ数に分割する方法を使ったときの質問の回数の平均値よりも，減らすことはできるだろうか．たとえば，トランプの山の中に，スペードのエースが 1 枚，スペードの 2 が 2 枚，3 が 3 枚，……，9 が 9 枚と，全部で 45 枚のスペードのカードが入っていたとする．その山をよくシャッフルし

て，1人がカードを引く．イエスかノーで答えられる質問で，このカードの値を当ててみよう．たとえば最初に引いたカードがエースかどうか聞いてみよう．1/45の確率で1回で当てることができる．カードがエースではなかったとき，上述した「同じ大きさのグループに分ける」という方法を用いると，さらに3回質問をすれば，カードを特定できる．これを何度も試行すると，平均的には $\frac{1}{45} \times 1 + \frac{44}{45} \times 4 = 3.93$ 回の質問をすることになる．質問する回数の平均値を減らすためには，どうしたらよいだろうか？〔解答 p.328〕

問題8 チェックメイト禁止

ドイツのチェス問題作家カール・ファベルは，図124に示すしびれるような問題の作者だ．この問題は最近，カナディアン・チェス・チャットマガジン誌にメル・ストーヴァーが書いている，変わったチェスパズルについての魅力的なコラムに載ったものだ．

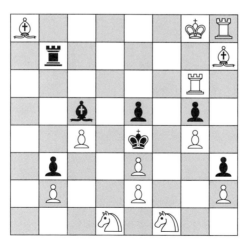

図124　白の次の手はチェックメイト禁止．

問題は，白の手番で，黒のキングをすぐにチェックメイトにしない手を見つけることだ[*2]． 〔解答 p.330〕

問題9 6面体を探せ

多面体とは，境界が平らな多角形でできている立体で，この多角形をその立体の面とよぶ．最も単純な多面体は4面体で，4つの面からできていて，それぞれの面は3角形である（図 125 の左上）．4面体は違った形のものが無限に存在するが，辺のつながり方をトポロジー的な不変量と見なすと（つまり，辺の長さを変えたり，辺の間の角度を変えてもよいが，つながり方の構造は変えてはいけない）4面体には1つの基本タイプしかない．言葉を変えると，4面体において，それ

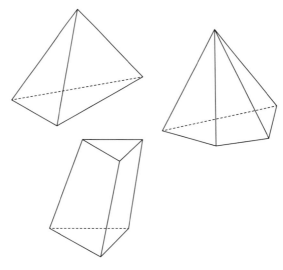

図 125　3種類の多面体．

[*2] 〔訳注〕わざと自分のキングがとられるように動かすのは禁じ手．

ぞれの面は3角形以外にすることはできない.

5面体には2つの種類がある（図125の右上と下）. 1つはエジプトの大ピラミッドに代表される形（4つの3角形が4角形の底面に載っている形）である. もう1つは4面体の頂点を1つ切り落とした形であり, 面のうちの3つが4角形で, 残りの2つが3角形だ.

ニューヨーク州ウッドストックの芸術家ジョン・マクレランは, こんな問いを出題した：凸な6面体は, 全部でいくつあるだろうか. （凸な多面体とは, どの面も机の上面にぴったり接するように置けるものだ.） 立方体は, もちろん最もおなじみの例である.

6面体を探すときに, より単純な立体の頂点を切り落とす場合は, 重複に要注意だ. たとえば大ピラミッドの一番上の頂点を切り落とした立体の骨格は, トポロジー的には立方体と同じになる. また, 歪んだ面を使わないと実現できない立体も数に入れてはいけないので, そこも注意が必要だ. 〔解答 p.331〕

解答

1. 10セントと1セントのパズルは次の手順で4手で解ける. ただしコインは左から右に番号づけされている.

(1) コイン 3, 4 を 5 の右に移動するが, このとき 5 からコイン 2 つぶん離しておく.

(2) コイン 1, 2 を 3, 4 の右に移動して, コイン 4 と 1 を接触させる.

(3) コイン 4, 1 を 5 と 3 の隙間に移動する.

(4) コイン 5, 4 を 3 と 2 の隙間に移動する.

2. 3 枚のパン A, B, C を旧式のトースターでトーストしてバターを塗るのに要する時間は 2 分だ. 図 126 にその手順を示す. この解を紹介した後, 私は 5 人の読者から時間を 111 秒に減

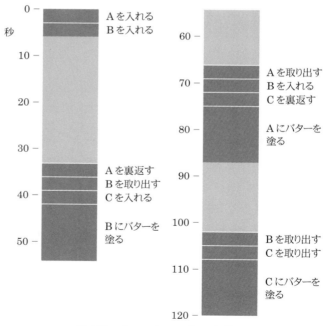

図 126　トースターパズルの解答.

らせると指摘されて驚いた．私が見落としていたのは，パンの片面を少し焼いて，取り出して，後でもう一度焼いてトーストを終えるという可能性だ．この手の解を寄せてくれた読者は，次のとおり：カリフォルニア州サンノゼの IBM のプログラムシステムアナリストであるリチャード・A・ブラウス，ニュージャージー州リトルフォールズのゼネラルプレシジョン社の R・J・デイヴィス・ジュニア，カナダのケベック州のジョン・F・オダウド，ニューヨーク州ビンガムトンのミッチェル・P・マーカス，ニューヨーク州ヴェスタルのハワード・ロビンズ．

デイヴィスの手順は次のとおりだ．

秒	操作
1– 3	パン A を入れる．
3– 6	パン B を入れる．
6– 18	パン A の片面を 15 秒だけトーストする．
18– 21	パン A を取り出す．
21– 23	パン C を入れる．
23– 36	パン B の片面が焼き上がる．
36– 39	パン B を取り出す．
39– 42	パン A を裏向きに入れる．
42– 54	パン B にバターを塗る．
54– 57	パン C を取り出す．
57– 60	パン B を裏向きに入れる．
60– 72	パン C にバターを塗る．
72– 75	パン A を取り出す．
75– 78	パン C を裏向きに入れる．
78– 90	パン A にバターを塗る．
90– 93	パン B を取り出す．
93– 96	パン A を表向きに入れて， 途中まで焼いた面を完全にトーストする．
96–108	パン C が焼き上がる．
108–111	パン C を取り出す．

これですべてのパンが焼き上がり，バターも塗られているものの，パン A は，まだトースターの中に入ったままだ．仮にA を取り出さなければ作業が終わらないとしても，全部で 114 秒しかかからない．

ロビンズが指摘してくれたが，終わりが近付いて A のトーストが焼き上がるのを待つ間，その時間を有効に使いたければ，パン B を食べ始めればよいだろう．

3. 図 127 に，12 個のペントミノでできた 6×10 の長方形を 2 つに分割して，そこから 3 つの穴の空いた 7×9 の長方形を作る方法を示す．図 128 には，6×10 の長方形で，12 種類すべてのピースが外周に接している，2 つしかないパターンを示す．このうちの 2 つめは（1 つ前のペントミノの問題の長方形と同様），2 つの合同な半分ずつに分けられるという点でも興味深い．

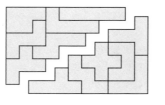 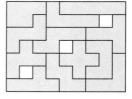

図 127 ペントミノでできた 6×10 の長方形を，3 つの穴をもつ 7×9 の長方形に改修する．

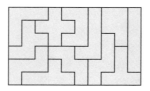 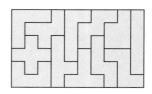

図 128 ペントミノで作った 6×10 の長方形．ただしどのペントミノも長方形の外周に触れている．

4. ある人がある日山を登って，別の日に降りて来た．この経路上，それぞれの日の同じ時刻に同じ場所にいることがあるだろうか．この問題を私に教えてくれたのはオレゴン大学の心理学者レイ・ハイマンで，彼はこの問題をドイツの形態心理学者カール・ドゥンカーのモノグラフ『問題解決の心理』[*3] で見つけた．ドゥンカーは，自分にこの問題が解けなかったことと，他人にも出題してみたが，自分と同様の困難さにぶつかって解けない様子を興味深く観察したことについて書いている．そして彼が続けるには，「この問題にはいくつかの答えがあり，最も明白で説得力がありそうなのは次の説明だ．登りと下りを2人の人間で分担して，同じ日に実行してみよう．彼らは途中で必ず出会う．ゆえに，……かくして，簡単に一望できない不明瞭でかすんだ状態から，状況は一気に見通せるようになるのである」．

5. （1） OODDF が WONDERFUL の平方根だとすると，それが表す数はいくつだろう．O は2より大きくない．そうでないと，2乗したときに10桁になってしまう．また1でもない．なぜなら11で始まるどんな数も，2乗して2桁めが1になることはないからだ．したがって，O は2でなければならない．

WONDERFUL は22000から23000の間の数の2乗である．22の2乗は484で，23の2乗は529だ．WONDERFUL の2文字めは2なので，WO = 52 であることがわかる．

22DDF の文字にどんな値を入れたら2乗が52NDERFUL になるだろうか．229の2乗は52441で，228の2乗は51984である．したがって，OODD は2299か2288となる．

ここでひとつ，数字根という概念[*4]に基づく技法を使おう．

[*3] "On Problem-Solving." Karl Duncker. American Psychological Association, 1945.〔ドイツ語の原著からの邦訳：『問題解決の心理』小宮山栄一訳．金子書房，1952年.〕

[*4] 〔訳注〕本全集第2巻4章参照．

WONDERFUL の中の 9 つの数字の和は（0 はないので）45 であり，この和をさらに求めると 9 になる．これが数字根だ．この数の平方根の数字根は，2 乗した数の数字根が 9 になるわけだ．この条件に合う数字根は 3 と 6 と 9 だ．つまり OODDF は数字根が 3 か 6 か 9 である．

F は 1 でも 5 でも 6 でもない．なぜなら，これらの数字を選ぶと WONDERFUL の最後の文字が F になってしまうからだ．数字根の条件を満たし，2299F か 2288F に当てはめられる数字を考えると，22998 と 22884 と 22887 しかない．

22887 の 2 乗は 523 814 769 になり，これだけが WONDERFUL にうまく当てはまる．

（2）　この問題で時間を節約するためのひらめきは，もし 9 つの数字が 3 × 3 の行列に並んで，タテヨコに 1 から 9 までがつながっているとすると，奇数は中心と四隅に来るはずだと気づくことである．これは 9 個のマス目をチェッカー盤のように市松模様に塗り分ければ簡単にわかる．ここで中央のマスを黒とすると，白いマスよりも黒いマスのほうが 1 つ多く，経路は黒から始まって黒で終わらなければならず，したがって，すべての偶数は白いマスに入らざるをえない．

4 つの偶数を白いマスに入れる方法は，全部で 24 通りある．このうち 8 つは，2 が 4 の反対側にくるが，これはすぐに棄却できる．もしこうしてしまうと，すべての数字を順に並べることができなくなるからだ．残った 16 通りのパターンは，すばやくチェックすることができる．そのためには，左端の上の 2 つの数の和が 10 未満にならなければならないことと，右端の上の 2 つの数の和が 10 より大きくならなければならないことを心に留めておくとよい．2 つめの主張が成り立つのは，中央の上 2 つの数字は奇数と偶数であるにもかかわらず，和が偶数になるからだ．これは，右端の和から 1 が桁上がりしてくるときしか起こり得ない．以上を考えると，1 から 9 が順にたどれて，3 行めの値が 1 行めと 2 行めの和になるのは図 129 に示した場合しかない．

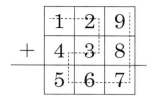

図129　数字チェーン問題の解答.

この解答がサイエンティフィック・アメリカン誌に掲載されたとき，ニューヨーク市のハーモン・H・ゴールドストーンとカリフォルニア州コロナのスコット・B・キルナーが，彼らが使ったもっと早い解法の説明を書き送ってくれた．タテヨコに巡る経路で本質的に違うもの（回転と鏡像を無視する）は，わずか3つしかない：解に出ている経路と，角から中央に行く渦巻状の経路と，角から反対側の角に抜けるS字の経路だ．それぞれの経路上で，数字はどちらかの向きに並んでいるので，全部で6通りのパターンがある．それぞれの回転と鏡像を考えれば，唯一の解に速やかにたどり着ける．

解答を鏡像反転する（鏡は上側に置く）と，それは正方形で，数字はタテヨコにたどれる経路で順に並んでいて，一番上の行から中央の行を引いたものが一番下の行に出てくるところにも注意しよう．

チャールズ・W・トリッグは，ABC + DEF = GHK という式の解を詳細に解析[*5]した．それによると，本章で与えた1つ以外には3つだけ，1から9までの数字が斜め移動も許した経路上に並んでいるものがある．

6. イマヌエル・カントが，家に帰り着いた時刻を正確に計算できたのは，次のようにしたのだ．彼はまず，出発前に家の時計のネジを巻き，この時計を見れば，家にいなかった時間を

[*5] "Solutions of $ABC + DEF = GHK$ with distinct Digits." Charles W. Trigg in *Recreational Mathematics Magazine* No. 7, February 1962, pp. 35–36.

測れるようにしておいた．ここから，シュミットの家に滞在した時間を引く（シュミットの家の玄関の時計を，家についたときと，家を出るときに見ているので，これがわかる）．すると歩いた時間の合計がわかる．彼は同じ道を同じ速度で歩いていたので，総時間を半分にすれば，家に帰ってくるのにかかった時間がわかる．この時間をシュミットの家を出た時刻に足せば，家についた時刻がわかるという次第だ．

南アフリカのヨハネスブルグのウィンストン・ジョーンズは，次の別解を寄せてくれた．シュミット氏は，カントの友人であるだけでなく，彼の腕時計を作った職人でもあった．そこで，カントが座って話している間に，カントの腕時計を修理してくれたのだ．

7. 鍵となるアイデアは，確率の高い選択肢ほど，それに至る道が短くなるように手順を組み立てればよいというものだ．出題のところで例として示した効率のよくない方法は，最初に質問するカードの値を，一番出にくいカードのエースではなく，一番出やすいカードの9にすると改善できる．以下に，効率のよい手順を構成するための系統的な方法を示そう．これはコンピュータサイエンス分野で使われている，ハフマン符号の基礎である．

最初に，9枚のカードの確率の値を $1/45, 2/45, 3/45, \cdots\cdots$ と1列に並べる．最も値の小さい2つを組み合わせて，新しい要素とする．この場合は $1/45$ と $2/45$ を合わせて $3/45$ だ．いいかえると，選ばれたカードがエースか2である確率は $3/45$ だ．これで要素が8つになった．「エースか2」か，「3」か，「4」か，以下，「9」までだ．ふたたび最も値の小さい2つを組み合わせる．今度は「エースか2」の値 $3/45$ と「3」の値 $3/45$ だ．新しい要素「エースか2か3」の確率は $6/45$ になった．これは「4」や「5」の値よりも大きいので，次に値が最も小さい2つを組み合わせるときは，「4」と「5」をペアにして，確率 $9/45$ を得ることになる．この，最も値の小さい2つを組

み合わせるという手続きを，要素が1つになるまで繰り返す．最後に確率の値は45/45，つまり1になる．図130に，要素がどのように組み合わされるのかを示した．質問回数を最少化する戦略は，このペア作りを逆順にたどればよい．したがって最初の質問はこうだ．「カードは4か5か9ですか？」答えがノーなら，カードが他方の集合に入っていることがわかり，次に進んで，「それは7か8ですか？」と聞けばよい．これをカードが特定されるまで続ける．

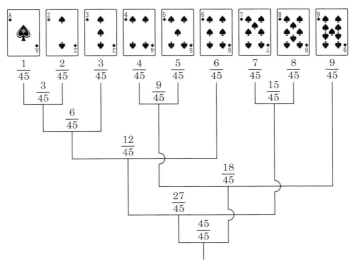

図130 確率がわかっている多くのものから1つを当てるとき，イエス・ノーの質問回数を最少にする戦略．

仮にカードがエースか2のときには，それを特定するのに5回の質問を要することに注意しよう．等分戦略の場合，つまり毎回単純に要素数がなるべく半分になるように質問する場合は，質問回数が4回を越えることはなく，3回で済む場合もある．それにもかかわらず，このゲームを長く繰り返せば，ここで示した手順による質問回数のほうが平均的にすこし小さくな

り，実際これが最小である．この最小の期待値は 3 である．

この最小値は次のようにして計算できる．カードがエースの場合は 5 回の質問が必要である．カードが 2 の場合も 5 回必要であるが，2 は 2 枚あるので，全部で 10 回と考える．同様に，3 枚ある 3 は 3 × 4 で 12 の質問が必要である．このようにして 45 枚すべてのカードの質問回数の合計を計算すると 135 であり，カード 1 枚あたりの質問回数の平均は 3 である．

この戦略を最初に見出したのは，マサチューセッツ工科大学の電気技士デイヴィド・A・ハフマンで，彼は当時，そこの大学院生であった．その結果は論文[6]で発表された．これは後年セツ・ツィンマーマンによって再発見され，彼はそれを自身の論文[7]で発表した．ジョン・R・ピアスが，この手順の非専門家向けのよい解説を書いている[8]．

8. このチェス問題で，白が黒のチェックメイトを避けるためには，自分のルークを左に 4 つ動かせばよい．これは黒に対するチェックではあるが，黒はチェックをしているビショップを自分のルークで取ることができる．

この問題がサイエンティフィック・アメリカン誌に掲載されたとき，数十人の読者が，この問題に示された配置はありえないと文句を送ってきた．というのも，2 つの白のビショップが同じ色のマスに置かれていたからである．かれらは，最後の行にたどり着いたポーンがクイーン以外のどのコマにでも交換できることを忘れている．盤面上に置かれていない 2 つの白のポーンのどちらかが 2 つめのビショップに昇格（プロモーション）したと考えればよい．

---

[6] "A Method for the Construction of Minimum-Redundancy Codes." David A. Huffman in *Proceedings of the Institute of Radio Engineers* 40, September 1952, pp. 1098–1101.

[7] "An Optimal Search Procedure." Seth Zimmerman in *American Mathematical Monthly* 66, October 1959, pp. 690–693.

[8] *Symbols, Signals and Noise*, John R. Pierce, (Harper, 1961), p. 94 から．〔邦訳：『記号・シグナル・ノイズ——情報理論入門』鎮目恭夫訳．白揚社，1988 年．〕

チェスの名人どうしの対戦で，ポーンがナイトに昇格したゲームはたくさんある．実のところ，ビショップに昇格させることはあまりなさそうだが，相手のステイルメイトを回避するためといったときなど，そういう状況が妥当な場合を想像することはできる．

9. 凸な6面体で，トポロジー的に違う骨格をもつ7つの種類を図 **131** に示す．これ以外に存在しないという単純な証明を私は知らない．ジョン・マクレランは，記事[*9]の中で形式ばらない証明を与えている．

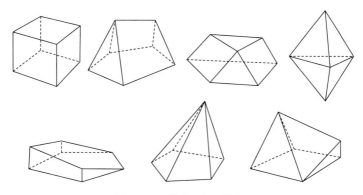

図 **131** 7種類の凸6面体．

|後記
(1995)| 高名な数学者スタニスワフ・ウラムは，伝記[*10]の中で「20の質問」ゲームに次のルールを追加することを提案している．つまり，答える人は，1度だけ嘘をついてよいとする．このとき，1から1 000 000の間の数を当てるのに必要な質問の回数は最低で何回だろうか？ 2回ついてもよいとするとどうなる

[*9] "The Hexahedra Problem." John McClellan in *Recreational Mathematics Magazine* No. 4, August 1961, pp. 34–40.
[*10] *Adventures of a Mathematician*, S. M. Ulam, Scribner's, 1976, p. 281. 〔邦訳:『数学のスーパースターたち』志村利雄訳．東京図書，1979年．〕

332

だろう？

　一般の場合は解決からはほど遠い[11]．嘘がなければ，答えはもちろん 20 回だ．ちょうど 1 回嘘をつくときは，25 回の質問で十分である．これはアンジェイ・ペルツが証明した[12]．彼は，どんな n が与えられても，1 から n までの数を特定するために必要な質問の回数を見つけるためのアルゴリズムも与えている．イワン・ニヴェンは 25 が最少であることの違った証明を与えている[13]．

　2 つの嘘が許されている場合は，29 回の質問が必要であるという解答をユレック・チゾヴィチとアンジェイ・ペルツとダニエル・ムンディッチが与えた[14]．彼らは次の年，より一般的な場合として，与えられた n に対して 1 から 2^n までの数を思い浮かべて，2 つの嘘をつく場合についても解いた[15]．そしてヴォイチェフ・グジキは 1 と n の間の任意の数に関して，2 つの嘘をつく場合について，完全に解明した[16]．

　嘘が 3 回許されたときはどうだろう？　これは数が 1 から $1\,000\,000$ の間のときについてしかわかっていない[17]．この場

---

[11]　〔訳注〕近年コンピュータサイエンス分野で研究が急速に進み，さまざまな問題が解決している．興味のある読者は以下のサーベイ論文や書籍を参照のこと．Andrzej Pelc, "Searching games with errors – fifty years of coping with liars." Theorical Computer Science 270(1-2): 71-109 (2002). Ferdinando Cicalese, "Fault-Tolerant Search Algorithms - Reliable Computation with Unreliable Information." Monographs in Theoretical Computer Science. An EATCS Series, Springer 2013.

[12]　"Solution of Ulam's Problem on Searching with a Lie." Andrzej Pelc in *Journal of Combinatorial Theory* (Series A) 44, January 1987, pp. 129–140.

[13]　"Coding Theory Applied to a Problem of Ulam." Ivan Niven in *Mathematics Magazine* 61, December 1988, pp. 275–281.

[14]　"Solution of Ulam's problem on binary search with two lies." Jurek Czyzowicz, Andrzej Pelc, Daniel Mundici in *Journal of Combinatorial Theory* (Series A) 49, November 1988, pp. 384–388.

[15]　"Ulam's searching game with lies." *Journal of Combinatorial Theory* (Series A) 52, September 1989, pp. 62–76.

[16]　"Ulam's searching game with two lies." Wojciech Guzicki in *Journal of Combinatorial Theory* (Series A) 54, 1990, pp. 1–19.

[17]　〔訳注〕注 11 のサーベイ論文によると，嘘が 3 回のときも 2 回のときと同様，すでに一般の場合が解けている．

合の解答はアルベルト・ネグロとマッテオ・セレーノが与えた[18]. 質問の回数は 33 回で，これは嘘ではない.

嘘を 4 回つく場合は，範囲が 1 から 1 000 000 のときでも解けていない[19]. もちろん，毎回嘘をついてよければ，数字を当てるすべはない. ウラムの問題は，誤り訂正符号理論と強い関連がある. イアン・スチュアートは最新の結果をまとめた記事[20]を書き，バリー・シプラも同様の記事[21]を書いている.

交互に並んだコインを，ペア単位でスライドして並べ直すパズルは多くのバリエーションと一般化が研究されてきた[22].

トポロジー的に異なる凸 7 面体は 34 個あり，8 面体は 257 個，9 面体は 2606 個ある. 凸でない凹 6 面体は 3 個あり，具体的には図 132 に示したとおりだ. 凹 7 面体は 26 個あり，凹 8 面体は 277 個ある. 詳細は P・J・フェデリコによる 3 編の論文を参照されたい[23].

与えられた面の数に対して，トポロジー的に異なる凸多面体の数を計算する式は，見つかっていない.

ポール・R・バーネットは，旧約聖書の詩，ゼカリヤ書の

---

[18] "Solution of Ulam's problem on binary search with three lies." Alberto Negro and Matteo Sereno in *Journal of Combinatorial Theory* (Series A) 59, 1992, pp. 149–154.

[19] 〔訳注〕注 11 のサーベイ論文によると，範囲が 1 から 1 000 000 のときは，嘘の回数を事前に固定し，その回数がわかっているなら，それが何回であっても，すでに解けている.

[20] "How to Play Twenty Questions with a Liar." Ian Stewart in *New Scientist* 136, Issue 1843, 1992, p. 15.

[21] "All Theorems Great and Small." Barry Cipra in *SIAM News* 25, Issue 4, 1992, pp. 28.

[22] "Coin Strings." Jan M. Gombert in *Mathematics Magazine*, November-December 1969, pp. 244–247 ／ "An Interlacing Transformation Problem." Yeong-Wen Hwang in *The American Mathematical Monthly* 67, December 1960, pp. 974–976 ／ "Some New Results on a Shuffling Problem." James Achugbue and Francis Shin in *The Journal of Recreational Mathematics* 12, No. 2, 1979–1980, pp. 126-129.

[23] "Enumeration of Polyhedra: The Number of 9-hedra." P. J. Federico in *Journal of Combinatorial Theory* 7, September 1969, pp. 155–161 ／ "Polyhedra with 4 to 8 Faces." P. J. Federico in *Geometria Dedicata* 3, 1975, pp. 469–481 ／ "TheNumber of Polyhedra." P. J. Federico in *Philips Research Reports* 30, 1975, pp. 220-231.

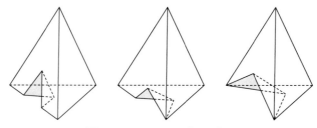

図 132　3 つの凹んだ 6 面体.

3:9 に注意を向けてくれた．J・M・ポウィス・スミスの現代語訳[*24]によれば次のとおり：

見よ，ヨシュアの前に私が置いた石の上に，すなわち 7 つの面をもつこの 1 つの石の上に，私は碑文を彫刻する．

異なる凸 6 面体がちょうど 7 つあることの厳密な証明の概要は，ドナルド・クロウの記事に書かれている[*25]．

付記 (2009)

さまざまな不動点定理については膨大な文献があり，ここで問題 4 として出題したものは，不動点定理の中では間違いなく最も単純に証明できるものだ．こうした証明は「存在証明」であり，少なくとも 1 つは不動点が存在することを示してくれるにすぎない．その不動点をどうやって見つけるかという点については，何も教えてくれない．

トポロジーで有名な不動点定理といえば，浅い箱と 1 枚の紙にまつわるものがある．紙が箱の底をぴったり覆っているとする．箱の底の各点はすべて，重なっている紙の上の点と対応

[*24]〔訳注〕従来の訳では，次の引用で「面 (facets)」とあるところを，「目 (eyes)」としているものが多かった．

[*25] "Euler's Formula for Polyhedra and Related Topics." Donald Crowe in *Excursions into Mathematics* by Anatole Beck, Michael Bleicher, and Donald Crowe, Worth, 1969, pp. 29–30.

付けられていると考えよう．ここで紙を取り出して，くしゃくしゃに丸めて，箱の中のどこかに戻す．定理によれば，少なくとも箱の底のどこか1つの点において，その点の真上に，くしゃくしゃの紙の対応する点があるというのだ．

もう1つトポロジーで有名な不動点定理は，毛の生えたボールの問題である．数インチの長さの毛が，ボールの表面のあらゆる点に生えていたとする．すると，すべての毛を櫛で平らになでつけるのは不可能であることが示せる．少なくとも1か所で毛がまっすぐ，つまりボールの表面から垂直に立っているのだ．詳細はタイラー・ジャーヴィスとジェームズ・タントンの記事[26]と，その参考文献を見てもらいたい．ちなみに，毛の生えたトーラス上では，すべての毛を平らになでつけることができる．

毛の生えたボールに深く関係する話として，地球の表面上には，いつでも必ず無風状態の地点が存在するという証明があげられる．また，よく似た証明でいえることとして，地球上のちょうど反対側にある2地点で，同じ気温，かつ同じ気圧のところが必ず存在する．

不動点定理は物理学に応用がたくさんある．宇宙論にさえもだ．ロジャー・ペンローズ卿は，重い星がブラックホールに崩壊するときに，物体の性質[27]が無限大になってしまう点がブラックホール中に必ず存在することの証明で有名である．その点で物質にいったい何が起こるのかという問いは，ブラックホール理論における最大の謎の1つである．

マーヴィン・シンブロットによる，不動点についての一般向けの紹介記事がサイエンティフィック・アメリカン誌に掲載されている[28]．

---

[26] "The Hairy Ball Theorem Via Sperner's Lemma." Tyler Jarvis and James Tanton in *The American Mathematical Monthly*, August/September 2004.
[27] 〔訳注〕こうした「特異点」では物体の密度や温度が無限大になるとされる．
[28] "Fixed-Point Theorems." Marvin Shinbrot in *Scientific American*, January 1966.

|20|

差分法

　差分法は，数学の分野としてはあまり有名でないが，ときに非常に有用で，代数から微積分へ向かう道にある中継所だ．ウェズリアン大学の数学者 W・W・ソーヤーは，これを学生に紹介するとき，次のような数当てマジックを好んで披露する．

　まず学生に，「頭の中に数を思い浮かべて」というのではなく「式を思い浮かべて」という．トリックを簡単にするため，ここでは 2 次式に限定しよう（x の次数が 2 よりも大きいものは含まない）．学生が $5x^2 + 3x - 7$ を思い浮かべたと仮定する．こちらはしばらく後ろを向いて，相手の計算が見えないようにしておいて，式の中の x に 0 と 1 と 2 を代入した値を計算してもらって，その 3 つの値を教えてもらう．この場合は相手は -7 と 1 と 19 を教えてくれる．ちょっとばかり走り書きをすれば（練習すれば暗算でできるようになる），元の式を当ててみせることができるのだ．

　やり方は簡単だ．まず与えられた数を横に並べて書く．そのすぐ下に，隣り合った数の差分を書く．このとき，いつでも右の数から左の数を引くこと．3 行めにも上の 2 つの数の差分を同じように書く．今の例だと次のようになる：

$$-7 \quad 1 \quad 19$$
$$8 \quad 18$$
$$10$$

すると相手が思い浮かべた式の x^2 の係数は，いつでも図の最後の数の半分になる．そして x の係数は，中央の行の最初の数 (8) から一番下の数の半分（10/2 = 5）を引いたものになる．最後の定数は，一番上の行の最初の数だ．

ここでいまやったことは，微積分の中の積分にどこか近い．式の値を y とすれば，この式は x に関する y の値を表す方程式だ．もし x の値が単純な等差数列 $(0, 1, 2, \cdots)$ に従って変わるのであれば，y の値はそれにつれて $(-7, 1, 19, \cdots)$ と変わる．差分法とは，こうした数列の研究をする分野だ．この例の場合は，この数列の中の 3 項に対して単純なテクニックを使うと，この 3 項を生成する 2 次式を導き出せるというわけだ．

差分法はイギリスの数学者ブルック・テイラー（微積分におけるあの「テイラーの定理」の発見者）が 1715 年から 1717 年の間に書いた論文「増分法」に起源をもつ．レオンハルト・オイラーやその他の人々が発展させたあと，この主題に関する英語での最初の重要な著作を出版したのは，記号論理で有名なジョージ・ブールで，1860 年のことだ．19 世紀の代数の教科書は，差分法の初歩的な内容を含んでいることがしばしばあったのだが，その後は，アクチュアリーが年金表をチェックするときや，科学者が公式を見つけたりデータの補間をするときにときたま使う場合を除いて，取り上げられなくなっていた．しかしこんにち，統計学や社会科学における重要な道具として，ふたたび脚光を浴びている．

差分法の基本的な手順の中には，レクリエーション数学の学徒にとって非常に役立つものがある．ここで，古典的なパンケーキの分割問題に対してこうした手順を適用してみよう．パンケーキを直線で n 回切るとき，それぞれの直線がほかのすべてと交差するようにすると，得られるピース数は最大になるが，これはいくつだろう．この数は明らかに n の関数だ．こうした関数がそれほど複雑でないときに，試行錯誤で公式を見つけようとするなら，差分法が助けと

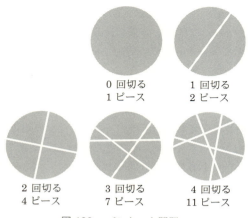

図 133　パンケーキ問題.

なることがままある.

　切っていない段階では 1 ピースがまるごと残っており，1 回切ると 2 ピースできて，2 回切ると 4 ピースできて，以下同様だ．試行錯誤でこの数列の最初の部分を求めるのは，それほど難しくはない： $1, 2, 4, 7, 11, \cdots$ となる (図 133)．先ほどと同様に表を書こう．それぞれの行は 1 つ上の行の隣り合う要素の差分を表している：

切る回数	0	1	2	3	4
ピース数	1	2	4	7	11
1 階差分		1	2	3	4
2 階差分			1	1	1

　もし元の数列が 1 次式から生成されているなら，1 階差分の行に並んだ数字は，どれも同じになるはずだ．もしも関数が 2 次式なら，2 階差分の行に同じ数字が並ぶ．3 次式 (x の次数が 3 よりも大きいものが出てこない) なら，3 階差分のところに同じ数が並び，以下同様である．いいかえると，表における差分の行の数が公式の次数になる．もし図表を作ってみて，ある行に同じ数字が並ぶまでに

10 行積み重なったら，それを生成する関数には x^{10} の項まで入っているとわかるわけだ．

ここでは 2 行しかないので，関数は 2 次式に違いない．2 次式であれば，数当てマジックのところで使った単純な方法で，すぐにその関数を作ることができる．

パンケーキを切る問題には，2 つの見方がある．純粋幾何の抽象的な問題（理想的な円を理想的な直線で切る）とも見なせるし，応用幾何の問題（本当のパンケーキを本当のナイフで切る）とも見なせる．物理では，こうした状況がたくさんある．つまり 2 つの視点で見ることができ，差分法による経験的な結果から公式が得られる場合である．2 次式の有名な例は，原子のそれぞれの「殻」の上に載る電子の個数の最大値である．原子核から遠ざかるにつれて，この数列は次の値を取る： $0, 2, 8, 18, 32, 50, \cdots$．この数列の 1 階差分は $2, 6, 10, 14, 18, \cdots$ であり，2 階差分は $4, 4, 4, 4, \cdots$ である．数当てマジックの手を使うと，原子の n 番めの殻に載る電子の最大数に関する単純な公式 $2n^2$ を得る．

関数の次数がもっと高くなったら，どうしたらよいだろう．そのときは，アイザック・ニュートンが発見したすばらしい公式を使えばよい．これは，図表の行の数に関係なく，すべての場合に使うことができる．

ニュートンの公式は，数列の最初が関数の $n = 0$ のときの値で始まると仮定している．この値を a とおこう．差分の最初の行の最初の数を b とおき，次の行の最初の数を c とおき，以下同様とする．すると，この数列の n 番めの要素の値は

$$a + bn + \frac{cn(n-1)}{2} + \frac{dn(n-1)(n-2)}{2 \cdot 3} + \frac{en(n-1)(n-2)(n-3)}{2 \cdot 3 \cdot 4} + \cdots$$

で計算できる．

この公式で必要なのは，先の係数がすべて 0 になるところまで

である．たとえば，パンケーキを切る問題に適用するのであれば，a, b, c に $1, 1, 1$ を代入すればよい．（公式の残りの部分を無視してよいのは，そこから先の行はすべて 0 になるからである．つまり $d, e, f, \cdots$ といった数はすべて 0 であり，公式の中のこうした文字を含む部分は全体の合計が 0 になるのだ．）こうして 2 次式 $\frac{1}{2}n^2 + \frac{1}{2}n + 1$ が得られる．

これで，パンケーキを n 回切って得られるピースの最大値に関する公式を見つけたとしてよいのだろうか．残念ながら，この時点でいえる答えはせいぜい「おそらくそうだ」ということだけだ．なぜか．それは，どんな有限の数列に対しても，それを生成できる関数は無数にあるからだ．（これは，有限個の点が与えられたときに，それらを通る曲線の描き方は無限にある，というのと同じことだ．）たとえば数列 $0, 1, 2, 3, \cdots$ を考えよう．次の数は何だろう．妥当な予想は 4 だろう．実際，上で書いた方法を使えば，最初の差分に 1 が並び，ニュートンの公式は，この数列の n 個めの要素は単に n であると教えてくれるだろう．しかし次の式

$$n + \frac{1}{24}n(n-1)(n-2)(n-3)$$

も $0, 1, 2, 3, \cdots$ で始まる数列を生成する．この場合，数列の続きは $4, 5, 6, \cdots$ ではなく，$5, 10, 21, \cdots$ だ．

ここには，科学における法則が発見される経緯と，目を見張るほどの類似性がある．実際，差分法は，自然法則を予想するため，物理現象に対して使われることがしばしばある．たとえば，物理学者が物体の落下の法則を初めて研究すると仮定してみよう．物理学者の観測では，1 秒たつと石は 16 フィート落下し，2 秒で 64 フィートといった具合だ．そして観測結果を図表にまとめると，次のようになったとする．

$$
\begin{array}{ccccc}
0 & 16 & 64 & 144 & 256 \\
& 16 & 48 & 80 & 112 \\
& & 32 & 32 & 32
\end{array}
$$

もちろん，実際の測定値は正確ではないかもしれないが，一番下

の行の数がどれも 32 からそれほど外れていなければ、物理学者は次の行の差分としてゼロが並ぶと考えるだろう。ニュートンの公式を適用して、彼女は n 秒間に石が落ちる総距離は $16n^2$ フィートであると結論づける。しかし、この法則には確かなところは何もない。有限個の観測結果の列を説明する、最も単純な関数を表しているにすぎない。つまり、グラフ上に打たれた有限個の点の列をつなぐ、最も次数の小さい曲線が得られたというだけのことだ。確かに、より多くの観測結果が得られれば、より法則の説得力は増すだろうが、さらに多くの観測結果が得られても法則を書き換える必要はないという保証は、決してない。

　パンケーキを切る問題に関していえば、研究の対象は自然のふるまいではなく、純粋に数学的な構造であるが、状況は驚くほどよく似ている。これまでの議論だけでは、5 回めに切ったとき、公式が予想している 16 ピースにならないかもしれない。こうした不一致は、たった 1 つでもあれば公式を崩壊させるが、一致については、どれほど莫大な数の有限個の例があっても、公式を肯定的に確立してはくれないのだ。ジョージ・ポリアの言葉を借りれば、「自然は、イエスとかノーとか答えてくれるかもしれないが、一方の答えはささやき声で、他方の答えはどなり声である。イエスの答えは暫定的であり、ノーの答えは決定的である」。ポリアの言明は現実世界についてであって、抽象的な数学的構造についてではないが、彼の指摘が差分法で関数を予想するときにも等しく当てはまるのは、とても興味深い。数学者はたくさんの予想をたてるが、そのやり方は、科学における帰納的な方法と似ていることがしばしばあり、ポリアは、それがどのように行われるのかを魅力的な本に記した[*1]。

　紙と鉛筆を使って試行錯誤をすれば、パンケーキを 5 回切ると、実際のところ最大で 16 ピースできることがわかる。この予測の成

[*1] *Mathematics and Plausible Reasoning.* George Pólya. Princeton University Press, 1954.〔邦訳：『数学における発見はいかになされるか』柴垣和三雄、丸善、1959 年.〕

功は，先の式が公式として正しい可能性を増してくれる．しかし厳密な証明を与えるまでは，この式はあくまで有望な予想にすぎない（この問題の場合は，証明はそれほど難しいことではないが）．数学でも科学でも，なぜ最も単純な式がそれほどしばしば最善の予想となるのかという疑問は，いま科学哲学において熱い議論をよんでいる．その一因には，そもそも「最も単純な式」が何を意味しているのか，確かなことがいえる人はいないということがある．

　ここで，パンケーキを切る問題によく似た問題で，差分法でアプローチできるものをいくつか出題しよう．最初に公式として最も有望な式を予想して，次にその公式を演繹的な方法で証明してもらいたい．1枚の三日月形を n 本の直線で切ってできる，最大のピース数はいくつだろうか．円筒形のチーズケーキを n 枚の平面で切ったときにできる，最大のピース数はいくつだろうか．同じ大きさの円 n 個を交差するように置いたとき，平面は最大でいくつに分かれるだろうか．大きさが異なる場合はどうか．大きさの異なる楕円を用いた場合はどうだろう．球を交差させて空間を分割したときには，領域の個数はいくつだろうか．

　順列や組合せに関するレクリエーション数学の問題は，次数の小さい式で解けることがしばしばある．よって多くの場合，差分法で正しく予想できて，その後，証明できる（と期待される）．n 色で塗られた爪楊枝がいくらでもあるとすると，平面の上で何種類の異なる3角形を作ることができるだろう．ただしそれぞれの3角形の3つの辺には3本の爪楊枝を使うものとする．（裏返しは別のものと考えるが，回転したものは同じものとする．）異なる正方形だとどうだろう．正4面体の各面を単一の色で塗るとして，使える色が n 色ある場合，異なる正4面体は何通りできるだろう．（2つの正4面体は，うまく回転させて並べると，対応する面が同じ色になるとき，同じと見なす．）n 色使った立方体はどうだろう．
〔解答 p. 350〕

もちろん，数列が多項式以外の関数で生成されているときは，差分法以外の技法を使わなければならない．たとえば，指数関数 2^n は数列 1, 2, 4, 8, 16, ⋯ となる．この場合の 1 階差分の行は，また 1, 2, 4, 8, 16, ⋯ となり，これまで説明してきた方法を繰り返しても，どこにもたどり着けない．また，見かけは単純な状況にもかかわらず，一般的な公式を見つけようとどう頑張ってもうまくいかない数列もある．いらだたしい例は，ヘンリー・アーネスト・デュードニーがパズルの本の中で出題したネックレスの問題である．円環状のネックレスに n 個のビーズがつながっている．それぞれのビーズは黒か白だ．n 個のビーズで作れる異なるネックレスは何通りだろう．ビーズが 0 個から始めると，数列は 0, 2, 3, 4, 6, 8, 13, 18, 30, ⋯ となる．（図 134 に $n = 7$ の場合の異なるネックレス 18 通りを示した．）私が見たところ，n が奇数の場合と偶数の場合とで違う 2 つの式が絡んでいるようだが，差分法を使って公式を作れるのかどうかは，よくわからない．デュードニーも「一般解は……不可能とはいわないにしても難しい」と書いている．この問題は，次の情報理論の問題と本質的に同じものである：与えられた長さをも

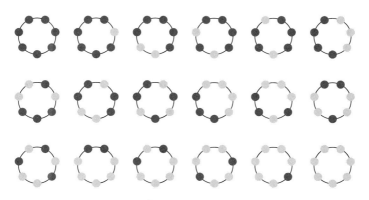

図 134　7 つのビーズでできたネックレスを 2 色で塗り分ける 18 種類の方法．

つ異なる 2 進文字列（0 と 1 からなる文字列）は何通りあるか．ただし，文字列の両端がつながっていると考えたときに，右から左，左から右のいずれかの仕方で読んで同じになるものは同一と見なす．

もうちょっと易しい問題で，読者が自分の能力を楽しんで試せるものがペンシルバニア州ワーナーズビルの聖イザック・ジョーグ修練院のチャールズ・B・スコープとデニス・T・オブライエンから送られてきた：n 本の直線で作られる 3 角形の数の最大値はいくつか．図 135 に 5 本の線で 10 個の 3 角形を作る方法を示した．6 本の直線ではいくつ作れて，一般の場合の公式はどうなるだろうか．最初に差分法で公式を見つけて，次にしかるべき洞察を使ってその公式が正しいことを示すのはそれほど難しくない． 〔解答 p. 348〕

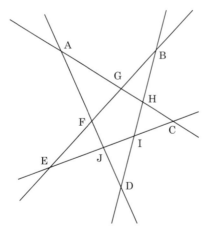

図 135　5 本の直線で 10 個の 3 角形作る．

追記
(1966)

　　実験的に得たデータにニュートンの公式を適用しようとすると，$n=0$ が例外になる場合がある．たとえば本全集第2巻136ページ[*2]で，ドーナツを n 個の平面で分割できる最大の数に関する公式を与えた．この公式は3次式

$$\frac{n^3+3n^2+8n}{6}$$

であり，実験の結果にニュートンの公式を適用して得ることもできるが，n が0の場合には合致していないように見える．ドーナツがまったく切られていない場合は，明らかにピース数は1だが，公式によると，このときは0ピースでなければならない．この公式を適用できるようにするためには，「ピース」の定義を切断によって作られるドーナツの一部とすればよい．つまり0のときに曖昧性がある場合は，差分の最後の行の最初の値が望ましい値になるように，0のときの値を外挿しなければならない．

　　パンケーキ（円）を n 本の直線で分割するときに，領域の数の最大値を与えてくれる公式が正しいことを証明するには，まず，それぞれの n 番めの線が $n-1$ 本の線と交差するという事実に注目する．ここで，それまでに引いた $n-1$ 本の線どうしの交差は考えず，n 番めの線が $n-1$ 本の線と交差するあたりだけを考えると，$n-1$ 本の直線は平面を n 個の領域に分割している．n 番めの線がこれらの n 個の領域を通ると，この線はそれぞれの領域を2つに分けるはずだ．したがって，n 番めの直線は合計で n 個の領域を追加する．そして最初にあるのは1ピースだ．よって最初に切ると1ピース増え，2回めに切ると2つ増え，3回めに切ると3つ増え，この調子で n 回めに切ると n ピース増える．したがって領域の数の合計は $1+1+2+3+\cdots+n$ であり，$1+2+3+\cdots+n$ の合計は $\frac{1}{2}n(n-1)$ である．したがって，最終的な公式ではこれに1を加えればよい．

[*2]〔訳注〕邦訳では173ページ．

346

　ビーズの問題は，デュードニーの出題[3] による．ジョン・リオーダンは，この問題について言及し，具体的に得ていた公式は示さずに解答を簡単に述べている[4]．（彼は，前年に別の論文[5] でもこの問題について議論している．）　この問題は後年，エドガー・N・ギルバートとジョン・リオーダンがかなり詳しく研究[6] して，音楽理論やスイッチング理論に意外な応用があることもわかった．この論文の中で著者たちは，2色のビーズを使った，長さ1から20までのネックレスの種類の数の表を次のように与えた．

ビーズ数	ネックレス数	ビーズ数	ネックレス数
1	2	11	126
2	3	12	224
3	4	13	380
4	6	14	687
5	8	15	1224
6	13	16	2250
7	18	17	4112
8	30	18	7685
9	46	19	14310
10	78	20	27012

　こうしてネックレス問題の公式は存在するからといって，デュードニーが解を与えられないと言ったのが間違いだったということには必ずしもならない．彼が言っていたネックレスの数を表す式というのは，n に関する多項式で，素数表を使わずに公式から値を直接計算できるものという意味だったのかもし

---

[3] *Puzzles and Curious Problems*, Henry Ernest Dudeney, Thomas Nelson and Sons, 1931. Problem 275.

[4] *Introduction to Combinatorial Analysis*, John Riordan, Wiley, 1958. p. 162, Problem 37.

[5] "The Combinatorial Significance of a Theorem of Pólya." John Riordan in *Journal of the Society for Industrial and Applied Mathematics* 5, No. 4, December 1957, pp. 232–234.

[6] "Symmetry Types of Periodic Sequences." Edgar N. Gilbert and John Riordan in *Illinois Journal of Mathematics* 5, No. 4, December 1961, pp. 657–665.

れない．実際の公式はオイラーの ϕ 関数を含んでいて，ネックレスの数の計算には，整数論が必要だった．デュードニーの表現は明確でないが，整数論に基づく式は「解」と考えていなかったということは考えられる．いずれにせよ，素数の不規則性のため，差分法をこの問題に適用することはどうしてもできず，漸化式だけが知られている．

　数十人の読者（ここに名前を挙げるには多すぎる）が，この問題に対する正しい解答を送ってきてくれた．これは（後述の）ゴロムの式が出版される前で，リオーダンの結果から導出したものもあれば，完全に自力で解いた読者の解答もあった．多くの読者が気づいていたが，ビーズの数が（2以外の）素数であれば，ネックレスの種類を与える式はとても単純で，

$$\frac{2^{n-1} - 1}{n} + 2^{(n-1)/2} + 1$$

となる．

　以下の手紙は，フィラデルフィアのウィリアム・ペン・チャーター・スクールの校長先生ジョン・F・ガメリによるもので，サイエンティフィック・アメリカン誌の 1961 年 10 月号の読者投稿欄に掲載された．

　　拝　啓
　　差分法に関する記事を非常に興味深く拝読しました．私自身が経験した，ニュートンの公式の最も興味深い応用の1つは，私が微積分を学ぶよりもずっと前に，自分で発見したものでした．これは，差分法を単なる平方数の列に適用したものです．図を描いて試してみて気づいたのですが，平方数の列を 4, 9, 16, 25, 36, 49 といった具合に書いて，あなたがやったように互いに引き算をし，さらにもう1度引き算すれば，差が一定の値になるということを見出したのです．
　　そこで私は，立方数や 4 乗数についても試して，この式を一般化しました．そして n 乗した場合は n 回引き算す

る必要があり，最後に得られる差分は n の階乗であるという結果に気づきました．

　私はこの現象について父に尋ねました．（父は，長年ハバフォード大学のストロウブリッジ記念測候所の所長で，数学教師でもありました．）良きクエーカー教徒の言葉で父は言いました．「なんとジョンよ，汝は差分法を発見したのだ」

解答　●n 本の直線を使うと 3 角形はいくつ作れるだろうか．3 角形を 1 つ作るためには，少なくとも 3 本の直線が必要だ．4 本の直線を使うと 4 つの 3 角形を作ることができて，5 本の直線を使うと 10 個の 3 角形を作ることができる．差分法を適用すると，表 136 を書くことができる．

直線の数	0	1	2	3	4	5
3 角形の数	0	0	0	1	4	10
1 階差分		0	0	1	3	6
2 階差分			0	1	2	3
3 階差分				1	1	1

表 136　3 角形問題の解答．

　差分の 3 行を見ると，3 次式であるらしいことがわかる．ニュートンの公式を使うと，関数は $\frac{1}{6}n(n-1)(n-2)$ が得られる．この式は，数列 $0, 0, 0, 1, 4, 10, \cdots$ を生成するので，n 本の直線で作れる 3 角形の数の最大値を表す公式候補として有望である．しかし現時点では，少数の場合で試してみたことに基づく単なる予想にすぎない．これは次のような議論で正当性が確認できる．

　各線分は，互いに平行なものはなく，3 つ以上の直線が同じ点で交差することもないと仮定する．すると，それぞれの直線は，自分以外のすべての直線と交差し，どの 3 本の直線を選んでも，これは 3 角形を 1 つ作る．同じ 3 本の直線が 2 つ以上の 3 角形を作ることはできないので，3 角形をこうやって作っ

た場合に個数が最大となる．したがって，この問題は次の質問と同等である：n 本の直線から 1 度に 3 本選ぶ方法は全部で何通りあるか．組合せ論の初等的な定理から答えが出てくるが，これは実験的に得た式と同じものだ．

ポリオミノの章で出てきた数学者ソロモン・W・ゴロムは，ありがたいことに，ネックレス問題に対する解答を私に送ってくれた．この問題は，n 個のビーズを使って作れる異なるネックレスの数を与える公式を見つけよというものであった．ただし，各ビーズは 2 色のどちらかで塗られていて，回転や裏返しで同じになるネックレスは同じものと考える．解答となる公式は，単純な差分法の力をはるかに越えるものだとわかる．

n の約数（1 と n も含める）を $d_1, d_2, d_3, \cdots$ とする．それぞれの約数 d に対して，オイラーの ϕ 関数とよばれる関数 $\phi(d)$ を計算する．この関数は，d を越えない正の整数のうち，d と共通の因数をもたないものの個数である．1 はこうした数と見なすが，d は違う．したがってたとえば $\phi(8)$ は 4 である．この場合，8 と互いに素な数が，$1, 3, 5, 7$ の 4 つあるからだ．便宜上，$\phi(1)$ の値は 1 とする．たとえば $2, 3, 4, 5, 6, 7$ に対するオイラーの ϕ 関数の値は，それぞれ $1, 2, 2, 4, 2, 6$ となる．それぞれのビーズが取りうる色の数を a と書くことにする．すると，ネックレスのビーズの数が奇数の場合，n 個のビーズからなる異なるネックレスの数を与える公式は図 **137** の上の式である．一方，n が偶数のときは，図の下の式が公式である．

図中の "·" は，かけ算を表している．ゴロムはこれらの公式を，もっと簡潔な専門的な形式で表現しているが，私は，こ

$$\frac{1}{2n}[\phi(d_1) \cdot a^{\frac{n}{d_1}} + \phi(d_2) \cdot a^{\frac{n}{d_2}} + \cdots + n \cdot a^{\frac{n+1}{2}}]$$

$$\frac{1}{2n}[\phi(d_1) \cdot a^{\frac{n}{d_1}} + \phi(d_2) \cdot a^{\frac{n}{d_2}} + \cdots + \frac{n}{2} \cdot (1+a) \cdot a^{\frac{n}{2}}]$$

図 **137** ネックレスの問題の解答の公式．

こで示した書きかたのほうが，多くの読者にとってわかりやすいと思う．この式では，ビーズの色の個数を好きなように決められるので，これはもともとの問題で問われていた公式よりも一般的なものである．

● 本章のほかの問題に対する解答の公式は以下の通りである．

（1） 三日月形の領域を n 本の直線で切ったときの領域：

$$\frac{n^2 + 3n}{2} + 1$$

（2） n 枚の平面でチーズケーキを切ったときのピース：

$$\frac{n^3 + 5n}{6} + 1$$

（3） 平面上に置いた n 個の交差する円で生成される領域[*7]：

$$n^2 - n + 2$$

（4） n 個の交差する楕円で生成される領域：

$$2n^2 - 2n + 2$$

（5） n 個の交差する球で分割される空間：

$$\frac{n(n^2 - 3n + 8)}{3}$$

（6） n 色の爪楊枝で作られる 3 角形：

$$\frac{n^3 + 2n}{3}$$

（7） n 色の爪楊枝で作られる正方形：

$$\frac{n^4 + n^2 + 2n}{4}$$

（8） n 色で塗り分けた面をもつ 4 面体：

$$\frac{n^4 + 11n^2}{12}$$

（9） n 色で塗り分けた面をもつ立方体：

$$\frac{n^6 + 3n^4 + 12n^3 + 8n^2}{24}$$

[*7] 〔訳注〕本文では「同じ大きさの円」と「大きさの異なる円」が分けて出題されていた．実際には円の大きさは無関係なので，どちらも公式は同じ．

20 差分法

後記
(1995)

ドナルド・クヌースは，デュードニーのビーズの問題の解答がもっと前から知られていたことを教えてくれた．第16章で登場したパーシー・A・マクマホンが，すでに1892年にこの問題を解いていたのだ．その詳細とこの問題については『コンピュータの数学』という書籍[*8]の4.9節で議論されている．

図138はサム・ロイドの有名なパズルの本[*9]からの転載である．もう少し込み入った，ドーナツをスライスする問題が本全集の第2巻13章に載っている．

図138 6枚の平面で切ると，兵士はチーズをいくつに切れるか．

[*8] *Concrete Mathematics*. Ronald Graham, Donald Knuth, and Oren Patashnik. Addison-Wesley, 1994.〔邦訳：『コンピュータの数学』有澤誠，安村通晃，萩野達也，石畑清訳．共立出版，1993年.〕
[*9] *Cyclopedia of Puzzles*. Lamb Publishing Co., 1914.

文献　　*The Calculus of Finite Differences.* Charles Jordan. Chelsea, 1947.

Numerical Calculus. William Edmunds Milne. Princeton University Press, 1949.

The Calculus of Finite Differences. L. M. Milne-Thomson. Macmillan, 1951.

An Introduction to the Calculus of Finite Differences and Difference Equations. Kenneth S. Miller. Henry Holt, 1960.

"Pólya's Theoremand Its Progeny." R. C. Read in *Mathematics Magazine* 60 (December 1987): 275–282. 18 編の文献が挙げられている.

第3巻書誌情報

● 『サイエンティフィック・アメリカン』コラム

1　2進法
"Some recreations involving the binary number system"（1960 年 12 月号）

2　群論と組みひも
"Diversions that clarify group theory, particularly by the weaving of braids"（1959 年 12 月号）

3　パズル 8 題
"A fifth collection of 'brain-teasers' "（1960 年 2 月号）

4　ルイス・キャロルのゲームとパズル
"The games and puzzles of Lewis Carroll, and the answers to February's problems"（1960 年 3 月号）

5　紙切り
"Recreations involving folding and cutting sheets of paper"（1960 年 6 月号）

6　ボードゲーム
"About mathematical games that are played on boards"（1960 年 4 月号）

7　球を詰め込む
"Reflections on the packing of spheres"（1960 年 5 月号）

8　超越数 π
"Incidental information about the extraordinary number pi"（1960 年 7 月号）

9　数学奇術家ビクトル・アイゲン
"An imaginary dialogue on 'mathemagic': tricks based on mathemat-

ical principles"（1960 年 8 月号）

10 4 色定理

"The celebrated four-color map problem of topology"（1960 年 9 月号）

11 アポリナックス氏ニューヨークを訪問

"In which the editor of this department meets the legendary Bertrand Apollinax"（1961 年 5 月号）

12 パズル 9 題

"A new collection of 'brain-teasers' "（1960 年 10 月号）

13 ポリオミノと断層線なし長方形

"More about the shapes that can be made with complex dominoes"（1960 年 11 月号）

14 オイラー潰し——大きさ 10 のグレコ-ラテン方陣

"How three modern mathematicians disproved a celebrated conjecture of Leonhard Euler"（1959 年 11 月号）

15 楕円

"Diversions that involve one of the classic conic sections: the ellipse"（1961 年 2 月号）

16 24 枚の色つき正方形と 30 個の色つきキューブ

"How to play dominoes in two and three dimensions"（1961 年 3 月号）

17 H・S・M・コクセター

"Concerning the diversions in a new book on geometry"（1961 年 4 月号）

18 ブリジットとその他のゲーム

"Some diverting mathematical board games, and the answers to last month's problems"（1961 年 7 月号）

19 パズルもう 9 題

"A new collection of 'brain teasers' "（1961 年 6 月号）

20 差分法

"Some entertainments that involve the calculus of finite differences" (1961 年 8 月号)

●英語版単行本

Martin Gardner's New Mathematical Diversions from Scientific American (Simon and Schuster, 1966).

New Mathematical Diversions: *More Puzzles, Problems, Games, and Other Mathematical Diversions* (Mathematical Association of America, 1995).

Sphere Packing, Lewis Carroll, and Reversi: *Martin Gardner's Mathematical New Mathematical Diversions* (Mathematical Association of America, 2009).（本書原著）

事項索引

アルファベット

aloof 単語（aloof word）66
BBP 公式（BBP formula）139
Flyspeck 121
π 124–144
π 計算者（π computer）131

あ

アーベル群（Abelian group）17, 27
青い目の姉妹たち（blue-eyed
　sisters）200
穴あきカード（punch-card）5
アナグラム（anagram）56
アネックス（Annex）100
アポリナックス関数（Apollinax
　function）181
「アポリナックス氏」（Mr.
　Apollinax）191
あみだクジ（Amida）15, 28
網目構造のゲーム（network-tracing
　game）15, 18, 27, 28
アレフゼロ（aleph-null）192
「1 ルナー」の長さ（How long is a
　"lunar"?）32
一刀切り（single cut）79, 80, 83
入れ換えパズル（switching puzzle）
　196
インスタント・インサニティ
　（Instant Insanity）278
陰陽の 2 等分（bisecting yin and
　yang）199
「ウェルブム」（Verbum）295
鋭角分割（acute dissection）31
エグジット（Exit）101
選り好みする求婚者問題（fussy

suitor problem）44
円（circle）250
円錐曲線（conic section）80, 250
円筒チェス（cylindrical chess）92
円の正方形化（squaring the circle）
　125–130
オイラー潰し（Euler's sopilers）
　233–248
オイラーの φ 関数（Euler's phi
　function）347
オセロ（Othello）94, 102–106
オペレーションズ・リサーチ
　（operations research）196, 314
オムスライ（Omslay）105

か

カークマンの女子学生の問題
　（Kirkman's schoolgirl problem）
　239
回転楕円面（spheroid）257
可換群（commutative group）17, 27
角の 3 等分（angle trisection）139,
　284
確率がわかっているときの「20 の質
　問」（playing twenty questions
　when probability values are
　known）318
重ね合わせ問題（superposition
　problem）217
数当てマジック（mathematical
　mind-reading trick）336
火星のチェス（Martian chess）92
風の中の飛行機（the plane in the
　wind）37
花瓶の正方形化（vase squaring）136

事項索引　357

紙帯を折って立方体を作る（cube folded from strip puzzle）82
紙切り（paper cutting）72–86
カメレオン（Chameleon）101
カラー・タワー（Color Tower）271
完全集合（complete set）241
カントはどうやって時計を合わせたか（How did Kant set his clock?）317
逆元（inverse element）17
曲率（curvature）286
ギリシャ十字（Greek cross）40
ギルブレス原理（Gilbreath principle）146, 157
クィントミノ・パズル（Quintomino puzzle）278
偶奇性（parity）151, 160, 214
グーゴルゲーム（the game of googol）32
くしゃくしゃの紙の定理（crumpled paper theorem）335
組みひも（braid）15–29
クラーク（Klak）105
クラインの壺（Klein bottle）166
グレコ・ラテン方陣（Graeco-Latin square）233–248
群（group）15–29, 290
ゲーム・オブ・アネクセーション（The Game of Annexation）100
ゲール（the game of Gale）305
結合則（associative law）17
結婚問題（marriage problem）44
結晶構造（crystal structure）290
決定不能（undecidable）168, 173
毛の生えたボールの定理（Hairy ball theorem）335
ケプラー予想（Kepler conjecture）109, 120
ケンタウロス（centaur）93

碁（go）302
コインの整列（collating the coins）313
コインを取るゲーム（coin removal game）304
交換則（commutative law）17
高校別対抗戦（tricky track）201
高速道路のビールの看板（beer signs on the highway）198
5 芒星（pentagram）40, 72, 83
コンタック（Contack）271

さ

最適停止問題（optimal stopping problem）44
サイバーデック（Cyberdeck）13
最密充填（close-packing）113, 118, 120
囁きの小部屋（whisper chamber）258
差分法（calculus of finite differences）336–352
サルゴン（Sargon）104
3 角数（triangular number）109
30 個の色つきキューブ（30 color cubes）265–271, 275
ジェッタン（jetan）92
4 角 3 角数（square triangular number）118
4 角数（square number）109
士官学校での行進と小犬（marching cadets and a trotting dog）34
自己交差多角形（crossed polygon）72
実験計画（experimental design）237
10 進法（decimal system）1
4 面体数（tetrahedral number）111
射影平面（projective plane）51, 166
シャシキ（shashki）91

シャンチー（tséung k'i）91
シュタイナー–レームスの定理
　（Steiner-Lehmus theorem）294
準正則タイリング（semiregular
　tessellation）288, 295
将棋（shogi）91
消失する立方体（vanishing cube）
　182
ジョルダン曲線定理（Jordan curve
　theorem）160
シロアリと 27 個の立方体（termite
　and 27 cubes）202
真理値表（truth table）9
スイッチングゲーム（switching
　game）309
数学マジック（mathemagic）
　145–161
数字根（digital root）325
数字パズル 2 題（a pair of digit
　puzzles）316
数秘術（numerology）125
図形数（figurate number）109
スライディング・マッチ
　（sliding-match）75
スルタンの娘たち問題（sultan's
　daughters problem）44
正 65537 角形（regular 65537-gon）
　282
「正確なキス」（The Kiss Precise）
　285, 295, 297
正弦曲線（sine curve）80
正則タイリング（regular
　tessellation）288
正方形を折って立方体を作る（cube
　folded from square puzzle）82
接吻数（kissing number）120
セネト（Senet）89
双曲線（hyperbola）251
相対順位（relative ranks）44

相対性（relativity theory）185, 186,
　188, 189, 191
ソディの等式（Soddy's formula）
　285, 287

た
ダーメンシュピール（Damenspiel）
　91
台形菱形 12 面体（trapezo-rhombic
　dodecahedron）115
対称性の群（symmetry group）290
対称戦略（symmetry strategy）205,
　206, 302, 304
太極図（タイチーツー，T'ai-chi-t'u）
　210
タイリング（tessellation）288
楕円（ellipse）249–262
楕円形のビリヤード台（elliptical
　billiard table）257, 260
楕円プール（Elliptipool）260
楕円面（ellipsoid）257
楕円を折る（folding an ellipse）253
楕円を描く（drawing an ellipse）252
裁ち合わせ（dissection）77, 78, 83
ダブレット（Doublet）55, 60, 66
ダム（dames）91
単位元（identity）17
タングロイズ（tangloids）24, 27
単語つなぎ（word-links）60
単語の梯子（word ladder）60, 66
単語網（word web）69
探索問題（search problem）44
断層線（fault line）225
チェス（chess）91, 302
チェス問題（chess problem）iv, 319
チェッカー（checkers）90, 302, 307,
　311
チェックメイト禁止（don't mate in
　one）319

置換群（permutation group）17, 27
地図の塗り分け（map coloring）
　162–180
チック・タック・トー（ticktacktoe）
　302
チャイニーズチェッカー（Chinese
　checkers）307
チャイニーズリング（Rings of
　Cardan）3
チャンギ（tjyang-keui）92
チャンセラー（chancellor）93
中性駒（neuter piece）93
超越数（transcendental number）
　124
直交する方陣（orthogonal squares）
　234
ツェルメロの選択公理（Zermelo's
　axiom）188
ディオファントス方程式
　（Diophantine equation）48
停止時刻（stopping times）44
テトロミノ（tetromino）223
ドイツチェッカー（German
　checkers）91
トウィスト（Twixt）309
等辺6芒星（hexagram）78
ドゥマ（duma）91
トゥルネ（Tourne）105
トーストの時間（time the toast）
　314
ドーナツの断面（sliced doughnut）
　198
トーラス（torus）166
読心術（mind-reading）3
閉じている（closure）17
ドミノ（domino）224, 263, 303
巴（Tomoye）210
ドラフツ（draughts）90
トランスポーテーションチェス

（transportation chess）93
鳥カゴ（Bird Cage）309
トルコチェッカー（Turkish
　checkers）91
トロミノ（tromino）230

な

内角の2等分問題（internal bisector
　problem）284, 294
「ナンシー」（Nancy）191
20の質問（Twenty Questions）318,
　331
24枚の色つき正方形（24 color
　squares）264, 274, 277
2色切り（bicolor cut）80
2色定理（two-color theorem）168,
　170
2進法（binary system）1–13
2進法表記（binary notation）5
2手指しチェス（two-move chess）92
ニム（Nim）3
「2ヤード離れると中国人に仮装した
　3人のレーニンに，6ヤード離れる
　と虎の顔に見える50の抽象画」
　（Fifty abstract pictures which as
　seen from two yards change into
　three Lenines masquerading as
　Chinese and as seen from six
　yards appear as the head of a
　royal tiger）295
ニュートンの公式（Newton's
　formula）339
ネックレスの問題（necklace
　problem）343, 346, 349

は

バー氏のベルト（Barr's belt）35
パズルマニア（Puzzle Mania）194
ハノイの塔（Tower of Hanoi）3

ハフマン符号（Huffman coding）
328
薔薇色の街の年齢は（How old is the
rose-red city?）200
ハルマ（halma）307
パンケーキの分割問題
（pancake-cutting problem）337,
339–342, 345
菱形 12 面体（rhombic
dodecahedron）115
秘書問題（secretary problem）44
ピタゴラスの定理（Pythagorean
theorem）75, 83
ヒップ（Hip）195
ビュフォンの針（Buffon's needle）
140
反面（ファンミエン，Fan Mien）105
フェアリーチェス（fairy chess）92
フェルマー素数（Fermat prime）282
フォルトゥナトゥスの財布
（Fortunatus's Purse）52
不動点定理（fixed-point theorem）
316, 334, 335
ブリジット（Bridg-It）304
ペアリング戦略（pairing strategy）
304
並進鏡映（glide reflection）290
ヘックス（Hex）309
ペットの価格（what price pets?）37
扁長回転楕円面（prolate spheroid）
258
ペントミノ（pentomino）216
ペントミノの問題 2 つ（two
pentomino posers）315
扁平回転楕円面（oblate spheroid）
258
放物線（parabola）251
ボードゲーム（board game）87–108
ポーランドチェッカー（Polish

checkers）90
ポハク（Pohaku）277
ポリオミノ（polyomino）216–232

ま

マイナーポーランド式（minor
Polish）91
マセマジック（mathemagic）
145–161
マハラジャ（maharajah）93, 99
魔方陣（magic square）234
苗字と髪の色（white, black and
brown）36
無限級数のパラドックス（paradox
of the infinite series）184, 194
メイブロックス・パズル（Mayblox
puzzle）276
迷路（maze）68
メビウスチェス（Möbius-strip
chess）93
メビウスの輪（帯）（Möbius srip）
51, 166, 182, 282, 294
モーリーの定理（Morley's theorem）
283, 294, 298
モザイク（mosaic）288, 290, 291,
295
最も緩い詰め込み方（loosest
packing）116
単子（monad）210

や

有限射影平面（finite projective
plane）241
横ドップラー効果（transverse
Doppler effect）186
4 色問題（four-color theorem）
162–180

ら

ラスベガス・バックファイア（Las
　Vegas Backfire）101
ラテン方陣（Latin square）234
離心率（eccentricity）250
立方最密充填（cubic close-packing）
　113
立方体の断面（sliced cube）198
リトモマキア（Rithmomachy）88
リバーシ（Reversi）94–98, 100,
　102–106
リバーシ・チャレンジャー（Reversi
　Challenger）103
リフルシャッフル（riffle shuffling）

146
ロイヤル・リバーシ（Royal
　Reversi）100
6 面体を探せ（find the
　hexahedrons）320
ロジステロ（Logistello）106
六方最密充填（hexagonal
　close-packing）113
論理計算盤（logical abacus）8
論理ピアノ（logic piano）8

わ

「ワンダフルの平方根」（The Square
　Root of Wonderful）316

文献名索引
(本文で日本語名でタイトルに言及しているもの)

あ

青白い炎（Pale Fire）60

新しい評価方法を π へ適用した場合
（The New Method of Evaluation
as Applied to π）58

アメリカ数学月報（American
Mathematical Monthly）39, 118,
159, 231

イビデム（Ibidem）192

ヴァニティ・フェア（Vanity Fair）
55, 56

円錐曲線論（Conics）250

オーストラリアン・マセマティック
ス・ティーチャー（Australian
Mathematics Teacher）39

オセロ・クオータリー（Othello
Quarterly）104

か

火星のチェス人間（The Chessmen
of Mars）92

カナディアン・チェス・チャットマガ
ジン（Canadian Chess Chat）319

カンタベリー・パズル（Canterbury
Puzzles）62

ゲームズ（Games）67, 103

月世界最初の人間（The First Men
in the Moon）32

小人たちの黄金（The Crock of
Gold）35

さ

サイエンスニュース（Science News）
121

サイエンティフィック・アメリカン

（Scientific American）v, 28, 44,
50, 63, 68, 101, 135, 148, 158,
209, 216, 226, 242, 292, 296, 305,
327, 330, 335, 347

サイバーデック（Cyberdeck）13

ザ・クイーン（The Queen）100

ザ・ニューヨーカー（The New
Yorker）138

植物の静力学（Vegetable Staticks）
115

シルヴィーとブルーノ（Sylvie and
Bruno）51

人工知能への段階（Steps Toward
Artificial Intelligence）309

神童から俗人へ（Ex-Prodigy）166

数学雑談（A Mathematician's
Miscellany）192

数学は科学の女王にして奴隷
（Mathematics: Queen and
Servant of Science）249

数学マジック（Mathematics, Magic
and Mystery）192

数は科学の言葉（Number, the
Language of Science）2

相対性・重力・宇宙（The Unity of
the Universe）194

た

タイム（Time）102, 103, 295

チェス・プレイヤーと金融業者ともう
一人（The Chess-Player, the
Financier, and Another）v

直観幾何学（Geometry and the
Imagination）116

著名人たちの悪夢（Nightmares of

Eminent Persons）124

ディフェンス（The Defense）iv, 59,
　145

な

ニューヨーク・タイムズ・マガジン
　（The New York Times
　Magazine）103

ニューリパブリック（New
　Republic）60

ネイチャー（Nature）165

は

バイト（Byte）104

反直観の数学パズル（Nonplussed!）
　140

フィネガンズ・ウェイク（Finnegans
　Wake）58

フィボナッチ・クオータリー（The
　Fibonacci Quarterly）40

不思議の国のアリス（Alice's
　Adventures in Wonderland）15,
　58, 59

物体論（De corpore）127

ブリタニカ百科事典（Encyclopaedia
　Britannica）133, 260, 276

"分子"の力学（Dynamics of a
　Particle）57

ペーパー・ケーパーズ（Paper
　Capers）79

ま

マインド（Mind）50

無抵抗主義（The Pacifist）309

メビウスの帯（The Möbius Strip）
　140

や

憂鬱の解剖（The Anatomy of
　Melancholy）88

ら

ルイス・キャロルの日記（Lewis
　Carroll's Diaries）53

ロリータ（Lolita）1, 59

わ

ワード・ウェイズ（Word Ways）67

若き芸術家の肖像（A Portrait of
　the Artist as a Young Man）257

ワンダーランド（Wonderland）210

人名・社名索引

あ

アーンショウ（Micky Earnshaw）
226
アインシュタイン（Albert Einstein）
135, 186
アッペル（Kenneth Appel）174
アブラハム（R. M. Abraham）276
アプリレ（Giuseppe Aprile）12
アポリナックス（P. Bertrand
Apollinax）181–194
アポロニウス（Apollonius of Perga）
250
アルティン（Emil Artin）21, 27
アンダーソン（Ivan M. Anderson）
226
アントネリ（Bruno Antonelli）226
アンドレー（Richard Andree）204
井上博 104
ヴァンダープール（Donald L.
Vanderpool）39, 204, 226, 310
ウィーヴァー（Warren Weaver）50
ヴィートル（Karl Wihtol）243
ウィーナー（Norbert Wiener）165
ウィーラー（Olin D. Wheeler）210
ウィリアムズ（Meredith G.
Williams）226
ウィロビー（B. H. K.Willoughby）
210
ウィンター（Ferdinand Winter）270
ウェテリング（A. van de Wetering）
230
ウェルク（Lawrence Welk）318
ウェルズ（H. G. Wells）32
ヴェルデン（B. L. van der
Waerden）119

ウェレン（Edward Wellen）63
ウェンツェル（Günter Wenzel）309
ヴォークス（Forrest Vorks）310
ウォーターハウス（W. C.
Waterhouse）159
ウォーターマン（Lewis Waterman）
98, 107
ウォリス（John Wallis）127
ウッドワード（Joanne Woodward）
260
ウラム（Stanislaw Ulam）120, 331
ウリ（Dario Uri）278
エーレンフェスト（Paul Ehrenfest）
24
エッシャー（Maurits C. Escher）
290, 295, 296
エドワーズ（Ron Edwards）157,
158
エマーソン（Everett A. Emerson）
209
エリオット（T. S. Eliot）181, 191
エリコット（Nancy Ellicott）183
オイラー（Leonhard Euler）
233–235, 237, 337
オズボーン（Sidney J. Osborn）63
オダウド（John F. O'Dowd）323
オバーン（Thomas O'Beirne）274,
276
オブライエン（Dennis T. O'Brien）
344

か

カークマン（T. P. Kirkman）239
カーステアズ（Cyril B. Carstairs）
226

人名・社名索引　365

カーター（Elizabeth Carter）103

カーファンケル（Adolf Karfunkel）243

カサイ（Amy Kasai）242

ガスリー（Francis Guthrie）165

フレデリック・ガスリー（Frederick Guthrie）165

カッパーフィールド（David Copperfield）160

金田康正 137, 139

ガブリエル社（Gabriel）102

カマン（Schuyler Cammann）210

ガメリ（John F. Gummere）347

カリー（Paul Curry）192

ガリレオ（Galileo Galilei）249, 256

カルビン（Melvin Calvin）295

ガン（B. G. Gunn）226

ガン（D. C. Gunn）226

カント（Immanuel Kant）317, 327

キーン（Dennis A. Keen）99

ギブソン（Theodore W. Gibson）46

キム（Scott Kim）278

キャップ（George Kapp）63

ギャラガー（Scott Gallagher）63

キャロル（Lewis Carroll）50–71, 138, 257, 260, 282

キルナー（Scott B. Kilner）327

ギルバート（Edgar N. Gilbert）147, 346

ギルバート（G. Gilbert）295

ギルバート（William S. Gilbert）257

ギルブレス（Norman Gilbreath）146, 157

グジキ（Wojciech Guzicki）332

グッドマン（Paul Goodman）283

グッドマン（Percival Goodman）283

グッドリッチ社（B. F. Goodrich Company）282, 294

クヌース（Donald E. Knuth）66, 214, 240, 278, 351

クラーク（Arthur Clarke）309

グラッドストン（William Ewart Gladstone）56

クラムキン（M. S. Klamkin）261

グリーン（Roger L. Green）60

グリッジマン（Norman Gridgeman）135

クロウ（Donald Crowe）334

グロス（Oliver Gross）305

グロス（Wolf Gross）310

グロスマン（Edward B. Grossman）12

グロスマン（Howard Grossman）207

ケイリー（Arthur Cayley）43, 165

ゲーデル（Kurt Gödel）168

ゲール（David Gale）305

ケネディ（Joe Kennedy）103

ケプラー（Johannes Kepler）120, 249, 255, 288

ケメニー（John G. Kemeny）194

ケンプ（Alfred Kempe）165

コーエン（A. L. Cohen）63

コージブスキー（Alfred Korzybski）52

ゴードン（Gene Gordon）159

ゴールデンバーグ（Bernard Goldenberg）243

ゴールドストーン（Harmon H. Goldstone）327

コクセター（H. S. M. Coxeter）40, 113, 168, 281–301

ゴセット（Thorold Gosset）295

ゴットリーブ（C. C. Gotlieb）63

コルパス（Sidney Kolpas）160

ゴロム（Solomon W. Golomb）
216–230, 349
コンウェイ（John Conway）277,
278, 298
ゴンザレス（Moises V. Gonzalez）
207

さ

サーストン（Richard D. Thurston）
63–65
サートン（George Sarton）210
サーフ（Bennett Cerf）103
サーフ（Jonathan Cerf）103
坂口実 44
サチャナラヤナ（M.
Satyanarayana）283
サミュエルズ（Stephen M.
Samuels）44
サルツブルグ（David Salsburg）46
シアマ（Dennis Sciama）173, 194
シアン（Wu-Yi Hsiang）120
ジェヴォンズ（William Stanley
Jevons）8
ジェドリカ（Erlys Jedlicka）213
シェルドン（Edward J. Sheldon）
310, 311
シプラ（Barry Cipra）333
ジャーヴィス（Tyler Jarvis）335
ジャクソン（Robert F. Jackson）45
ジャセフ（Lawrence Jaseph）63,
65, 66
ジャック・アンド・サン社（Jacques
& Son）100
シャットシュナイダー（Doris
Schattschneider）296
シャノン（Claude E. Shannon）309
ジャミソン（Free Jamison）40
シャンクス（Daniel Shanks）135
シャンクス（William Shanks）131,

135
シュアート（Otis Shuart）310
ジュエット（Robert I. Jewett）204,
224
シュタイナー（Jacob Steiner）294
シュッテ（K. Schütte）118
シュミット（Robert Schmidt）310
シュリカンデ（S. S. Shrikhande）
233, 238, 239
シュルツ（Dodi Schultz）63
ジョイス（James Joyce）58, 257
ジョウェット（Benjamin Jowett）58
ショー（George Bernard Shaw）307
ジョーダン（William R. Jordan）
204
ジョーンズ（Winston Jones）328
ジョンソン（Donovan A. Johnson）
262
シング（John Lighton Synge）291
シンブロット（Marvin Shinbrot）
335
スウィンフォード（Paul Swinford）
13
スコープ（Charles B. Schorpp）344
スコット（Dana S. Scott）220
スコット（George D. Scott）114
スターバック（George Starbuck）63
スタウト（John Stout）310
スチュアート（Ian Stewart）333
スティーヴンズ（James Stephens）
35
ステインハウス（Hugo Steinhaus）
257, 288
ストーヴァー（Mel Stover）32, 319
ストーラー（Thomas Storer）310
スプラクレン（Dan Spraclen）104
スプラクレン（Kathe Spraclen）104
スペリーランド社（Sperry Rand
Corporation）233, 243

スミス（John Maynard Smith）61
スミス（John Merlin Powis Smith）
  334
スミス（Wallace Smith）99
スレイト（Allan Slaight）157
セレーノ（Matteo Sereno）333
ソーヤー（W. W. Sawyer）336
ソーントン（Charles Tex
  Thornton）9
祖沖之 125
ゾック（Albert Zoch）213
ソディ（Frederick Soddy）285, 297
ソニン（I. M. Sonin）44

た
ダグラス（Bruce H. Douglas）226
タッカー（Rosaline Tucker）28
ダリ（Salvador Dali）295
タリー（Gaston Tarry）236, 242
ダンセイニ（Lord Dunsany）v
ダンツィク（Tobias Dantzig）2
ダンデリン（G. P. Dandelin）255
タントン（James Tanton）335
チーター（Channing Cheetah）181
チゾヴィチ（Jurek Czyzowicz）332
チュドノフスキー（David
  Chudnovsky）137
チュドノフスキー（Gregory
  Chudnovsky）137
ツィンマーマン（Seth Zimmerman）
  330
ティーツェ（Heinrich Tietze）173
デイヴィス（Philip J. Davis）135
デイヴィス・ジュニア（R. J. Davis,
  Jr.）323
ディズレーリ（Isaac Disraeli）130
ディッキンソン（Allan W.
  Dickinson）205
テイラー（Brook Taylor）337

テイラー（Herbert Taylor）223, 226
ディラック（P. A. M. Dirac）25, 28
ディングル（Herbert Dingle）191
テープリッツ（Otto Toeplitz）153
デュードニー（A. K. Dewdney）68
デュードニー（Henry Ernest
  Dudeney）62, 118, 171, 173, 209,
  210, 215, 243, 260, 343, 346
テンプルトン（David H.
  Templeton）205
ドゥンカー（Karl Duncker）325
ドカエ（A. E. Decae）209
ドジソン（Charles L. Dodgson）50,
  58
ドッブス（W. J. Dobbs）294
ド・フォレスト（Lee De Forest）294
ド・モルガン（Augustus De
  Morgan）83, 124, 132, 165
トリッグ（Charles W. Trigg）209,
  327
ドングル（Hilbert Dongle）185, 191

な
ナイト（William Knight）99
ナショナル・キャッシュ・レジスター
  社（National Cash Register）208
ナボコフ（Vladimir Nabokov）iv,
  1, 59, 60, 145
ナラニエンガー（M. T.
  Naraniengar）283
ニヴェン（Ivan Niven）143, 332
ニュートン（Hal Newton）158
ニュートン（Isaac Newton）256,
  339
ニューマン（James R. Newman）15
ニューマン（M. H. A. Newman）25
ニューマン（Paul Newman）260
ネグロ（Alberto Negro）333
ネルソン（Harry Nelson）277

ネルソン（Robert Nelson）226
ノーマン・アンド・グロバス社
　（Norman and Globus）277

は

バー（Stephen Barr）35, 63, 133,
　135, 164, 171
パーカー（E. T. Parker）233,
　238–241, 243
パーカー・ブラザーズ社（Parker
　Brothers）271
パーキンス（Wendell Perkins）64
ハーケン（Wolfgang Haken）174
バーゴン（John William Burgon）
　200
パーシヴァル（H. S. Percival）
　63–65, 314
ハーディ（G. H. Hardy）288
バード（J. R. Bird）310
バートン（Robert Burton）88
バーネット（Paul R. Burnett）333
ハイマン（Ray Hyman）325
ハイン（Piet Hein）22, 27, 192
ハヴィル（Julian Havil）140
バウマン（Robert Bauman）63
パウンダー（J. R. Pounder）42
ハクスリー（Aldous Huxley）87
パジェット（Lewis Padgett）93
パスカル（Blaise Pascal）109, 302
ハズブロ社（Hassenfeld Brothers）
　309
長谷川五郎 102
パットン（William E. Patton）226
ハドソン（Charles Hudson）157
ハフマン（David A. Huffman）330
原口證 141
ハリス（John Harris）277
ハリス（Owen D. Harris）294
バロウズ（James Burrows）310

バローズ（Edgar Rice Burroughs）
　92
バンクロフト（David M. Bancroft）
　63
ハンバート（Humbert Humbert）59
ピアス（John R. Pierce）330
ヒーウッド（P. J. Heawood）165
ピーターソン（Jon Petersen）102
ビクトル・アイゲン（Victor Eigen）
　145
ピックオーバー（Clifford Pickover）
　140
ヒューレット（Clarence Hewlett）
　104
ビュフォン伯爵（Comte de Buffon）
　115
ヒルベルト（David Hilbert）116
ファーガソン（Thomas S.
　Ferguson）44
ファーニス（Harry Furniss）54
ファディマン（Clifton Fadiman）
　295
ファベル（Karl Fabel）319
フィッシャー（Ronald Fisher）237
フィデリティ・エレクトロニクス社
　（Fidelity Electronics）103
フィリピアク（Anthony Filipiak）
　276
フィルポット（Wade Philpott）277
フィンク（Federico Fink）274
フーヴェン（Frederick J. Hooven）
　63, 65, 66, 209
ブール（George Boole）337
フェデリコ（P. J. Federico）333
フェドロフ（E. S. Fedorov）290
フェルドマン（Gary Feldman）274
フォックス・ジュニア（John H.
　Fox, Jr.）32, 43
ブラウス（Richard A. Brouse）323

フラッカス（Orville Phlaccus）181
フラッド（Merrill Flood）44
ブラッドリー（Harry C. Bradley）
　78
プラトン（Plato）58, 249
ブランデンバーガー（Leo J.
　Brandenburger）226
フリーマン（Peter R. Freeman）44
フリゴ（Arthur Frigo）260
ブルー（Richard A. Blue）99
ブルバキ（Nicolas Bourbaki）181,
　191
プレイタイム・トイズ社（Playtime
　Toys）194
プレスマン（E. L. Presman）44
フレッチャー（John G. Fletcher）
　226
フレデリクソン（Greg
　Frederickson）83
プロフェッサー・ホフマン
　（Professor Hoffman）101
ベイカー（H. F. Baker）294
ヘイグ（David Haigh）105
ヘイゼルグローブ（C. B.
　Haselgrove）221
ヘーシュ（Heinrich Heesch）116
ベーム（Corrado Böhm）310
ヘールズ（Stephen Hales）115
ヘールズ（Thomas Hales）120
ペリガル（Henry Perigal）76, 83
ベル（Eric Temple Bell）249
ベル（R. C. Bell）99
ペルツ（Andrzej Pelc）332
ペレグリン（D. H. Peregrine）101
ヘンダーソン（Archibald
　Henderson）285, 294
ペンローズ（Roger Penrose）335
ポイスレス（Vern Poythress）311
ボーア（Niels Bohr）24

ボーグマン（Dmitri Borgmann）60
ボーズ（R. C. Bose）233, 238, 239
ボーダーズ社（Borders）277
ポープ（Alexander Pope）184
ボール（W. W. Rouse Ball）243,
　281
ボーン（Nina Bourne）v
ホッブス（Thomas Hobbes）126
ポパー（Karl Popper）188, 193
ボラッシ（Michele Borassi）104
ポリア（George Pólya）341

ま

マーカス（Mitchell P. Marcus）323
マーチ（Georgianna March）310,
　311
マーティン（George Martin）230
マーニー（L. Gerald Marnie）32, 43
マーロー（Ed Marlo）157
マクドネル（D. MacDonnell）295
マクブライド（J. A. McBride）294
マクマホン（Percy Alexander
　MacMahon）263, 265, 274, 276,
　278, 279, 351
マクレラン（John McClellan）321,
　331
マクローリー（C. M. McLaury）
　195, 204
マッカーシー（Mary McCarthy）60
マツケ（Edwin B. Matzke）115
マッシー（Walter W. Massie）205
マトリックス博士（Dr. Matrix）135
丸尾学 105
マンハイマー（Wallace Manheimer）
　39
ミーハン（Thomas J. Meehan）46
ミケルセン（Peter Michaelsen）104
ミシェルスキー（Jan Mycielski）231

ミネアポリス=ハネウェル・レギュ
レーター社
（Minneapolis-Honeywell
Regulator Company）32
ミルトン・ブラッドリー社（Milton
Bradley）101
ミンスキー（Marvin Minsky）309
村上健 106
ムンディッチ（Daniel Mundici）332
メイ（Kenneth O. May）165
メイランド・ジュニア（E. J.
Mayland, Jr.）226
メビウス（August Ferdinand
Möbius）173
メリット（Michael Merritt）205
モーザー（Leo Moser）42, 172, 176
モース（Henry A. Morss）63, 65
モーリー（Christopher Morley）283
モーリー（Frank Morley）283
モスト（Mel Most）245
モレット（John W. Mollett）98,
107
モンク（Thelonious Monk）190,
191

や
ユークリッド（Euclid）283
ユング（Carl Gustav Jung）211

ら
ラーデマッヘル（Hans
Rademacher）153
ラーベス（Fritz Laves）116
ライオンズ（L. Vosburgh Lyons）
268
ライプニッツ（Gottfried Wilhelm
von Leibniz）2, 131, 302
ライヘンバッハ（Hans
Reichenbach）186

ラッカー（Rudy Rucker）67
ラッザリーニ（Mario Lazzarini）140
ラッジ（William E. Rudge）99
ラッセル（Bertrand Russell）50,
124, 191
ラマヌジャン（Srinivasa
Ramanujan）137
ラム（Clement W. H. Lam）245
ラングマン（Harry Langman）206
ランサム（Tom Ransom）157
ランダムハウス社（Random House）
103
ランド研究所（Rand Corporation）
133, 305
リーチ（John Leech）119
リード（Constance Reid）118
リオーダン（John Riordan）346
リットン・インダストリーズ社
（Litton Industries）9
リトルウッド（John Edensor
Littlewood）iv, 192
リュー（Andy Liu）159
リュカ（Edouard Lucas）118
リンドグレン（Harry Lindgren）39,
79, 83
リンドン（J. A. Lindon）162, 226
ルイス（Angelo Lewis）101
ルー（Gerald M. Loe）79
ルプファー（G. L. Lupfer）310
レーマン（Alfred Lehman）309
レームス（C. L. Lehmus）294
レンチ・ジュニア（John W.
Wrench, Jr.）135
ロイド（Sam Loyd）35, 210, 215,
351
ロード（Arthur H. Lord）63
ロード（George Lord）157
ローファー（Henry Laufer）310
ローレンス（C. S. Lorens）219

人名・社名索引 371

ロゲマン（G. W. Logemann）310

ロビンズ（Herbert Robbins）44

ロビンズ（Howard Robbins）323

ロビンソン（Edwin E. Robinson）260

ロビンソン（Joseph P. Robinson）43

ロビンソン（R. M. Robinson）223

ロング（Hilario Fernandez Long）277

わ

ワトソン（G. N. Watson）118

●著者

マーティン・ガードナー
Martin Gardner

1914 年生まれ．アメリカの著述家．レクリエーション数学だけでなく，マジック，哲学，擬似科学批判，児童文学にも偉大な足跡を残す．
著書は，雑誌連載「数学ゲーム」をもとにした書籍をはじめ，『自然界における左と右』『aha! Gotcha』『奇妙な論理』『Annotated Alice（注釈付きアリス）』などのベストセラーを含む 60 冊以上．晩年も，擬似科学や超常現象を批判的に研究する団体の機関誌に定期的にコラムを書き続けた．2010 年没．

●監訳

岩沢宏和（本巻訳者）
いわさわ・ひろかず

東京大学工学部卒業．東京都立大学大学院人文科学研究科博士課程単位取得．パズル・デザイナー．米 NPO 国際パズル収集家協会理事．パズル懇話会会員．国際パズルデザインコンペティションにて受賞多数．著書に『確率パズルの迷宮』（日本評論社，2014），『世界を変えた確率と統計のからくり 134 話』（SB クリエイティブ，2014）など．

上原隆平（本巻訳者）
うえはら・りゅうへい

電気通信大学大学院情報工学専攻博士前期課程修了．同大学院にて論文博士（理学）．北陸先端科学技術大学院大学情報科学研究科教授．芦ヶ原伸之氏のパズルコレクションを保有する JAIST ギャラリーのギャラリー長．パズル懇話会会員．著訳書に『折り紙のすうり』（近代科学社，2012），『はじめてのアルゴリズム』（近代科学社，2013）など．

かんぜんばん 完全版 マーティン・ガードナー すうがく 数学ゲーム ぜんしゅう 全集 **3**
ガードナーの新・数学娯楽
きゅう 球を詰め込む・よんしょくていり 4 色定理・さぶんほう 差分法

2016 年 4 月 20 日　第 1 版第 1 刷発行

著者―― マーティン・ガードナー
監訳―― 岩沢宏和・上原隆平
訳者―― 岩沢宏和・上原隆平
発行者―― 串崎 浩
発行所―― 株式会社　日本評論社
　　　　〒170-8474 東京都豊島区南大塚 3-12-4
　　　　電話　（03）3987-8621 ［販売］
　　　　　　　（03）3987-8599 ［編集］

印刷―― 藤原印刷株式会社
製本―― 井上製本所
装丁―― 駒井佑二
図版―― 関根恵子

© Hirokazu IWASAWA &
Ryuhei UEHARA 2016
Printed in Japan
ISBN978-4-535-60423-0

JCOPY 〈（社）出版者著作権管理機構　委託出版物〉

本書の無断複写は著作権法上での例外を除き禁じられています．複写される場合は，そのつど事前に，（社）出版者著作権管理機構（電話 03-3513-6969，FAX 03-3513-6979，e-mail: info@jcopy.or.jp）の許諾を得てください．
また，本書を代行業者等の第三者に依頼してスキャニング等の行為によりデジタル化することは，個人の家庭内の利用であっても，一切認められておりません．

完全版
マーティン・ガードナー数学ゲーム全集

岩沢宏和・上原隆平 [監訳]

数学パズルの世界に決定的な影響を与え続ける名コラム「数学ゲーム」
を,パズル界気鋭の二人が邦訳.25年以上にわたり綴られた内容を一堂
に収め,近年の進展についても拡充した決定版シリーズ.レクリエーション
数学はこの本抜きには語れない.

1 ガードナーの数学パズル・ゲーム [既刊]
フレクサゴン・確率パラドックス・ポリオミノ　　　◆本体2,200円＋税

2 ガードナーの数学娯楽 [既刊]
ソーマキューブ・エレウシス・正方形の正方分割　　◆本体2,400円＋税

3 ガードナーの新・数学娯楽 [既刊]
球を詰め込む・4色定理・差分法　　　　　　　　　◆本体3,000円＋税

以下続刊予定

4 ガードナーの予期せぬ絞首刑
5 ガードナーの数学ゲームをもっと
6 ガードナーの数学カーニバル
7 ガードナーの数学マジックショー
8 ガードナーの数学サーカス
9 ガードナーのマトリックス博士追跡
10 ガードナーの数学アミューズメント
11 ガードナーの数学エンターテインメント
12 ガードナーの数学の惑わし
13 ガードナーの数学ツアー
14 ガードナーの数学レクリエーション
15 ガードナーの最後の数学レクリエーション

🐸 日本評論社
http://www.nippyo.co.jp/